알케패스 대혈전

김영두

학력 고려대학교 정책대학원 도시 및 지방행정 전공
원광대학교 행정학과 졸업
한국방송통신대학 유아교육과 졸업

경력 원광대학교 초빙교수(5,600명 청강)
경희대학교 학훈단(ROTC) 초빙강사
조선대학교 초빙교수
서남대학교 겸임교수
국가보훈처 나라사랑 전담강사

현재 문화재사랑연구회 회장

소총병 김영두가 전하는 기적의 전쟁 실화
안케패스 대혈전

초판 인쇄 2018년 4월 10일
초판 발행 2018년 4월 15일

지은이 김영두
펴낸이 이찬규
펴낸곳 북코리아
등록번호 제03-01240호
주소 13209 경기도 성남시 중원구 사기막골로 45번길 14
우림2차 A동 1007호
전화 02-704-7840
팩스 02-704-7848
이메일 sunhaksa@korea.com
홈페이지 www.북코리아.kr
ISBN 978-89-6324-599-7 03390

값 23,000원

소총병 김영두가 전하는
기적의 전쟁 실화

와케패스 대혈전

김영두 지음

북코리아

일러두기

이 수기는 수색중대 소총병으로 안케작전이 발발해 첫 번째로 출동해 638고지를 점령한 후 월맹군의 요새지로 둔갑했던 안케계곡을 수색하면서 말라리아에 걸려 적진에서 사경을 헤매이다가 헬기로 후송되어 깨어나 자대로 복귀해 콩산 정찰임무를 수행하고 박마산 입구 12중대로 전출가자마자 침공 전 국토회복작전을 지원하기 위해 망양패스로 전진 배치되어 임무를 수행하고 파리평화회의로 종결된 베트남전쟁 종식 종군병으로 귀국한 소총병의 수기이다.

그동안 필자는 정득만 사단장, 정해관 포병사령관, 김창열 연대장, 최승철 3대대장을 비롯해 조주태 장군, 오태한 주월사 작전참모, 강원채 야전사령관, 이세호 주월사령관, 김종식 1중대장, 임규섭 수색중대장, 박태균 하사, 1연대 8중대 통신병 김진현 전우, 황진순, 강길원 전우, 26연대 2중대 고석현 전우, 11중대 박용재 전우, 위생병 서준석 전우, 8중대 박원배, 김진국 서무, 이웅기 하사, 5중대 정연후 위병환 전우, 6중대 손창윤 소대장, 김은환 하사, 이종열 하사, 연대근무 문원철 군종감, 이용하 상황병, 이치완 1대대 상황병, 전복암, 박흥식, 이강인 대령, 추재천, 백만기, 3중대 이경재 중위, 송명수, 안태영, 유병철, 유기선, 위생병 임인식, 포로 귀환한 유종철 전우 등 160여 명의 관련 증언을 토대로 소총병이 겪었던 현장의 소리를 바탕으로 쓴 것이다.

참고문헌으로 국방부 《파월한국군 전사》, 《군사편찬사》와 이세호 사령관 자서전 《한길로 섬겼던 내 조국》(이세호 저, 대양미디어, 2009), 《월남전쟁》(유재현 저, 한원, 1992), 《베트남사》(유인선 저, 민음사, 1987) 외에 수많은 자료와 특히 청운대 김종욱 교수의 월맹군 응우옌반홍 대령의 수기와 춘계 대공세의 자원전투 역서를 참고문헌으로 작성했음을 밝힌다.

머리말

조국이 우리를 죽음의 자리에 보냈어도 원망하지 않고
죽음의 자리에 보낼 수밖에 없는 조국의 사정을 붙들고 울면서
조국의 명예를 걸고 싸운 전우들의 이야기

베트남의 전쟁영웅 보응우옌잡(Vo Nguyen Giap)은 자유민주주의 수호국인 미국이 대통령 선거를 치르는 정책 공백기를 노려 1972년 춘계(春季)를 자유 월남을 적화시킬 수 있는 결정적 시기로 보았다. 이에 따라 총 15개 사단 중 예비사단 하나만 하노이에 남기고 2개 사단은 1,700km의 라오스와 캄보디아 국경을 따라 호찌민 루트에 배치하고, 나머지 총 12개 사단을 북부 DMZ와 중부고원지대 꼰뚬성(Kon Tum 省)과 쁠래이꾸(Pleiku) 남부로 나누어 기습적으로 총공격을 감행해왔다.

월맹군은 꾸이년(Qui Nhon)에서 고보이(Go Boi) 평야를 경유해 월남 중부고원의 전략적 요충지 안케패스(An Khe Pass)와 월남군 2군단이 주둔하는 쁠래이꾸, 꼰뚬성으로 이어지는 19번 도로 이북을 점령해 분단된 남베트남을 또다시 두 동강 내는 전쟁목표를 달성하기 위해서다.

1972년 3월 30일, 월맹군은 17도선 DMZ를 공격해 3일 만에 전선을 무너뜨리고 파죽지세로 밀고 내려왔다. 이에 월남 전역은 풍전등화의 위기에 내몰렸고, 결국 4월 2일 중부고원지대 전초기지인 꼰뚬성이 함락되고 월맹군과 월남군 2군단은 시가전에 돌입해 치열한 공방전을 이어나갔다. 이러한 결정적 순간에 월맹군 최정예 사단인 3사단 12

연대가 4월 11일 한국군 맹호사단이 수호하는 전초기지 600고지를 공격하고 중부고원지대의 유일한 병참선을 차단한 채 철통방어하고 있었다.

월남군 2군단장 응우옌반또안(Nguyen Van Toan) 소장은 정득만 사단장에게 안케패스 험로 7.5km의 19번 도로를 신속히 개통해줄 것을 요청해왔다. 72 춘계 대공세는 '월남판 제2의 6.25'이자 '제2의 디엔비엔푸 작전'으로, 월남판 덩케르크 사태가 직면한 것이다.

김창열 연대장은 전선을 돌아본 뒤 연대 수색중대 3개 소대를 차단된 안케패스 19번 도로에 투입시켰다. 필자는 수색중대 3소대 소총병으로 전선에 헬기로 투입되었으며, 장장 33일간 19번 도로와 638고지 일대를 중심으로 월맹군과의 격전을 수없이 되풀이하며 피아간 시산혈해의 참상과 아비규환의 처절한 악전고투 속에서 보냈다. 생지옥을 방불케 하는 전장에서 전우들의 함성과 아우성 속에서 살아남은 필자는 결국 우방 자유 월남의 자유와 평화를 위해 조국의 명예를 걸고 피흘려 싸워 승리를 쟁취했다. 이로써 전략상 중부 월남의 생명선인 19번 도로를 개통시키며 춘계 대공세의 유일한 최초의 승리를 거둠으로써, 월남군의 사기를 진작시켜 후퇴에서 반격에로의 새로운 전환점을 이루었다.

이 전투를 승리로 이끌기 위해 먼 이역 땅에서 평화의 수호신으로 파병된 한국군 중 230여 명의 전우가 장렬히 산화되었으며, 400여 명의 크고 작은 전상자가 발생했다. 따라서 이와 같은 승리의 이면에는 우리 전우들의 고귀한 피가 안케패스와 638고지에 수없이 뿌려졌음을 알아야 한다.

지난 2017년, 대한민국은 북핵 위기와 미중 패권경쟁 속에서 중국의 동아시아 중국화 정책에 대응하며 한미동맹의 중요성을 다시 한 번 깨닫게 되었다. 그러나 우리 사회는 경제와 국가안보의 두 가지 문제로 좌우로 갈려 '태극기'와 '촛불'이라는 갈등 구도를 만들어 대결하는 안타까운 현실이 벌어지고 있다. 따라서 이 책은 게릴라전과 유격전을 결합하고 국민의 절대적 지지 위에 정치외교를 제2의 전쟁수단으로 활용한 보응우옌잡의 전략전술을 소개하고, 약자로서 강자를 무너뜨린 베트남 적화에 대한 경각심을 주며, 전쟁 경험이 없는 우리 국군 장병들에게 전쟁을 간접 체험하게 함으로써 세계 최강의 자랑스러운 국군이 되기를 바라는 마음에서 집필하게 되었다. 이 책은 필자가 《안케패스 대혈전》(2011. 10. 25.)을 쓴 계기로 국방부 군사편찬연구소 오홍국 중령과 장삼열 군사부장, 이양구 소장이 주최한 '안케작전 40주년 재조명'의 발표자로 참가하면서 격주간 신문 〈전우뉴스〉에 연재한 "월남전 참전 50주년 특집 전투수기"(2014. 6. 15.~2018. 1.)의 내용을 실었으며, 아울러 전국의 안케패스 참전 전우들과 관련 독자들이 보내온 증언, 참고사진 및 자료를 통해 그간 누락되었던 핵심 증언을 보충했다.

안케패스 638고지에 투입되었던 기갑연대 3중대의 피해 상황은 포항에 살고 있는 안태영 전우의 증언, 1연대 8중대 김용강 중대장의 무전병이던 김진현 전우의 증언, 19번 개통작전에 투입된 기갑연대 8중대의 참상을 김진국 전우와 박원배, 이웅기 하사, 김기배 위생병에 의한 증언, 6중대를 구출하기 위해 출동한 안영소 대위의 위병환 전우의 증언, 특히 11중대 서준석 위생병과 박용재 M60 사수에 의해 1소대원 9명이 전사하고 17명이 부상했다는 증언 등을 참고했다. 특히 요람에서 무덤까지 전사자의 정확한 숫자를 비밀로 붙여왔던 기갑연대 군수주임 이강인 대령(예)은 2017년 4월 24일 국립서울현충원에서 230여 명의 전사자가 발생했다고 필자에게 확인해주었다. 아울러 이 책에는 도로 개통작전에 투입되었던 8중대 유종철 전우가 포로가 되었다가 귀환한 사실도 소상히 기록되었다.

소총병으로 안케작전 첫날 투입되어 638고지와 19번 도로에서의 수많은 적과의 교전 속에 기적적으로 살아온 필자는 소총병이 강해야 나라가 강하다, 가정이 튼튼해야 나라가 행복하다는 심정으로 현장 전우들의 함성과 아우성 소리를 바탕으로 정득만 사단장, 김창열 연대장, 정해관 대령, 김종식 장군, 정태경 대령, 손창윤 중령, 김창옥 대령, 최승철 대령, 문원철 군종감, 이상봉 대령, 박태균 하사, 황진순, 강길원, 정연후, 김학서, 이종열 전우 등 160여 명의 증언과 이세호 사령관의 《한길로 섬긴 내 조국》, 《파월한국군 전사》 10권 등을 바탕으로 전우들의 투혼을 중심으로 정리했다.

오늘 우리가 있기까지 어머니의 잉태와 해산의 고통이 있어 어머니의 존재가 위대한 것처럼, 우리 대한민국은 세계 최대 4대 강국에 둘러싸여 수많은 외세의 침략을 받으면서도 숨어 있는 역사적 사실과 문화와 전통이 있다. 외세의 침략에 대항할 때 아리랑을 부르며 눈물로 단합하고 심청의 효심을 떠올리며 부모의 깊은 사랑을 신앙의 대상으로 섬기며 춘향이의 굳은 절개로 조국을 위해 충성했던 애국자의 혈통이 우리의 머리에서 발끝까지 세포 하나하나에 새겨진 애국심이 서려 있다. 우방의 자유와 평화를 수호하기 위해 젊음을 초개와 같이 불사른 소총병이 현장에서 본 전우들의 이야기다.

실전 전투경험이 없는 전후방 155마일 휴전선을 지키는 국군장병과 서해 5도를 지키는 해병과 안케작전에서 세계의 자유와 평화를 위해 장렬히 전사한 전우들에게 이 책을 바치며, 안케패스 정상 도롯가에 세운 전승 비문*을 전한다.

---

* 이 전승 비문은 안타깝게도1975년 적화 이후 파괴되었다.

안케패스 전승 비문

안케패스 전승비와 함께한 12중대(26제대) 윤인정 전우

여기는 자유의 십자군 대한의 건아들이 피 흘려 싸워 이긴 영원히 기념해야 할 성지다.

1972년 4월 월맹군의 대공세에 의해 월남 전역이 풍전등화의 위급을 고할 때 주월 한국군 예하 맹호사단은 이곳 안케패스에 침공해온 월맹 정규군 3사단 12연대의 주력을 완전 섬멸시킴으로써 월남 전사에 길이 빛날 전승의 금자탑을 세웠다.

적은 중부고원지대를 점거할 목적으로 군사 요충인 안케패스 맹호기갑연대 전술기지에 4월 11일부터 파상적인 공격을 가해왔다. 이 전투는 4월 26일까지 만 15일간 638고지 일대를 중심으로 피아간 시산혈해의 격전이 수없이 되풀이되었던 악전고투는 생지옥을 방불케 했다. 그러나 상승맹호의 대한 건아들은 우방 월남의 자유와 평화를 위해 조국의 명예를 걸고 피 흘려 싸워 이김으로써 전략상 중부월남의 생명선인 19번 공로를 재개통시켰고 불리한 월남 전황 가운데 유일한 최초의 승리를 거둠으로써 새로운 전환점을 이루었다. 이와 같은 승리의 이면에는 우리 맹호 건아들의 고귀한 젊은 피가 이 땅에 수없이 뿌려졌음을 한 · 월 양국민은 영원히 잊지 말아야 할 것이다.

이 전투를 승리로 이끌기 위해 먼 이역 땅에서 평화의 수호신으로 장렬히 산화해간 여러 전몰장병들의 충혼을 길이 추모하고 빛나는 승리를 기념하고자 주월 한국군 맹호사단의 이름으로 이곳에 전승비를 세운다.

차 례

제3부 72 춘계 대공세: 월남판 제2의 6.25

제4부 수색중대 3중대와 638고지 탈환작전

제7부 수색중대와 4중대 3소대 이무표 소대장과 여명공격

제8부 안케혈전 승리 후 최승철 중령 3대대 망양패스로

제9부 쑥대밭이 된 638고지와 공산 베트남

들어가며

안케패스 작전이란

안케패스(An Khe Pass) 작전은 파월사상 최초로 월맹 정규군인 보응우옌잡(Vo Nguyen Giap)이 1944년 12월 22일 34명의 게릴라 대원을 모아 까오방에서 베트남 해방군을 창설하여 금성사단으로 명성을 날린 월맹군 최강의 3사단 12연대와 한국군 맹호사단 기갑연대와의 대혈전이다.

사이공 북방 504km 지점이자 빈딘(Binh Dinh)성 수도 꾸이년(Qui Nhon) 서방 55km 지점인 중부고원지대 관문인 안케패스를 통과하는 유일한 병참선인 19번 도로와 꺼이루산 638고지에서 펼쳐진 작전이다. 베트남의 전쟁영웅 보응우옌잡은 세계적인 전략가로 1954년 3월 13일부터 5월 7일까지 하노이 서쪽 300km 지역에 난공불락의 철옹성 같은 요새지를 건설하고 2만 1천 명의 병력과 야포 및 전차 비행장까지 건설하고 13km에 이르는 외곽지대는 49개소 거점과 수많은 진지를 구축하고 적이 공격해오기를 기다리고 있었다. 세계 최강의 프랑스군을 공격하여 3개월 20일 만에 프랑스군을 항복시켜 세계를 놀라게 했다.

보응우옌잡은 '제2의 디엔비엔푸' 작전으로 1972년 미 대통령 선거의 해로 정책의 공백기가 있는 춘계가 적화통일을 시킬 수 있는 결정적 시기로 보고 비밀리에 전쟁 준비를 완료하고 총 15개 사단을 북부 DMZ와 중부 쁠래이꾸(Pleiku)와 꼰뚬(Kon Tum)성 남부로 나누어 1972년 3월 30일 기습적으로 남침을 감행했다. 3일 만에 북부 DMZ를 점령하고 파죽지세로 남쪽으로 밀고 내려왔다.

월남군 정규군과 민병대 110만은 제대로 싸워보지도 못하고 미국이 지원해준 현대무기와 진지를 버리고 후퇴를 거듭하여 자유 월남은 풍전등화의 위기에 처해 있을 때, 1972년 4월 2일 중부고원지대의 꼰뚬성과 쁠래이꾸에 주둔하고 있는 월남군 2군단과 기갑사단 공정여단을 공격하여 치열한 공방전이 계속되어 절체절명의 위기에 처해 있는 결정적 시기에 월남군 5만여 명의 유일한 병참선을 수호하고 있는 안케패스 한국군 전초기지를 공격하고 19번 도로를 차단하고 철통방어하고 있었다.

월남군 2군단장 응우옌반또안(Nguyen Van Toan) 소장은 티우(Nguyen Van Thieu) 월남 대통령과 함께 차단된 19번 도로를 신속히 개통해줄 것을 요청했다. 보응우옌잡은 17도선으로 분단된 자유 월남을 또 다시 두 동강 내는 전쟁목표를 달성하기 위해 꾸이년에서 고보이 평야를 경유하여 안케패스와 쁠래이꾸, 꼰뚬으로 이어지는 19번 도로 이북을 점령하기 위한 공세였다.

정득만 사단장과 김창열 연대장은 안케패스 전장을 헬기로 돌아본 뒤 사태의 심각성을 인식하고 기갑연대 수색중대장 임규섭 대위를 불러 출동 명령을 내렸다. 수색중대가 출동하면 안케패스 험로를 차단하고 철통 방어하고 있는 월맹군은 쉽게 섬멸될 것으로 판단하였다. 그러나 안케패스의 감제고지인 꺼이루산 638고지와 옹진산맥과 안케패스 7.5km 주변과 주요 거점을 장악하기 위해 보응우옌잡은 이미 3개월 이전부터 증강된 1개 연대를 침투시켜 진지를 구축하고 숨을 죽이며 한국군이 출동하기만을 기다리며 요소요소에 매복을 하고 있었다.

필자는 수색중대 소총병으로 1972년 4월 12일 출동하여 638고지를 점령하고 19번 도로 개통작전에 참전하였다. 치열한 적과의 공방전에서 발생한 638고지에 뒤덮인 적과 아군의 시산혈해(屍山血海)의 악전고투는 아비규환의 생지옥을 방불케 하였다.

소총병들이 강해야 군이 강하고 소총병이 무너지면 전선이 무너진다는 사실을 통감하게 되었다.

안케패스 작전은 피아간 물러설 수 없고 양보할 수 없는 승패에 따라 운명이 결정되는 결단의 기로에 서서 우리 전우들은 자유 월남을 수호하기 위해 조국의 명예를 걸고 헤아릴 수 없는 수많은 희생을 감수하고 적을 물리쳤다.

결국 16일 만에 638고지와 19번 도로를 강점하고 있는 적을 완전 섬멸하고 승리함으로써 19번 도로를 재개통시켰으며, 춘계 대공세에 최초의 유일한 승리를 거둠으로써 후퇴를 거듭하던 월남군이 반전의 계기를 마련하여 침공 전 국토 회복작전으로 반격하기 시작했다.

19번 도로를 재개통시켜 월남군 5만여 명의 보급을 원활히 공급하여 승리하므로 반전의 계기를 마련했다.

티우 대통령과 미국 닉슨 대통령은 전세를 역전시킨 한국군에게 망양패스로 전진시켜 달라는 강력한 요청에 의해 기갑연대 3대대를 망양패스에 전진 배치시켰다. 월남군의 침공 전 국토회복작전을 72년 10월에 완결한 후 미국 닉슨 대통령이 재선되었고 1973년 1월 27일 파리 평화회담으로 미국 대통령 특별보좌관 키신저(Henry Alfred Kissinger)와 월맹 정치국원 레둑토(Le Duc Tho)와의 베트남전 종식을 위한 회담이 파리에서 성사되므로 60일 이내에 미군과 한국군을 비롯한 연합군이 자유 월남에서 완전히 철수하였다. 이젠 미국의 월남화 정책에 의해 월남군과 민병대 110만과 월남 국민들이 자기들의 나라의 운명과 안보를 스스로 지켜야 했다.

통제부대 및 참가부대 지휘관

아 군

(1) 통제부대

수도사단	사단장	소장	정득만

(2) 참가부대

제1기갑연대	연대장	대령	김창열
제1대대	대대장	중령	한규원
제1중대	중대장	대위	김종식
제2중대	중대장	대위	진무웅
제3중대	중대장	대위	고정소
제4중대	중대장	대위	박영희
제2대대	대대장	중령	한영수
제5중대	중대장	대위	안영소
제6중대	중대장	대위	정태경
제8중대	중대장	대위	이종윤
	중대장	대위	정정상
제3대대	대대장	중령	최승철
제9중대	중대장	대위	안영식
제10중대	중대장	대위	정석병
제11중대	중대장	대위	조승옥
연대수색중대	중대장	대위	임규섭
		대위	한종석
연대전투지원중대			
	중대장	대위	배효준
	중대장	대위	추재천

(3) 배속부대

제1연대 수색중대			
	중대장	대위	유하상
제1연대 제8중대			
	중대장	대위	김용태
제26연대 제2중대			
	중대장	대위	김영걸
공병 제1중대			
	중대장	대위	박노상
공병 제3중대			
	중대장	대위	최신길
사단장갑중대			
	중대장	대위	권혁원

(4) 지원부대

제61포병대대	대대장	중령	서대연
제1포대	포대장	대위	엄인용
제2포대	포대장	대위	박근우
제628포병대대			
제3포대	포대장	대위	조해현

美, 제7전술공군
美, 제129헬리콥터 중대
美, 제180헬리콥터 중대
美, 제21환자후송중대

적 군

월맹군 제12연대 본부	470명
월맹군 제12연대 제4대대	350명
월맹군 제12연대 제5대대	350명
월맹군 제12연대 제6대대	350명
월맹군 제95B연대 제63대대	360명
월맹군 제12연대 제72특공중대	35명
월맹군 제450특공대대	200명
베트콩 E-210대대	134명
베트콩 D-26중대	31명
계	2,280명

월맹군의 1972년 춘계 대공세

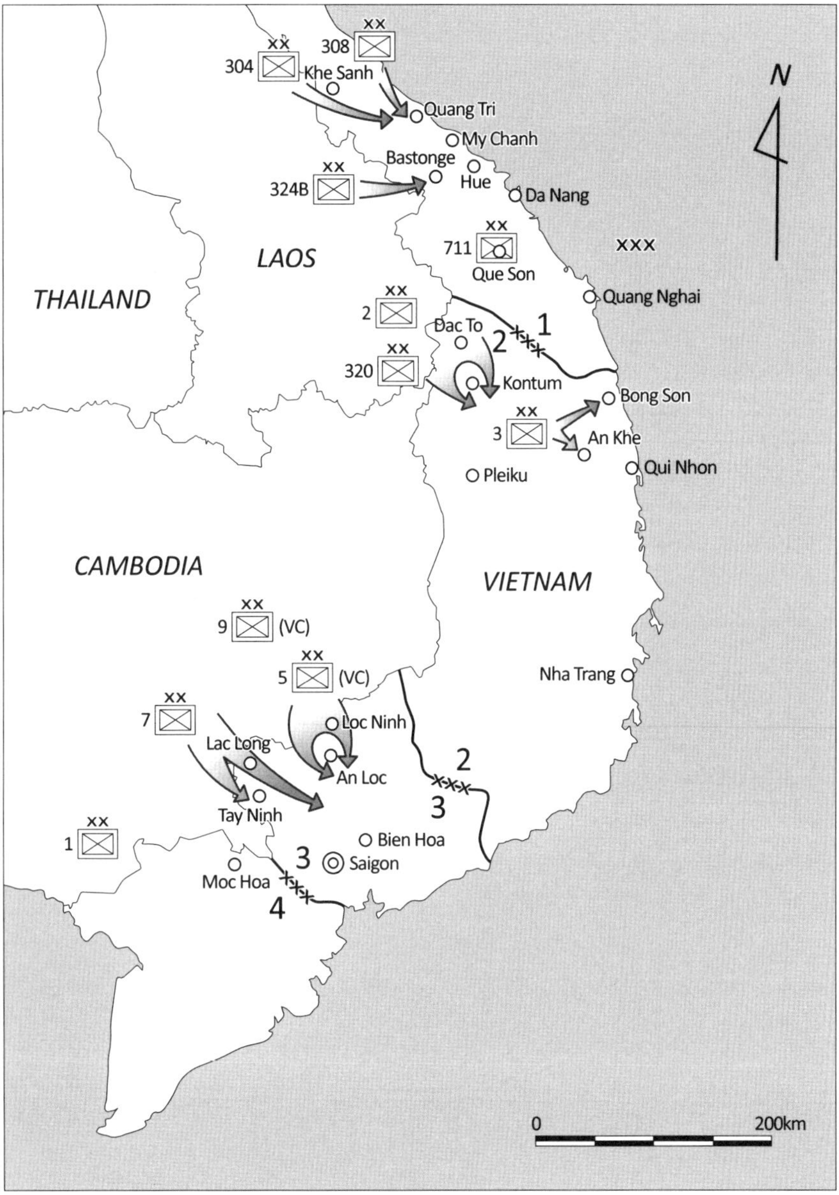

* 국방부, 《파월한국군 전사》 제10권, 408쪽 참조.

제1부

보응우옌잡의 위장전술과
레둑토의 평화협상 공세

미국의 월남화 정책과 보응우옌잡의 전략과 전술

1945년 2월 4일에서 11일까지, 소련 흑해 연안의 얄타에서 제2차 세계대전 종전을 앞두고 미국 · 영국 · 소련 등 연합국 정상들이 모여 독일의 패전과 그 관리에 대해 의견을 나누었다. 이 얄타회담에서 전략적 요충지인 독일은 물론 베트남과 한반도까지 국토 분단의 대상이 된다. 이는 물론 약소국가의 의사와는 관계없는 결정으로, 민족 분단의 씨앗이 되었다.

미국은 1945년부터 약 30년간 1,600억 불(6.25전쟁 150억 불의 10배)이라는 천문학적인 전쟁비용을 쏟아부으면서 베트남전쟁(월남전)에 개입하고 있었다. 베트남은 인도차이나 3국을 지탱케 하는 전략적 요충지로, 자유민주주의를 수호하는 미국이 태평양 안보의 전초기지이자 안보의 보루로 베트남을 지원하게 된 것이었다. 그러던 중 1964년 8월 2일, 북베트남 경비정 세 척이 통킹만에서 작전을 수행하고 있는 미 구축함 매독스호를 선제공격하는 '통킹만 사건'이 발생한다. 이 사건은 미국이 베트남전쟁에 전면적으로 개입할 명분을 주었으며, 같은 해

8월 7일 미 의회에 승인을 얻은 미국은 베트남전 개입을 본격화했다. 이후 미국은 베트남에 연 인원 300만 명에 가까운 병력을 파병했는데, 많을 때는 50여만 명이 주둔하기도 했다.

그러나 1968년 보응우옌잡(Vo Nguyen Giap, 1911-2013)의 구정공세 이후, TV 등 언론매체를 통해 베트남전의 참상이 알려지면서 미국 내의 반전운동이 심화되었다. 참전 군인들까지 베트남전에서 받은 훈장을 내동댕이치며 가세하면서 미국 안에서는 또 다른 전쟁이 벌어지고 있었다. 베트남전은 얼룩무늬 전선으로 민간인과 베트콩의 구분이 어려운데다, 오랜 세월 외세에 침략을 받아 형성된 베트남의 저항정신과 소련의 남하정책, 중공의 중국화 정책 등이 맞물리면서 베트남 전선은 양극화된 민주와 공산의 대결장이 되었다.

프랑스 파리에서는 미 대통령 특별보좌관 키신저와 월맹정치국원 레둑토(Le Duc Tho)의 월남전 종식을 위한 회담이 계속되었다. 재선을 꿈꾸던 미국 닉슨 대통령은 베트남전의 늪에서 헤어나오지 못할 경우 1972년 11월로 예정된 미 대통령 선거에서 더 이상 승산이 없음을 직감하고 협상을 서두르고 있었다.

미국 내의 절박한 정치적 사정을 간파한 보응우옌잡은 1972년 봄을 적화통일의 결정적 시기로 보고 1968년의 구정공세 효과를 발판삼아 비밀리에 남침을 준비하고 있었다. 보응우옌잡은 총 15개 사단 중 1개 예비사단만을 하노이에 남겨두고 2개 사단을 1,700km나 떨어진 라오스-캄보디아 국경을 연하는 호찌민 루트에 배치했다. 1972년 3월 30일, 보응우옌잡은 나머지 12개 사단을 북부 DMZ 중부고원지대 꼰뚬(Kon Tum)성과 쁠래이꾸(Pleiku)와 안케패스, 남부로 나누어 기습적으로 총공격을 감행했다.

보응우옌잡은 세계적인 전략가로, 그의 전술은 유격전과 게릴라

보응우옌잡(1911-2013)
당시 국방부 장관

반띠엔중(1917-2002)
당시 육군참모총장

전을 결합하고 정치외교를 제2의 전쟁수단으로 활용하는 등 총력전의 형태를 띠었다. 그는 전쟁을 민족 생존을 위한 예술로 보고, '작은 것이 큰 것을 이기고 적음으로 많은 군대와 맞서 싸운다'는 사상을 내세운 게릴라전을 펼쳤다. 영웅심리가 충만한 나이 어린 이들을 선발해 사상이 투철한 양질의 투사를 양성했으며, '적이 원하는 시간과 적이 원하는 장소에서 싸우지 않는다'는 전략을 구사했다. 적의 강점과 약점을 파악한 뒤 기회를 적시에 활용함으로써 최소의 피해로 최대의 효과를 내며 승리를 쟁취한 것이었다. 보응우옌잡은 국방부 장관이었고 반띠엔중은 월맹군 육군참모총장으로 춘계 대공세를 지휘한 인물이다.

군사적 승리를 포기한 닉슨과 보응우옌잡의 미소

군사적 승리를 포기한 닉슨 대통령과 미 의회에서는 베트남전쟁의 수렁에서 벗어나기 위해 1971년 11월 12일부터 이듬해 2월 10일까지 4만 5천 명의 병력을 추가로 철수시키는 제6차 철군계획을 발표한다. 1972년부터는 완전히 미군 주도에서 월남군에게 전투가 인계되었지만, 키신저와 레둑토의 비밀 평화협정은 별다른 진전이 없었다.

오스트레일리아 · 뉴질랜드 · 태국은 이미 1971년 말까지 철군을 완료했고, 한국군도 1971년 12월 4일부터 이듬해 4월 6일까지 해병 2여단인 청룡부대를 주축으로 하는 제1진이 철수했다. 미국은 월남화 정책에 의해 계속 병력을 철수하면서 월맹과의 협상을 모색하고 있었다. 이제 월남의 운명은 스스로 해결해야 했다. 이때 남베트남은 정치가와 불교도, 천주교도, 노동자, 학생 등 사회 각계각층에서 정치적 · 사회적 불만이 터져 나와 반정부 활동이 벌어지고 있는 상황이었다. 민족주의자임을 자처하는 많은 인사들은 인민해방전선에 가담하거나 동조하고 있었다. 이러한 상황에서 사이공의 대학생들은 혼란을 주도하고 나섰다. 학생들 중 반공을 주장하는 사람은 없었지만 공산주의자들이 배후에서 조종하는 유언비어에 현혹되어 있었다.

1972년 미 대통령 선거가 예정되어 있는 상황에서 정책 공백기가 있을 것으로 판단한 월맹군은 지난 구정공세 효과를 발판삼아 적화야욕을 실현할 결정적 시기를 1972년 봄으로 보았다. 월맹군 총사령관 보응우옌잡은 호찌민 루트를 비밀리에 재정비하여, 라오스 국경에 가까운 꼰뚬과 쁠래이꾸와 월남 중부 해안의 대도시 빈딘(Binh Dinh)성의 성도 꾸이년(Qui Nhon)을 연결하는 19번 도로로 이어지는 중부고원지대의 안케패스를 점령하여 월남을 양분하는 전략을 세웠다. 그리고 빈딘성을 점령하고 지배력을 공고히한 후 남부지역에 공격을 개시해 전

월남을 적화시킨다는 작전이었다. 그러나 그때까지의 게릴라전으로는 공격적인 공세를 취할 수 없었기 때문에 정규전으로 공격을 감행할 태세를 갖추었다.

대대적인 신병 보충이 이루어졌고 자원이 부족하다 보니 징집 연령을 14세부터 45세까지로 늘렸다. 당시 공산주의 중국으로부터의 지원과 소련으로부터 장비와 무기 등 350여 척분의 물자뿐만 아니라 각종 야포와 130mm 장거리포, 그리고 수백 대의 전차까지 지원받았다. 모든 준비를 끝낸 월맹군은 1971년 12월부터 본격적으로 호찌민 루트를 통해 장비와 병력을 투입하기 시작했다. 보응우옌잡의 공격방법은 정규사단이 정면에서 보병과 포병, 전차 등을 총동원하여 공격하면서도, 게릴라에 의한 배후공격과 베트콩 하부조직 및 동조자를 동원한 내부 교란작전 등을 동시에 병행하는 것이었다. 베트남에서 한국군과 월남군이 월맹군의 보병과 전차의 협동공격을 방어해본 경험이 없었기 때문에, 월맹군은 이러한 속공으로 월남군이 와해될 것이라 판단했다.

제2부

폭풍전야

파월 지원 동기와 과정

1970년 12월 9일. 51사단 신병교육대에 입대해 신병훈련을 마치고 땀 흘려 얻은 빛나는 이등병 계급장을 머리에 달았다. 동기생들과 나는 다시 20여 명의 동료 전우들과 함께 가벼운 마음으로 육군통신학교 ROC 46기로 입교했다.

훈련소와는 달리 육군통신학교는 주로 강의실에서 전문적인 주특기교육을 받았다. 나의 주특기는 무선통신병이었다. 무선통신병은 모스 부호를 송수신하는 통신행정병으로, 원활한 임무 수행을 위해서는 고도의 기능을 익히고 그에 숙달될 필요가 있었다. 정확 · 신속하게 임무를 수행해야 하는 보직이었으므로, 교육기간 동안 교관과 조교들 그리고 40여 명의 동기생들과 함께 엄정한 군기 속에서 열심히 수업을 받았다. 그래도 동기생들끼리는 서로 얄궂은 별명을 지어주며 활기 넘치는 학교생활을 했나갔다.

16주간의 긴 교육과정을 이수하고 51사단 125연대 2대대 본부중대에 배치를 받았다. 교육과정이 길었던 탓에 일등병으로 진급되어 자대에 배치되었는데, 주특기와는 상관없이 예비군을 교육시키는 방파제에서 근무하게 되었다. 많은 전우들은 전방으로 배치받아 경기도나 강원도에서 고생하게 되었으나 나는 후방에 배치받아 3년간 근무하게 된 것을 매우 기쁘게 생각했다. 든든한 '백'이 없으면 모두 전방으로 간다는 전우들 사이에 오가던 이야기들은 모두 풍문이 되어버렸다. 병력의 수요 공급에 따라 나는 자동적으로 후방에 배치된 것이었다. 우리 대대에 현역병들은 기간요원으로 40여 명에 불과했다. 그러나 비교적 근무가 수월해서 월남 병장들이 남은 군 생활을 마무리하기 위해 배치받기도 했다. 5~6명이 함께 생활했는데, 이때 나는 자연스럽게 월남전 참전에 대한 이야기를 접할 기회가 많아졌다.

1971년 당시 후방지역에서는 차출 및 지원 등으로 파월을 했다. 파월 초기에는 자기 의사와는 관계없이 거의 차출되어 부대 전체가 파월되기도 했으나, 후반기에는 지원병만으로도 충분히 파월 장병을 확보할 수 있는 상황이었다. 그러나 죽음을 각오하고 하나밖에 없는 목숨을 전쟁터에 던지기란 쉽지 않은 일이기 때문에, 파월 지원은 대단한 결심을 하지 않고는 할 수 없는 일이었다.

1971년 8월 말경, 훈련소에서부터 육군통신학교를 거쳐 함께 2대대에 배치된 김영수 일병과 함께 첫 휴가를 다녀온 후, 나는 마음속으로 파월을 결심했다. 그러고는 곧바로 연대본부 인사과 사병계에 근무하고 있는 박석균 일병에게 파월 차출이 있으면 지원하겠다는 내용을 담은 쪽지를 전달했다.

그러나 그날 밤 야간근무를 서면서 만감이 교차하며 울음이 터져 나왔다. 나는 창고 옆에 서서 흐느꼈다. 금방이라도 전쟁터에 가게 될 것처럼 실감이 났다. 마지막이 될지도 모를 부모님과 형제들, 친지들을 번갈아 떠올리니 눈물이 절로 나왔다. 어느 정도 결심을 굳히고 나니,

마치 애국자가 된 듯 가슴이 벅차올랐다. 사나이로 태어나서 이왕에 3년간 군 생활을 할 바에야 이국땅 전쟁터에서 우방을 위해 싸워보는 것도 보람 있을 것 같았다.

고등학교 3학년 때 만난 은사님께서 나의 마음을 다잡아주고 있었다. 나라의 고위관리가 아니었는데도 한민족과 한국을 지극히 사랑하시는 모습을 보며 늘 존경하던 스승님이었다. 스승님께서는 젊은이들에게 새총을 만들어 보급하더라도 간접적으로 북한에 대항할 수 있도록 훈련해야 한다는 식의 말씀을 하셨다. 그때 '나라를 사랑한다는 것이 이런 것이구나' 하는 나라 사랑의 씨앗을 심었던 것이 나의 마음을 안정시키는 데 큰 도움이 된 것 같다.

박석균 일병은 인사과에서 근무했기 때문에 군 병력 이동에 관한 정보가 빨랐다. 그는 주월사령부 근무 주특기가 내려오면 나를 차출해주겠다고 약속했다. 하지만 전쟁터에서 그나마 안전한 편인 주월사령부 같은 곳에서 근무할 좋은 기회가 나에게 올리 없다고 생각한 나는 어느 부대든지 가능한 한 빨리 차출해주기만를 바랐다.

그 후 2대대 방파제가 해체되어 연대본부 영내에 있던 2대대 전우들이 해안 초소 경계임무를 맡은 각 중대로 분산 배치되었다. 나는 김영수 일병과 헤어져 5중대가 주둔하고 있는 충남 서천 비인이란 곳에 가게 되었다.

그날은 독립중대에 배속받아 군 생활 중 처음으로 유격훈련을 마치고 난 어느 날이었다. 파월 지원을 까마득히 잊고 근무에 열중하고 있었는데 중대본부 전령이 연대본부에 다녀와서 하는 말이 '김영두 일병에게 파월 특명이 내려왔으니 따블백(더플백)을 싸 가지고 내일 연대로 들어가라'는 것이다.

파월하겠다고 스스로 지원했으나 막상 특명을 받고 보니 인생의 마지막 길을 가는 사람처럼 모든 계획과 희망을 포기하고 체념하는 자세가 되었다. 이제는 새로운 임지에서 충실해야 된다는 각오만이 필요한 것 같았다. 들녘에 벼를 모두 베어서 세워 놓거나 추수를 한 상태인 늦가을의 서천 지방을 영영 못 볼지도 모른다는 시선으로 차창 밖을 내다보았다.

전령과 함께 연대에 도착해 인사과의 박 일병을 찾아갔다. 그는 나를 보자 무척 난감한 표정을 지어 보이며, 전투사단인 맹호부대로 차출되어 걱정이라고 매우 미안해하며 말을 건네왔다. 나는 파월을 지원하던 날 모든 것을 각오한 터인지라 '죽고 사는 것은 하늘에 운명을 맡기고 가는 것이니 너무 염려하지 말라'는 말을 남기며 박 일병과 아쉬운 작별 인사를 나누었다

오음리 적응훈련

연대본부가 있는 충남 홍성을 떠나기 전, 나는 어느 조그만 교회에 찾아가 기도를 했다. 이때 찾아간 교회는 오관리의 어느 전셋집 교회였는데, 육군 일병의 초라한 군복 차림으로 군화를 벗어둔 채 두 무릎을 꿇고 간절한 마음으로 기도를 드렸다. 이곳에서의 기도는 내 생애 처음이자 마지막이 될지도 모를 일이었다.

강원도 오음리로 출발하는 차에 몸을 실었다. 조치원에 있는 51사단 보충대를 경유해 파월할 동료 전우들을 만나 함께 영등포역 근방인 듯한 어느 보충대를 거쳐 오음리에 도착했다. 각 사단에서 차출되어온 장병들이 한곳에 모이자 그 수가 1개 대대 병력이 될 만큼 많았다. 장병들은 소대 · 중대 · 대대로 편성되었고, 이후 열대 기후와 정글에 적응하기 위한 훈련을 받았다.

월남으로 출발하기 3일 전, 적응훈련을 마치고 강원도 횡성으로 배치되어 임지 생활을 하고 있는 임(任)에게 편지를 띄웠다. 남자로서 태어나 뜻한 바 있어 스스로 파월을 지원해 전쟁터에 가는 것이니 너무 걱정하지 말고 맡은 역할에 충실해달라는 내용의 서신이었다. 고향에 계신 부모와 형님에게도 알리지 않고 떠날 생각으로 출발을 며칠 앞두고 임에게만 편지를 했다. 전쟁터에 나가는 것을 일부러 부모님께 알려 걱정 끼칠 필요가 없다고 생각했기 때문이었다. 부모님 걱정을 덜어 드리기 위한 욕심으로 편지조차 전하지 않는 불효의 행동을 하게 된 것이다.

훈련을 모두 마치고 부산항으로 출발할 날짜가 되었지만, 베트콩의 구정공세로 월남에 매우 심각한 격전이 펼쳐지면서 출발이 자동적으로 3일간 연기되었다. 출발이 임박하던 어느 날 임이 나를 찾아왔다. 밤이 늦어서야 면회실에 도착한 임이 하늘만 보이는 험산준령 속의 부대를 어떻게 찾아왔는지 모를 일이었다.

임과 만난 마지막 밤

임은 만나자마자 월남 파병을 취소할 수 있는 방법이 없겠냐고 물었다. 어떤 방법을 동원해서라도 파월만은 빠져준다면 소원이 없다고 애걸했다. 여인의 입장에서 전쟁터로 떠나기 직전의 임에게 마땅히 할 수 있는 이야기였지만, 이미 굳은 결심이 선 나의 귀에는 아무런 이야기도 들어오지 않았다.

장작을 때어 며칠 만에 불맛을 보는 여인숙 방 문틈으로 새어 나오는 매연에 눈도 못 뜰 지경이었다.

전선의 설산 아래서 밤에 만난 여인을 진심으로 사랑한다는 것은 과연 무엇인가. 존경하는 스승을 통해 알게 된 여인이었기에, 여인이 스승의 분신처럼 여겨졌다. 여인에 대한 마음은 스승에 대한 존경과 믿음이 더해져 더욱 굳건해졌다. 그렇기에 알게된 지 17개월이 지난 이날까지 서로 정절을 지켜온 것이다.

그러나 젊은 남녀가 둘만의 긴긴 밤을 지새우며, 영원히 못 만날지도 모르는 이별을 앞두고 젊음이란 것 때문에 괴로워해야 하는 밤이었다. 조금만 인내하면 한 여인의 일생에 깊은 상처를 남기지 않을 것이 아닌가. 아름다운 영원한 사랑을 위해서라도 여인의 몸에 손을 대서는 안 된다는 생각이 앞섰다. 전쟁터로 떠나기 직전 임과 마지막으로 만난 이 밤은 참으로 믿음직스런 밤이었다.

다음 날 아침, 온누리에는 겨우내 내린 곳에 또 내린 눈들이 삼라만상을 이불처럼 덮어싸고 있었다. 강원도 특유의 폭설로 교통편이 매우 불편한 상황에서, 임은 '살아만 온다면 모든 것을 아낌없이 바치겠다'는 말을 남기고 떨어지지 않는 발길을 돌렸다.

1972년 2월 13일, 월남 땅을 향해 강원도 오음리를 떠나는 날이 돌아왔다. 나는 300여 명 규모의 선발대에 뽑혀 춘천역으로 이동했다. 우리가 오기만을 기다리고 있던 군악대와 함께 어느 학교 학생인지 모를 많은 학생들이 춘천역에 나와 있었다. 학생들은 태극기를 흔들며 잘 싸우고 돌아오라고 적힌 플래카드를 들고 간단한 환송식을 해주었다. 맹호부대 장병으로서 처음으로 민간인 앞에 모습을 드러낸 순간이다.

춘천을 출발한 특별군용열차는 서울을 경유해 부산으로 향했다. 기차 안에서는 갖가지 풍경이 펼쳐졌다. 대부분의 전우들은 창밖을 내다보면서 다시는 못 올지도 모를 고국산천을 향해 말 없는 대화를 나누었다. 옆 전우와 소주잔을 나누며 고향의 부모 형제 생각에 흐르는 눈물을 닦기도 하고, 목청껏 군가를 부르며 서로를 북돋기도 했다. 나는 맹호부대 노래를 부르며 감정이 복받쳐올랐다. 군가를 얼마나 많이 불렀는지 아는 군가는 모두 바닥나버려서 불렀던 노래를 계속해 불러댔다. 창밖에 시민들이라도 보이면 어디서 들려오는지 모를 우렁찬 함성과 군가 소리가 지천을 흔들었다. 전쟁터로 가고 있다는 불안감을 감추기 위해 목청이 아프도록 불러댄 군가 때문에 모두들 목이 쉬었다.

선발대의 임무와 선진문명을 접하며

1972년 2월 13일 밤. 부산항에 도착한 전우들은 파월 특명서를 내보이며 배에 올랐다. 선발대는 약 1,500여 명의 본대가 도착하면 식사를 준비해 배식하는 등 승선 생활 5일간의 식사 당번 일을 맡았다. 한국군 장교가 파견되어 배의 구조와 식사 준비 및 배식 전 과정에 대해 교육했다. 선발대는 선진국의 완전자동화된 현대적 시설을 활용해 만반의 준비를 해놓고 본대가 도착하기만을 기다렸다.

우리가 탄 배는 2천 명 이상을 수용할 수 있을 정도로 규모가 컸고, 배 안에 극장과 배구장 등 현대적 시설까지 갖추고 있었다. 배의 내부 시설은 그 당시 한국의 경제구조나 생활여건으로는 상상하기 어려울 만큼 훌륭하게 갖추어져 있었다. 빵 자르는 기계, 밥을 짓는 솥, 재료를 운반하는 수단까지 모두가 자동화되어 있어서 시설물 하나하나가 그저 신기하기만 했다. 미군 병사가 세탁기로 옷을 빨고 있을 때는 수십 명이 모여들어 신기해하며 세탁기 앞을 떠날 줄을 몰랐다. 나는 그때 세탁기를 처음 보았고, 전기를 이용해 자동으로 밥을 지을 수 있다는 사실도 처음 알았다. 그래서 세탁기며 밥솥이며 난생 처음 보는 신기한 요술로만 생각되었다.

7~9층 건물 높이의 대형 배이기 때문에 배 안에는 엘리베이터가

설치되어 있었다. 나는 그때 엘리베이터도 처음 타보았는데, 작동법 등을 자세히 알고 있는 사람들이 거의 없었기 때문에 배 안에 근무하는 미군들을 따라다니며 어깨너머로 배웠다.

1972년 당시 고향 마을의 경제적 생활수준은 인근 마을과 비슷했다. 대부분의 집들은 초가집이었다. 전기설비가 놓여있지 않았으며 수도시설이 전무했으니 물동이에 물 긷는 일이 큰일이었다. 문화시설도 낙후되어 라디오를 소지하고 있는 가정도 한두 집에 불과했다. 화장실은 당연히 재래식으로, 새끼를 꼬기 위해 짚 다발을 추린 부드러운 짚검불을 뒤처리용으로 한 다발씩 걸어두었다.

그에 반해 배 안은 생활하기에 불편한 것이라곤 하나도 없어 보였다. 침실에는 2층으로 된 침대가 놓여있었으며, 화장실이 모두 서구식으로 되어 있었다. 하지만 쪼그리고 앉아 용변을 보는 재래식 화장실에 익숙해져 있는 우리들은 엉덩이를 대고 앉아야 할 곳을 밟고 올라가 쪼그려 앉아야만 대변을 볼 수 있었다. 일을 마치고는 물을 내릴 줄 몰라 그냥 화장실을 나왔기 때문에 미군들로부터 눈총을 받기도 했다.

선발대에 이어 13일 밤늦게 본대가 도착했다. 배 안으로 들어온 전우들은 모든 것을 각오하고 체념이라도 한 듯한 얼굴이었으나, 이내 5일간 생활할 배 안의 구석구석을 돌아보며 흥미로운 듯한 모습을 보이기도 했다.

환송식과 부산항 출발

2월 14일(음력 섣달그믐날) 오전 10시. 부산항 제3부두에는 부산 시내 중고생들 2천여 명과 파월 장병 가족들이 나와 꽃다발과 태극기, 월남기를 양손 가득 들고 환송식을 해주었다. 당시에 학생들이 들고 있는 플래카

드와 현수막에는 '잘 싸우고 돌아오라, 맹호 용사들', '개선장군' 등 여러 종류의 구호들이 적혀있었다. 가족이 배웅나온 일부 전우들은, 전쟁터로 보내야 하는 가족도 울고 전쟁터로 떠나야 하는 전우도 울며 서로 손을 흔들고 있었다.

이날은 섣달그믐날이었다. 매년 이날이 되면 고향 마을 사람들은 설맞이 준비에 정신이 없었다. 아이들은 새 옷이며 신발을 사다놓고 어서 설날이 돌아오기만을 기다렸다. 타지로 나가 살던 사람들은 고향을 향한 만원버스에 몸을 싣고 발걸음을 재촉했지만, 파월 장병들은 화랑의 후예답게 조국의 안전과 세계평화를 위해 월남 땅으로 떠나야만 했다. 전우들은 환송 나온 가족들과 학생들에게 나약한 모습을 보일까 봐 뒤돌아서서 소리 없이 눈물을 흘려야 했다.

전우들을 태운 거대한 몸집의 배가 뱃고동을 울리며 움직이기 시작하자 환송식은 절정에 달했다. 부산항 제3부두를 빠져나와 배가 보이지 않을 때까지 고사리 같은 손을 흔들며 따뜻하고 뜨거운 환송식을 베풀어준 부산 시내 중고생들에게 진심으로 고마울 뿐이다. 세상에 태어나 이처럼 뜨겁고 열렬한 대접을 받아보기는 처음이었다. 비로소 자유와 평화를 수호하기 위해 이역만리 이국땅으로 조국을 대표해 떠나는 조국의 아들이 되었음을 실감했다. 월남에 가서는 어떠한 어려움과 역경이 닥치더라도 비겁하지 않게 스스로 극복하는, 조국이 바라는 그러한 군인이 될 것을 다짐했다. 이때의 마음을 오래오래 간직하고 일생을 살아간다면 애국자가 되지 않을 사람이 없을 것 같았다.

개인은 떼어놓고 보면 참으로 보잘것없는 것 같으나, 민족과 국가라는 거대한 조직의 일원으로 인정받는다는 것은 그 개인으로부터 무한한 힘과 가능성이 표출되도록 하는 모양이다. 환송객들은 배가 보이지 않을 때까지 우리 용사들을 향해 손을 흔들어주었다. 환송객과 용사들 사이에 평소 감히 느낄 수도 없는, '우리는 한민족'이라는 뜨거운 전율이 전해지는 그런 순간이었다.

이날 부산항 제3부두의 바닷바람은 매우 싸늘했다. 시베리아에서 불어오는 차가운 바람이 남쪽 나라 전쟁터로 가는 길을 재촉하는 것만 같았다. 몇 시간을 항해하는 동안 조국의 하늘과 땅을, 그리고 조국의 바다를 벗어났다. 이제는 영영 조국 땅으로 되돌아갈 수 없을 것만 같았다. 보이는 것이라곤 처음과 끝이 온통 바다뿐이었다.

사나운 파도를 가르며 전쟁터를 향해 끊임없이 질주하는 배 안에서 전우들은 너나 할 것 없이 심리적 갈등을 겪기 시작했다. 몇 시간 전의 환송식은 잊혀가고 눈앞에 현실이 닥쳐왔다. 시간이 가면 갈수록 생명을 내던지고 적진 속에 뛰어들어 싸워야 한다는 생의 갈등이 며칠 후면 몸소 겪어야 하는 미지의 땅을 연상하게 했다.

군 병력을 수송하기 위해 만들어진 이 배는 미 7함대에 소속되어 있는 미 함정이었다. 배의 앞뒤로 잠수함이 밤낮으로 따라다니며 든든하게 호위해주었다.

남으로 남으로 가고 있는 작은 육지와 같은 배도 거대한 파도가 밀려올 때면 제법 흔들거렸다. 전우들은 항해를 하는 동안 한국에서는 누려보지 못했던 고급 생활환경에서 지냈지만, 극심한 뱃멀미와 식욕부진에 시달려야만 했다. 배 안 곳곳에 보이는 토사물들은 보는 이들의 눈쌀을 찌푸리게 했고, 뱃멀미를 하지 않는 이들도 덩달아 뱃멀미를 하게 만들었다.

3~4일쯤 항해를 하고 있는 동안 보이는 것이라곤 오직 바다뿐이었다. 바닷속에서 해가 뜨고 바닷속으로 해가 지는, 지구가 온통 바다로만 이루어진 듯했다. 육지에서 멀리 떨어져 나오니까 그토록 흔한 갈매기 한 마리 보이지 않았고, 배를 따라오던 이름 모를 물고기도 지쳐

버렸는지 보이지 않았다.

목적지가 가까워질수록 점점 기온이 올라가기 시작했고, 겨울내의에 야전잠바까지 걸쳐입었던 차림은 런닝셔츠 바람의 시원한 차림으로 바뀌었다. 뜨거워진 날씨와 갑자기 바뀐 음식 등으로 인해 자기와의 싸움이 시작되었다. 긴 항해에 지쳐 있는 대부분의 전우들은 함선안에서 이틀에 한 번 정도 해상 훈련을 실시하고 내무사열을 받았는데, 이는 만약의 사태에 대비하고 긴장의 끈을 놓지 않기 위함이었다.

꾸이년항에 도착하다

2월 19일 새벽, 드디어 지루한 항해가 끝이 났다. 배는 꾸이년항에서 멀지 않은 곳에 잠시 정박했다가, 꾸이년항의 전황을 파악한 뒤 날이 새기만을 기다려 뱃머리를 돌려 오전 8시 30분경 꾸이년항에 정박했다. 우리는 배 안에서 일찍 아침 식사를 마친 상태였다.

월남전에 참전하는 신병으로서 불안하고 체념하는 심정으로, 또 한편으로는 비장한 각오와 결심으로 꾸이년항 부둣가에 첫발을 내딛었다. 꾸이년 항구 주변은 경계가 삼엄했다. 우리 전우들은 맹호사단에서 대기시켜놓은 차량에 분승해 사단사령부로 향했다.

꾸이년항 부둣가의 건물에서부터 꾸이년 시내 도로 주변의 민가에도 총을 맞은 흔적이 여기저기 많이 보였다. 차 안에서 멀리 보이는 월남 땅의 산야로부터 포성과 총성이 들려왔다. 꾸이년 시내는 어둡고 스산한 분위기였다.

긴 시간 배를 타고 물 위에서 지내서인지 육지에 내렸어도 배가 움직이듯 차량과 땅이 움직이는 것만 같았다. 맹호사령부 앞에는 맹호부대로 파월된 것을 환영한다는 현수막이 몇 장 붙어 있을 뿐 본국의 부대와는 달리 완벽한 방벽과 철조망들이 전쟁터의 부대임을 말해주는 것 같았다. 우리 전우들의 일행은 사령부 안의 맹호극장에 집결했다. 이곳에서 간단한 의식으로 정득만 사단장의 환영사와 이화여자대학교 김옥길 총장님의 격려사가 있었다.

김옥길 총장의 격려사는 매우 인상적이어서 지금까지도 잊히지 않는다. 그 내용은 "6.25 때 UN군의 도움으로 공산화를 막고 국력이 신장되어 이제 우리 조국도 우방을 도울 수 있어 자부심을 느낀다. 조국의 아들로 태어나 조국의 어려운 사정을 감안해 생명을 걸고 이곳에 온 여러분이 매우 존경스럽고, 대한의 남아답게 잘 싸우고 돌아와 조국통일의 염원을 해결하는 여러분이 되기를 당부한다."는 것이었다. 전쟁터라는 불안한 상황 속에서 맹호극장에 모인 모두는 말을 전하는 이나 듣는 이 할 것 없이 한마음이 되어 눈시울이 뜨거워졌다.

짧은 환영식이 끝나고 모두들 부대 특명을 기다렸다. 맹호부대는 1연대, 26연대, 기갑연대 등 증강된 1개 사단으로 구성되어 있었다. 당시 3개 연대 가운데 26연대는 '병력을 보내나 마나'라는 말이 있을 정도로 맹호사단 가운데 가장 위험한 부대로 알려져 있어 26연대로의 특명을 받는 것을 모두가 싫어했다. 조국 국민들의 열렬한 환송을 받을 때는 조국이 가라는 곳이면 어느 곳이라도 가리라 다짐했건만, 모두들 보다 안전한 부대에 배치받기를 바랐다. 호명이 한창 진행되는 동안 어떤 전우는 기뻐하고 어떤 전우는 우울해하는 표정을 지었다.

나는 기갑연대에 특명을 받았다. 누구나 선호하는 부대였기 때문에 잘만 하면 살아서 돌아갈 수 있겠다는 희망이 생겼다. 기갑연대는 맹호사단에서는 그래도 가장 안전한 부대였고, 그동안 희생이 가장 적었다는 이야기를 들었기 때문에 내심 다행이라 생각하며 안도의 한숨을 쉬었다. 다른 전우들은 1연대나 26연대로 배치받아 가면서 기갑연대로 가는 나를 부러운 시선으로 바라보았다. 마지막 전우까지 호명을 마치자 각자 배정받은 곳으로 출발하기 시작했다. 나 역시 주위의 뒤숭숭한 분위기를 뒤로 하고 들뜬 마음으로 따블백을 둘러메고 기갑연대 수송차량에 올라탔다.

기갑연대 보충대 현지 적응훈련

월남 신병들을 태운 차량의 앞뒤와 중간중간에는 중무장한 차량과 선배 전우들이 검게 탄 얼굴 모습으로 신병들을 호위했고, 장갑차와 기관총까지 동원된 신병 후송작전은 마음 든든했다. 하늘에는 기관총으로 무장한 헬리콥터 몇 대가 신병 후송 차량의 주위를 돌아가며 꾸이년에서 19번 공로(公路)를 따라 서쪽으로 달리는 차량과 함께 질주했다. 19번 공로 주변의 마을과 산야의 풍경은 신기하기만 했고, 월남 특유의 공동묘지는 마치 귀족들이 살고 있는 부락으로 착각하게 할 정도로 묘역이 인상적이었다. 도로 주변에 나와 있는 월남 주민들을 만날 때마다 손을 흔들어주며 그 민간인들을 도와주러 왔다는 뿌듯한 마음에 스스로 도취되어 있었다.

난생 처음 외국 땅을 밟으면 시야에 들어오는 모든 것들이 신기하고 새로운 것들뿐이다. 전쟁하러 온 군인의 신분만 아니었더라면 이국의 풍치에 부담감이 없는 좋은 여행이 될 것 같았다. 도로 주변에는 적으로부터 공격을 받아 파괴된 차량과 추락한 헬기의 잔해들이 보였고 길거리에는 전쟁에 파괴된 쇠뭉치들이 고물이 되어 수없이 많이 널려 있었다. 한국의 고물장수가 오면 금방이라도 떼돈을 벌 수 있을 것 같았다.

도로 주변에 나와 있는 월남인들이나 논밭에서 일하는 월남인들

꾸이년과 빈케 중간에 있는 월남의 전통적인 공동묘지

을 볼 때 한국인보다 왜소하고 경제적으로 매우 낙후된 가난한 나라라는 것을 한눈에 볼 수가 있었다. 민간인 주택에도 베트콩이 총을 쏜 것으로 보이는 총탄 자국이 흉하게 보였으며, 적의 지뢰에 파괴된 한국군의 차량이 길가에 버려져 있었다. 전쟁으로 인한 흔적들은 월남 신병들에게는 살벌하고 암울한 상황을 생각하게 한다.

자동차로 1시간 정도 달려와 1972년 2월 13일 14시쯤 빈딘성 빈케군에 소재한 기갑연대 보충대에 도착했다. 사령부보다는 작은 규모의 시설이었지만 기지를 둘러싸고 있는 방벽선은 견고한 것이었는데 본국에서 농민들이 홍수를 막기 위해 잘 쌓은 방천 같았고, 고려시대에 몽고의 침략에 대항하기 위해 만든 제주도 토성의 모형을 본을 떠 만든 것 같았으며, 기지 안에만 있으면 하늘땅이 무너져도 안전할 것만 같았다.

강원도 오음리에서 한 달간 월남전 적응훈련을 받고 파월되었지만 기갑연대 보충대에서 다시 현지 적응훈련을 받기 위해 다시 중대 · 소대로 편성해 교육과 훈련을 받아야 했다. 월남의 기후는 우기가 끝나고 건기가 시작되는 시기라서 가만히 앉아 있기만 해도 땀이 흘러 정글복을 흠뻑 적셔버렸다. 한국의 삼복더위에 비교할 수 없는 참기 어려운 태양의 열기, 찜통 같은 보충대의 내무반, 신병들이 풍겨 내는 열기, 이런 곳에서 어떻게 1년간을 참고 견딜 수 있을까. 수만 명 파월 장병들이 해외 파견근무를 마치고 귀국을 한 사실이 믿기 어려울 정도였다.

고국을 떠나 월남 땅에 도착해 첫 밤을 기갑연대 보충대에서 보내는데 보충대 옆 포병부대에서 밤새도록 쏴 대는 155mm 곡사포 소리는 귀청이 찢어지는 것만 같았다. 보충대에 신병들은 누구나 제대로 잠 한숨 자질 못했다. 나는 마음이 불안한 것이 원인이 되어서인지 저녁 식사를 한 것이 소화가 되지 않고 오장육부가 속에서 틀어져 올라와 보충대의 연병장 모퉁이에서 아랫도리를 내리고 쭈그리고 앉아 몸부림을 쳤다. 죽기보다도 더 고통스러운 월남 땅에서 첫 밤의 나의 모습이었다.

1972년 2월 19일 밤은 왜 이리도 긴 밤인지, 아무 생각 없이 뱃가죽을 움켜잡고 날이 새기만을 기다린다는 것 외에 아무것도 생각할 수 없었던 밤, 전심전력을 다해 토사곽란이라도 난 모양이었다. 그것을 혼자 극복하며 그 아픔에 온전히 구속된 밤이었다.

400여 명쯤 되는 맹호 32제대 중 기갑연대에 배치받은 신병들은 연대 수색중대 요원들이 조교가 되어 기타 교관들에 의해서 2월 20일부터 훈련과 교육을 받았다. 고국의 짬밥으로 살찌워진 뿌연 복스런 월남 신병들은 가만히 앉아 있기만 해도 땀이 비같이 쏟아지고, 입고 있는 정글복은 24시간 척척하게 적셔져 물속에서 금방 나온 사람들 같았다. 신병과 월남 고참을 구별하려면 입고 있는 정글복을 보면 쉽게 알 수 있다. 고참들은 열대기후에 익숙해져 많은 땀을 흘리지 않기 때문이다.

기갑연대 보충대에서 현지 적응훈련을 받으면서 고국의 125연대 방파제에 근무할 때 월남 병장들이 들어오면 전입 고참이라고 그들의 신고를 받고 놀려대던 나의 모습이 얼마나 가증스러운 것인지를 새삼 절실히 느끼게 되었다. 1년 동안 파월근무를 무사히 마치고 귀국하기란 이처럼 어려운 관문들이었고 월남 장병들은 그것을 통과한 의인들이었는데, 돈이나 벌려고 다녀온 사람으로 취급받지 않았던가. 그러나 자대를 출발해 강원도 오음리에서 이곳 기갑연대 보충대까지 와서 현지 적응훈련만을 받고 있는 이 시간까지의 과정에서 느낀 경험으로 보아, 그들은 우리가 본국에서 취급했던 그런 월남 장병들이 아니었다. 참으로 장하고 훌륭했던 선배요, 애국자요, 우방을 돕기 위해 피땀 흘렸던 분들이었다는 것을 이제야 비로소 알게 되었다. 그중에서도 금산군 진산면이 고향인 이영팔 월남 병장의 모습이 왠지 확연히 떠오른다. 그때 그분들을 위해 잘해드릴 걸 하는 후회를 해봤지만 지금에 와서는 아무 소용없는 공상에 불과한 것이다.

수색중대에 지원, 3소대 전입신고식

후회스러운 지난날을 생각하면서 보낸 보충대의 일주일간의 교육기간은 무덥고 지루한 기간이었다. 우리 월남 신병들은 자대배치에서 어디로 특명을 받을 것인가가 매우 신경을 쓰는 부분이다. 똑같은 전쟁터이지만 직책과 계급에 따라 천차만별의 차이가 있기 때문에 가능한 한 생명이 덜 위험한 지역에 배치되기를 바란다. 연대 인사과에 1차 집단의 관계에 인연을 찾아 아는 사람만 있으면 파월 생활을 안전하게 할 수 있는 곳으로 배치받을 수도 있기 때문이다. 죽음을 각오하고 전쟁터에 왔지만 사실은 '나만은 무사할 테지' 하는 막연한 소망이 있기 때문에 전쟁터에 뛰어드는 것이다. 살기 위해서 월남에 온 것인데 위험한 곳에 가고 싶은 사람이 누가 있겠는가.

그러나 나는 배경을 따라 살아본 경험이 전혀 없는 사람인지라 마음 편하게 특명만 기다릴 준비가 되어 있는 상태였다. 교육이 끝나기 하루 전에 교관들이 연대 수색중대에 지원할 신병을 찾고 있었다. 조건은 고졸 학력을 가진 사람으로 동작이 빠르면 된다는 것이다. 연대 수색중대의 임무는 기갑연대의 예하 12개 중대에서 급박한 상황이 떨어졌을 때 가장 먼저 출동해 작전지역에 투입되는 연대의 특공부대이자 예비중대였다. 나는 이왕에 월남전에 참전한 바에야 사나이답게 용감하게 싸워볼 수 있는 수색중대에 주저할 것 없이 손을 들어 지원해버렸다. 근무하기 좋은 곳, 안전한 곳을 생각하다 보면 나 자신이 갈수록 초라해지고 비겁하게 생각되었기 때문에 1년 근무기간 동안 산에서작전만 하는 수색중대에 지원한 것이다.

다음 날 연대 인사과에서 나와 수색중대에 지원한 병력을 제외해 놓고 각 중대별로 호명했다. 그동안 맹호사단에서는 26연대에서 가장 많은 희생자가 발생했고 다음은 1연대, 그리고 기갑연대가 가장 희생이 적은 안전지역이었으므로 기갑연대에 특명 받은 것만으로도 행운으로 생각해야 했지만, 누구나 보다 더 안전하고 편한 곳에 배치받기를 바라는 눈치였다.

나를 포함해 10여 명이 수색중대에 특명을 받아 2월 27일 밤 간단하게 중대장님에게 전입신고를 하고 중대에서 다시 4명의 전우와 함께 3소대에 명을 받았다. 수색중대 3소대는 내가 파월 복무기간을 마치고 귀국할 때까지 근무할 곳이었다.

전쟁터에서 숙식을 항상 같이하며 생사고락을 같이할 곳이기에 어떤 사람들이 먼저 와 있는가 하는 것도 궁금했다. 군인은 어느 부대에 배속이 되나 신고로 시작해서 신고로 끝난다는 사병들 간의 유행어가 아니더라도, 군인으로서 고참들 앞에 신고를 한다는 것은 기본적인 예의이다. 고참들은 월남 신병들에게 저녁 식사를 잘 먹여놓고 소대 신고를 시켰다. 거수경례를 하며 큰 소리로 "맹호!"라는 구령과 함께 "일병 김영두는 1972년 2월 27일부로 기갑연대 수색중대 3소대에 명 받았습니다. 이에 신고합니다. 맹호!" 이렇게 내무반 중앙에 서서 내무반장에게 신고를 하면 되는 의식이다. 3소대에 전입한 4명의 신병 가운데 가장 선임자가 대표로 신고를 하고 거수경례만 함께 하면 되는데 3소대 자치규약에 따라 개별적으로 신고를 시켰다. 순서에 따라 본국 군생활에서 익힌 숙달된 실력으로 자신 있게 신고를 했다.

그런데 내무반장은 인사를 받지 않고 "다시!" 하면서 발길로 차며 주먹으로는 훅을 지르며 사정을 보지 않고 갈겨 대는 것이다. 그런 정신을 가지고 어떻게 베트콩과 싸워 이기겠느냐며 호통을 치는 것이다. 나뿐만 아니라 따블백 동기 4명 모두에게 번갈아 신고를 했으나 한 사람도 신고에 통과되지 못했다. 신고를 지켜보고 있던 내무반의 모든 월남 고참들이 일어나 이놈 저놈을 쥐어박았다. 신병들로서는 지옥의 수라장 같은 3소대의 공포 분위기 속에서 신고에 시달리며 고통스러워했다. 신고를 몇 번을 반복하는 동안 전쟁터의 수색중대 3소대 내무반은 신고받는 소란한 분위기에 밤이 깊어지는 줄도 모르고 있었다.

나는 부산항을 출발해 뱃멀미며 심한 기후의 격차로 인한 생활의 고통, 전쟁터에 간다는 불안감 등으로 인해 피로에 지친 상태인데, 위로와 격려는 못 할망정 이처럼 개 패듯 때리며 원수같이 취급하는 월남 고참이라는 사람들이 매우 야속하기만 했다. 베트콩보다 험상궂은 얼굴에 새까맣게 그을린 보잘것없이 생긴 고참들이라고 하는 자들과 어떻게 생활할 것인가 정말 큰 걱정이었다.

신고를 제법 잘했는데도 불구하고 통과시키지 않는 상태에 신고를 잘 못했다는 이유로 고참들의 정글화에 걷어차이고 뭇매를 맞은 전옥석 병장은 “아이고, 아이고” 하면서 큰 소리로 울어버렸다. 고참들은 “이 새끼, 여기가 너희 집 안방인 줄 알고 엄살을 피우느냐”며 더욱 사정없이 후려쳤다. 이러한 상황에 더욱 겁에 질린 나머지 신병들도 반사적으로 자극적인 반응으로 겁에 질렸고, 나는 죽기 아니면 까무러치기라는 각오로 이 세상에 태어나 제일 큰 목소리로 있는 힘을 다해 복창했다. 4전 5기의 정신으로 신고해 4명 중 제일 먼저 신고의 어려운 관문을 통과해 비로소 3소대 내무반의 식구가 된 것이다.

신고에 통과한 나의 모습은 기진맥진한 상태가 되었고 새 정글복으로 갈아입고 오자 새 제복은 땀에 젖어 척척해져 있었다. 그런데 신고를 시킬 때는 약속이나 한 듯 하나같이 사납기만 하던 월남 고참들이 신고에 통과한 나에게 동생같이 따뜻하게 개별적으로 악수를 해주는 것이다. 너무 심하게 신고를 시킨 이유는 “우리가 전쟁터에 온 것도 서러운데 조국에 귀국할 때는 병신이 아닌 완전한 사지를 가지고 귀국하기 위해 강인한 정신을 가지고 긴장을 풀어서는 안 되기 때문에 신고를 세게 시킨 것”이라는 것이다.

내무반에서 신고를 지켜보고 있던 고참들은 “여기까지 오느라고 고생이 많았네. 사실 우리 3소대는 분위기도 좋고 재미있고 모두가 인간성이 좋은 고참들이기 때문에 근무하기에 마음이 편한 곳이니 긴장을 풀고 푹 쉬라”고 하면서 신병들을 위해 미리 준비한 맥주와 음료수, C-레이션을 내놓으며 신병 전입으로 인해 새 식구가 들어온 데에 대한 축하 파티를 베풀어주었다. 나는 그곳이 정말 뜨거운 전우애가 어우러진 인간미 흐르는 내무반임을 비로소 느끼기 시작했다. 새 식구를 맞이한 3소대의 내무반은 그날 밤 유행가를 부르며 날이 새는 줄도 모르고 밤새 떠들썩하기만 했다.

이렇게 시작된 내무반 생활과 수색중대의 평상시의 일과는 교육과 훈련이었으며 주간에는 연대 무기고의 초병 근무, 밤에는 고보이 평야를 향해 있는 연대 방벽호의 근무를 서는 것 등이었다.

첫 작전 안충산 장거리 정찰

파월된 지 한 달이 되었다. 월남 생활에 대해 약간은 파악을 하고 있을 무렵 3월 27일 3소대 단독으로 소대 장거리 정찰작전을 2박 3일의 일정으로 출발하게 되었다. 빈케군 소재지에서 멀지 않는 안충산에 베트콩 1개 대대가 은거하고 있다는 정보에 의한 작전이었다. 빈케에서 동쪽 방향에 있는 꾸이년에 가려면 통과하게 되는 6번 교량이 있는데 이 교량은 월남군이 경계 임무를 맡고 있었다. 아군의 병참선을 끊어 작전에 지장을 줄 목적으로 베트콩은 교량을 폭파하기 때문에, 한국군과 월남군은 24시간 19번 공로(公路) 상에 있는 수십 개의 교량을 맡아 경계 근무를 서고 있었다.

기갑연대 본부에서 날이 어두워질 무렵에 차량으로 안충산 주변을 통과하는 6번 교량까지 이동해 안충산에 잠입했다. 월남 신병으로서 처음 작전을 나가는 나의 마음은 여러 갈래로 흩어졌다. 인간으로 태어나서 인간을 살해하는 전쟁을 꼭 해야만 살 수 있는 것인가? 누구를 위해서 전쟁을 해야 하는가? 베트콩은 무슨 명분 때문에 산속에 숨어 들어가 밤바다 내려와 평화스럽게 살고 있는 민간인들을 괴롭히는 것일까? 또 어떤 가치관과 사상의 차이 때문일까?

베트콩이 잘 다닌다는 계곡을 찾아 정글을 헤치며 고참들을 따라 다녔다. 신병이기 때문에 맨 앞에도, 맨 뒤에도 세워지지 않고 일렬종대의 중간에 서서 개인거리를 유지하며 배운 대로 완수신호를 받아 전달하면서 정글이 우거진 계곡의 매복 지점에 군장을 풀었다. 적의 눈을 피해 안충산 깊은 계곡에서 베트콩이 다닌 길목을 목표로 크레모아를 설치하고 참호를 팠다. 참호마다 2인 1조로 짝을 지어 판초우의를 둘러쓰고 M16 소총을 들고 교대로 야간근무를 섰다.

참호와 참호 사이에는 서로 연락할 수 있는 선을 연결해놓았다. 작전지역에서 개인거리를 유지하고 있는 전우와 전우 사이에 연락하는 방법은 낮에는 약속된 완수신호로, 밤에는 밤에만 우는 새소리의 흉내로서 모스 부호같이 길고 짧은 장단을 고려한 월남 특유의 산닭 우는 소리 등으로 서로 연락을 주고받으며 작전을 하는 것이다. 이렇게 매복을 서는 이유는 안충산에 숨어 있는 베트콩들이 밤에만 부락에 내려와 민간인들의 가정을 파괴하고 약탈하기 때문에 그 베트콩을 잡기 위해 길목을 지키고 있었던 것이다.

이날 밤 안충산 계곡의 밤하늘은 구름으로 뒤덮여 칠흑같이 캄캄하기만 했다. 가끔 이름 모를 새소리와 산닭 우는 소리와 바람에 휘날리는 정글의 잎새들이 사그락거릴 뿐이었다. 베트콩이 1개 중대라도 단 한 발에 박살 낼 수 있는 크레모아를 4방으로 설치하고 참호 속에는 몇 발씩의 수류탄과 M16 소총으로 무장하고 매복을 서고 있기 때문에 마음이 든든했다. 하룻밤을 작전지역에서 뜬눈으로 새우다시피 새 아침을 맞이했다.

소대장의 명령에 따라 매복 지점에서 군장을 다시 꾸렸다. 3일간 먹을 C-레이션이 배낭 속에 가득하게 채워져 있고 허리에는 주렁주렁 매달린 물통과 앞가슴에 매달린 물통과 앞가슴에 매달린 수류탄, 야전삽, 크레모아 방독면, 방탄복 등은 25세의 젊은 청년인 나였지만 한 짐이나 되었다. 머리에는 철모, 두 손에는 M16 소총을 든 월남 신병은 정글을 뚫고 정찰하는데, 베트콩이 나타난다 하면 내가 짊어진 짐 때문에 힘겨워 평소 훈련받은 대로 싸울 수가 없을 것만 같았다.

아침 일찍 안충산 깊은 계곡을 향해 올라갔다. 얼마쯤인가 올라가 보니 베트콩이 다니던 길이 정글 속으로 훤히 뚫렸으며 꽁까이들이 목욕을 할 수 있는 맑은 물이 흐르고 있었다. 월남을 적화시키기 위해 산속으로 들어가 하노이의 지령을 받는 베트콩들의 생활은 원시적이고 보잘것없는 비참한 생활이다. 밥이라고 하는 것이 알량미[安南米]로 만든 주먹밥에 불과했고 신발은 타이어 떨어진 것으로 만든 슬리퍼를 신고 그나마도 없는 베트콩은 맨발로 다닌 흔적이 발견되었다. 나는 육군 상병으로 진급되어 43달러를 받고 C-레이션이라는 고급 전투식량을 먹으면서 최신 무기를 보유하고 있었지만 베트콩의 무기란 보잘것없는 낡은 AK 소총이었다. 그러므로 언제나 게릴라 전법으로 아군을 공격하다 부락이나 산속으로 도망가버리곤 하는 것이다.

당시 베트콩은 비겁하고 야비한 수법인 부비트랩을 교묘하게 설치해 지뢰를 만들어 한국군에게 피해를 주는 방법을 가장 많이 활용했다. 따이한들이 가장 무서워하는 것은 베트콩이 설치한 부비트랩이라서 파월을 위해 받은 교육 중 1/3은 부비트랩을 베트콩들이 어떻게 설치하며 또한 어떻게 제거할 것인가, 그리고 그것으로부터 피해를 줄이는 방법 등에 대해 귀가 따갑도록 교육을 받았기 때문에 월남 산야에는 부비트랩이 온통 뒤덮인 것 같은 인식을 하게 되었다.

3월 28일 종일 안충산 깊은 골짜기마다 뒤져보았는데, 베트콩들의 통로와 근거지였던 곳은 많이 발견했으나 베트콩은 한 명도 발견하지 못하고 정글만 헤매고 다녔다. 해 질 무렵이 되었을 때 초원지대까

안케패스 작전에 참전한 수색중대 3소대 전원

안충산 장거리 수색정찰 출발 직전(소대장과 선임하사는 없음)

지 올라가 전술적으로 유리한 8부 능선을 선정해 어젯밤과 같은 방법으로 참호를 파고 마대에 흙을 넣어 하룻밤을 적과 대치하더라도 견딜 수 있도록 소대 기지를 편성했다. 어젯밤보다는 호를 파고 크레모아를 설치하는 것 등에 대해 조금은 익숙해졌다. 이날 밤도 베트콩은 발견하지 못했다.

3월 29일 정찰 마지막 날이 돌아왔다. 모두들 새벽에 일어나 전장 정리를 하고 난 다음 다른 작전지역으로 이동해 정찰해야 되기 때문에 안충산에서 중간 정도 봉우리에 갈대가 우거진 산등성이의 정상을 올라간 순간이었다. 첫날 매복을 섰던 계곡의 늪지대에 베트콩 3명이 부락에서 무엇인가를 약탈해 가지고 올라오고 있었다. 우리와의 거리는 400m 이상 떨어진 곳이었지만 처음으로 적을 만난 나는 당황했고 가슴이 두근거리며 다리가 후들거렸다. 나는 정창화 선임하사의 B조로서 소속되어 있었는데 베트콩 수색중대 용사들을 먼저 보고 정글 속으로 도망가기 시작했다. 소대장 정종태 중위는 선임하사를 향해 적을 추적해 잡으라고 명령했다.

선임하사 정 중사는 덕이 있고 부하들을 무척 아끼며 스스로 솔선수범하는 존경스러운 분이었다. 선임하사를 비롯해 3소대 B조는 베트콩을 따라 추격했다. 월남 신병인 나는 고참들의 뒤를 따라 베트콩을 추적하는데 다리가 후들거려 도저히 따라다닐 수가 없었다. 정글 속에서 태어나 정글 속에서 훈련된 베트콩을 추적한다는 것은 무모한 짓이었고 그들은 어디론가 고개를 넘어 사라져버린 것이다. 소대장은 고지에 서서 명령만 하면서 최선을 다해 베트콩을 추적한 선임하사만 나무랐다.

그렇게 3명의 베트콩을 잡지 못하고 안충산에서 내려오는데 월남인들이 경작하는 사탕수수밭이 있었다. 사탕수수밭에서 베트콩이 버리고 간 판초우의와 배낭만 주워 노획했다.

보슬비가 내리는 가운데 옷이 젖어 행군하기 매우 힘이 들었지만, 작전 나갈 때 가지고 간 모든 식량과 물을 비워버렸기 때문에 빈 배낭이 되어 홀가분한 짐과, 2박 3일간 무사히 첫 작전을 마쳤다는 안도감과, 월남전이라는 것도 별것이 아니구나 하는 자신감으로 6번 교량까지 내려와 대기하고 있던 차량으로 연대본부로 복귀했다.

킬러계곡 번개 24호 작전 출동과 철수

킬러계곡은 월남이 프랑스 식민지로 있을 때 프랑스 군대 1개 사단 병력이 이 계곡으로 작전을 나갔다가 사단 전 병력이 전멸했다는 곳인데, 이름만 들어도 무시무시한 살인 계곡이었다. 이 킬러계곡에는 베트콩 1개 연대병력이 항상 주둔하면서 월남 주민들을 약탈하며, 또 한국군을 게릴라 전법으로 공격하기 때문에 맹호사단에서는 정기적으로 킬러계곡에 연대급 이상의 작전을 나갔다.

월남 전역의 분위기가 매우 암울하던 1972년 2월 중순부터 월맹군과 베트콩이 연합작전으로 월남 전역에서 구정공세를 한 이후 계속 월남군과 연합군에 대한 총공격을 감행해오고 있는 상황에, 4월 8일 기갑연대가 증강된 연대병력으로 킬러계곡에 맹호번개 24호 작전을 나가게 되었다. 파월하자마자 연속 작전에 참가하게 된 나는 소대 수색정찰에서 돌아오자마자 연대급 작전에 참전한 것이다. 월남 신병으로 안충산 장거리 작전에 참가해 베트콩의 정체를 파악하고 나서부터는 정글을 기며 작전을 한다는 임무와 전쟁에 대한 공포심이 약간은 사라졌기 때문에 연대작전에 대한 두려움은 없었다. 그러나 킬러계곡은 산세가 아주 험하고 원시림이 우거져 있는 무시무시한 지역으로서 이 작전에는 수십 명의 희생을 각오해야 한다는 월남 고참들의 말에는 침통한 심경을 지울 수가 없었다.

작전을 출발할 4월 8일이 돌아왔다. 기상과 함께 군장을 꾸려 검열을 받고 있었다. 신병들은 시키는 대로 방탄복과 야전삽, 크레모아, M72 대전차포까지 어느 것 하나 빼놓지 않고 군장을 꾸렸으나 일부 요령 있는 고참들은 야전삽이나 마대 등 무거운 것들은 빼버리고 가볍게 꾸려 지적도 받았다. 연대 연병장에는 어디서 몰려왔는지 수십 대의 장갑차와 수많은 전우들이 완전무장한 상태로 모여들었으며, 몇 대의 무장 헬기들도 프로펠러를 돌리며 먼지를 일으켰다. 검게 탄 얼굴들을 한 조국의 아들들이 한자리에서 연대장으로부터 군장 검열을 받기 위해 중대별로 차량에 탑승한 모습들은 베트콩의 귀신이라도 겁이 나 도망칠 것 같은 위용을 오랜만에 드러냈다.

선도자의 출발 신호와 함께 연대 연병장을 빠져나갔다. 빈케를 떠나 동남쪽을 향해 험한 정글로 뒤덮인 계곡으로 진입해 3시간 정도 깊숙이 들어갔다. 이곳에는 행정구역상 어느 곳인지는 잘 모르나 월남 원주민인 몬타나족이 많이 살고 있었는데 이 사람들은 문명세계를 외면하고 원시적인 생활을 하며 살고 있었다. 몬타나족들은 월남의 토속 부족으로 흑인들과 거의 흡사한데 인디언들 쪽에 더 가까운 사람들이다. 여인들은 유방이 노출된 나체에다 하체만 천으로 가리고 있었고 남자들도 같았다.

몬타나족이 살고 있는 집은 우리나라 옛날 새막이나 원두막 같았는데 갈대로 벽을 만든 것이 특징이다. 이들의 생계는 활을 가지고 수렵을 해서 산짐승을 잡아먹고 산에서 야생 열매나 산나물과 약초 등을 먹고 사는 수준이다. 몬타나족의 생활 근거지가 킬러계곡 주변이다 보니 베트콩들은 이들을 이용해 아군의 이동 등의 정보를 제공해준다. 우리 민족은 단일민족으로 5천 년 동안을 같은 언어와 문화를 발전시켜온 고정관념이 있기 때문에 한 나라에 전혀 다른 이질적인 민족이 살고 있다는 것이 매우 희귀한 것으로 보였다.

몬타나족의 집단거주지에서 멀지 않은 곳에 차를 세우고 전 병력을 하차시켜 점심 식사를 했다. 같은 장소에 풀어놓은 중무장한 따이한들의 검게 탄 모습을 보니 어떠한 적이라도 손쉽게 해치울 것 같은 위용으로 그 분위기는 킬러계곡을 압도하고도 남았다.

점심 식사를 마치고 10분 정도 지났을까, 오후 1시경에 갑자기 철수 명령이 떨어졌다.

모두들 어리둥절한 상태로 지휘관들의 지시를 따라 군장을 확인하고 신속하게 차례차례 탑승했다. 기왕에 작전을 나왔으니 킬러계곡을 샅샅이 뒤져보고 베트콩과의 일대 격전을 벌이고 싶은 충동이 솟구치고 있었는데, 그냥 자대로 돌아간다니 모두 웅성웅성하며 나름대로 판단하며 어떤 소식이 있기를 기다렸다. 차량은 방향을 바꾸어 깊은 계곡에서 하산하기 시작했다.

철수 이유는 자세히는 전달되지 않았지만 무전병을 통해 알려진 내용인즉, 구정공세 이후 계속 수세에 몰리고 있는 월남군과 민병대 그리고 기타 연합군의 최후의 저지선이 무너지고, 월맹 정규군이 뿔래이꾸와 꼰뚬에 총공격을 감행하고 계속해 기갑연대를 공격한다는 정보에 의해 자대로 돌아가 기지를 방어해야 한다는 것이다. 이러한 철수는 당시 정득만 맹호사단장과 김창열 기갑연대장, 사단 정보참모 정사영 중령이 자체적으로 입수한 정보와 주월사령부, 월남군에게서 수집한 정보를 종합적으로 검토해 신중한 판단하에 결정한 것이었다.

그러나 만약 기갑연대 전술지역에 사단이 입수한 정보대로 월맹군의 총공세가 감행된다면 킬러계곡에서의 긴급 병력철수는 유효적절한 결정이 되겠지만, 그 정보에 의해 증강된 연대 병력이 무모한 정보에 놀아난다는 가능성도 배제할 수 없는 것이 아닌가. 그럼에도 서둘러 기갑연대본부 기지가 있는 빈케 지역으로 돌아와 작전 나갔던 군장을 풀지 않은 채 그날 밤부터 연대 기지의 방벽선에 나아가 적색 방벽근무에 돌입했다.

제3부

72 춘계 대공세:
월남판 제2의 6.25

월맹군 12개 사단 72 춘계 대공세

보응우옌잡은 월맹군 총 15개 사단 중 예비사단 하나만 하노이에 남기고 2개 사단은 1,700km의 라오스와 캄보디아 국경을 지나는 호찌민 루트에 2개 사단을 배치하고 북부 DMZ에 4개 사단을 1972년 3월 30일에 공격하고 남부 록닌(Locninh) 지역에는 4월 1일, 중부고원지대 쁠래이꾸와 꼰뚬성은 4월 2일에 총 12개 사단이 기습적으로 공격해왔다. 북쪽 DMZ는 3일 만에 전선이 무너지고 월맹군은 파죽지세로 남하하며 치열한 전투가 곳곳에서 계속되었다. 중부고원지대에서는 4월 2일 월맹군 3개 사단을 투입해 총공격을 감행해 꼰뚬성이 함락하고 시가전에 돌입했다.

월남군 2군단장은 쁠래이꾸에 있는 제23사단을 꼰뚬에 추가 투입시켰고 공수사단 제2여단과 3개 유격단 제2기갑여단 제2여단과 3개 유격단, 제2기갑여단을 배속받아 꼰뚬시를 중심으로 7km의 원형 방어선을 구축하고 2중으로 견고한 방어선을 형성했다. 월맹군과 시가전에 월남군과 일전 일퇴를 거듭하고 있었다.

중부고원지대 전초기지 꼰뚬성을 공격해 한편으로는 월맹군 3사단 12연대는 쁠래이꾸와 꾸이년은 연결하는 19번 도로를 수호하고 있는 안케패스 한국군 전초기지를 공격한 것이다.*

철옹성 기지 1중대 OP, 월맹군 세이퍼 공격

1972년 4월 11일 새벽, 안케패스 정상 19번 도로에서 약 200여m 높은 지역인 600고지에 맹호 최전방 전초기지를 만들었다. 적의 침입을 막기 위해 기지 주변에는 아래로부터 위쪽으로 철조망을 1선에서 5선까지 설치했다. 철조망 사이사이에는 인계철선으로 연결된 조명지뢰들을 수도 없이 설치했으며, 3선과 4선 사이사이에 방향과 각도를 달리해 막강한 화력을 자랑하는 크레모아를 사방으로 깔아놓았다. 또한 고지를 방어하기 위한 방벽호를 최종적으로 1m 깊이로 파서 마대에 흙을 넣고 골탈로 범벅해 쌓아 올린 교통호가 있었다.

1개의 관망대와 기지를 360도로 한 바퀴 돌면서 유개호와 무개호가 5m 간격으로 36개 초소가 구축되었다. 주간에는 주로 유개호에서 경계근무를 서고 야간에는 일정한 간격에서 초병들이 근무를 설 수 있도록 했다.

당시 1중대 OP에는 1중대 본부와 1소대와 화기소대가 기지를 방어하고 있었고, 연대 지원중대에서 파견 나온 106mm 무반동포 4.2인치와, 화기소대의 81mm 박격포 M60 기관총과, 벙커마다 M72 대전차포와 수류탄 유탄발사기 등이 주종을 이루었다. 중대장 김종식, 중대장 당번 한건철 병장, 분대장 최종대 하사, 박대균 하사, 강길원 병장,

* 윤제현 지음, 『월남전쟁』, 한원, 1992, 336-345쪽 참고.

부인호 상병, 홍문희 일병, 화기소대 황진순 일병, 김학철 병장, 이직세 병장을 비롯해 지원중대 소속 귀국특명을 받은 박창일 하사 등이 고지에서의 경계임무와 전초기지에서의 역할을 하고 있었다.

독립중대로서는 당시 막강한 화력을 보유하고 잘 훈련된 정예 맹호 용사들이 기지를 사수하고 철통같은 경계태세를 강화하며 총공격을 감행하고 있는 월맹 정규군의 동태를 예의주시하며 긴장된 상태에 있었다.

월맹군 대좌 응우옌반홍이 밝힌 남조선 주둔지 습격

월맹군 응우옌반홍이 수기에서 밝힌 안케패스 대혈전은 월맹군 최고의 정예 3사단 직할 특공대대를 투입해 안케패스 정상 600고지의 남조선 기지 주둔지를 습격하는 것으로 시작되었다.

안케령 정상 남쪽 언덕 위에 위치한 꺼이루이 주둔지는 남조선군 1개 대대에 의해 유지되고 있었다. 꺼이루이 남쪽 638고지에서 내려다보면 안케령 동쪽과 서쪽을 포함해 거의 전 지역을 관찰할 수 있는 감제고지다. 남조선 주둔지에 있는 장애물은 4겹의 철조망 울타리와 여기에 매설된 보병 살상용 지뢰였다. 내부는 견고한 참호였다. 꺼이루이 남조선 주둔지를 공격하기 위한 각 대대의 긴밀하고 조직된 화력체계가 이미 이루어졌다. 옹진산맥에 속한 각 주둔지에는 직사포 곡사포 화력진지와 정상 능선을 따라 설치된 전망초소가 비밀리에 구축되었고 빈딘성 돈포(Donpho) 비타인(Vinh Thanh) 안쑤언(Anxuan) 과 안케현도에 포진지들이 있었고 잘라이(Gia Lai)성은 언제든지 지원할 준비가 되어 있었다.

월맹군 응우옌반홍의 수기에 의하면 월맹군 3사단의 특공대대 임무는 꺼이루산에 주둔 중인 남조선 대대를 습격하고 그 후에 제61대대에게 주둔지를 유지 하도록 진지를 이양 한다. 중단과 제6소대 공병은 N 2일 새벽에 꽁항저이를 공격접수하고 그 후에 기동부대와 제63대대는 적의 반격에 맞서 싸우고 항저이 주둔지를 견고히 유지하고 안케령을 통과하는 적의 병참험로를 차단한다.

모든 준비를 끝내고 꺼이루산 남조선 대대를 공격하다가 첫 번째 울타리에서 발각되어 밀습에 의한 적군 주둔지 공격을 수행하지 못했다고 술회했다.*

적 세이퍼 5명 일망타진한 박태균 하사

안케패스 정상 1중대 OP는 600고지와 피로 물들인 638고지와의 거리는 직선거리로 약 300m이다. 638고지는 1중대 본부가 있는 600고지를 내려다볼 수 있는 위치에 있고 38m가 높아 올려다보였다.

중대장 김종식 대위는 한양대 ROTC 학훈단 출신으로 3중대장을 하다가 1중대장이 해외 파병 근무기간이 만료되어 귀국하자 그 후임으로 1중대장으로 발령을 받았다. 김종식 대위는 본국에서 중대장으로 근무 중에 중대장으로서는 최고의 영예인 재구상을 받은 지도력이 탁월해 김창열 연대장의 신임이 두터웠다. 김종식 대위가 중대장으로 취임한 후 화기 분대장인 박태균 하사를 불렀다.

1중대 본부기지에는 제1소대와 화기소대 1개 분대와 지원중대에서 81mm와 4.2인치 박격포 57mm 무반동 포병 등 7~8명이 주둔하고 있었다. 638고지와 도로 순찰과 기지 주변 매복활동을 돌아가면서 소

---

* 김종욱, 북 베트남의 전략과 전술에 관한 연구 부록 자원전투, 92쪽.

대나 소속별로 분리해 수행했는데 태권도가 3단인 박태균 하사가 총괄해 매복 및 정찰 활동을 하도록 통합했다.

지원중대 포반장은 귀국특명을 받은 박창일 하사가 맡고 있었다. 화기소대원으로는 황진순 일병과 홍문희 일병등이 박태균 하사를 분대장으로 분대원이었다.

638고지에는 드럼통을 세워 만든 야군 초소가 있었고 매일밤 그곳에서 1중대원들이 조를 편성해 매복을 나갔다가 철군을 앞두고 병기검열 등 어떤 이유가 있어 638고지로 나가던 매목을 중단하고 정찰도 나가지 않았다.

박태균 하사는 야간근무 시에 638고지 쪽에서 땅을 파는 소리와 나무가 넘어지는 소리 등이 자정 이후 순찰 중에 몇 차례 감지되어 순찰 하사로서 105mm 포병들에게 지원사격을 요청했다.

61포병대대는 한두 발 엄호사격을 하고 중단하곤 했다. 김종식 중대장이 부임한 후 박태균 하사는 새로운 중대장과 긴장감을 갖고 근무태세를 강화했다.

전운이 감도는 안케패스에서 낮에는 한국군이 장악하고 밤에는 월맹군이 투입되어 작업을 하고 있었다. 1972년 4월 11일 밤 순찰 중인 박태균 하사는 기지 내의 20여 초소를 정위치에서 졸지 않고 근무하는지 기지 내를 순찰하고 있었다.

1중대 OP는 600고지로서 기지를 보호하기 위해 설치한 1선에서 5선까지가 포물선같이 철조망이 펼쳐져 있고 사이사이에 쇠말뚝으로 고정시켰으며 638쪽을 향해 높다란 관망대가 있으며 1번 초소에는 LMG 기관총이 설치되었는데 당시 근무자가 홍문희 일병이었다.

칠흑같이 어두운 자정에 짙은 안개까지 끼어 1m 앞 물체도 분간하기 어려웠다. 철조망 4선에서 조명탄이 터졌다. 박태균 순찰 하사는 상황을 직시하며 집중적으로 관찰했다. 바람이 불거나 개나 산짐승들이 활동 중에 조명탄 인계철선을 건드려 터지는 경우가 가끔 있었지만 지금까지 감지된 느낌이 달랐다. 적 침투 가능성으로 보고 근무자인 LMG 참호초소에 들렸다가 사태의 심각성을 감지한 박태균 하사는 크레모아 격발기를 눌렀다. 졸고 있는 홍문희 일병을 깨워 LMG 기관총으로 사수하고 의심스러운 곳을 향해 사격하게 하고 수류탄을 던지며 침입하는 월맹군 세이퍼 5명을 순식간에 일망타진했다. 그후 김종식 중대장에게 보고하고 모든 중대원들을 깨워 유개호와 무개호에 출동시켜 만약의 사태에 대비했다. 사살된 적 세이퍼 5명을 LMG가 설치된 1호 유개호 앞에까지 침입해 대나무 속을 파고 TNT를 넣어 포탄을 만들어 설치하고 줄을 연결해 아래로 내려가던 중 조명탄을 터뜨린 것이다.

월맹군 세이퍼 5명이 설치한 대나무 TNT 폭약을 터뜨려 아군 초소를 폭파시킨 후 총공격을 하기 위해 70~80여 명의 월맹 특수부대가 대기하고 있었다.

박태균 하사에 의해 일망타진된 적 세이퍼 5명을 확인하는 과정에서 최후까지 발악하는 자들의 확인사살은 강길원 병장이 했다. 날이 새자 1중대 공격에 실패한 월맹군은 19번 도로 쪽으로 이동 중에 월남군 22사단 47연대 소속 민병대 APC 장갑차 공격으로 월남군에 의해 사살되었다. 1972년 4월 12일 새벽에 월맹군은 안케패스를 경유하는 7.5km의 유일한 병참선이자 생명선을 동쪽과 서쪽에서 차단하고 철통방어하고 있었다.

19번 도로가 안케패스를 통과하는 험로에서 차단되자 꼰뚬과 쁠래이꾸에서 치열한 공방전을 10일째 계속되는 월남군 2군단장 응우옌 반또안 소장은 보급로가 차단되자 정득만 사단장에게 19번 도로를 조속히 개통해줄 것을 요청했다.

박태균 하사는 누구인가

강원도 춘천 출신이며 1971년 파월 당시 대한태권도협회 공인3단으로 운동신경이 발달해 하사로서 지도력이 탁월했다. 월맹군 3사단 직할 특공대대의 선봉 세이퍼 5명을 일망타진하므로 공격준비를 완료하고 1중대 고지 허리에 붙어 공격 명령만 기다리던 70~80명의 최정예 월맹군의 공격을 사전에 분쇄해 날이 새자 그들의 위치가 드러나 공격을 포기하고 후퇴하는 월맹군을 월남군 22사단 47연대 APC 중대와 찐싼 중대가 섬멸해 사전 제압시켜 전술적으로 치밀한 계획에 차질을 빚게 했다. 그 후 1중대에는 월맹군이 안케패스를 정검으로 설치된 월맹군의 포 진지에서 매일 평균 300~500발이 투하되었다.

1중대 기지를 발판으로 수색중대 3중대, 1연대 8중대 · 2중대 · 4중대 병력이 전초기지로 삼아 638고지에 포진한 적을 공격하기 위한 기지로 활용했다. 2중대 임동춘 소대장과 이무표 2중대 3소대를 1중대 기지에서 후문을 통해 638고지 8부 능선에 산재한 바위산에서 안내한 것도 박태균 하사와 1중대 전우들이었다.*

* 작전이 끝난 후 박태균 하사는 일망타진 때의 적들의 아우성 소리에 무기력해지는 외상후 스트레스로 2개월 조기 귀국하게 되었다. 귀국 후 강원도 지방공무원 25년의 공직을 마치고 현재는 춘천시청 태권도 조직위원회 사무총장으로 역임하고 있다.

월맹군 3사단 12연대 안케 통로 19번 도로 차단 및 폭파

1972년 4월 12일 새벽에 월맹군은 한국군 1중대 OP를 세이퍼로 공격하고 다른 임무를 띤 특수부대는 안케패스를 차단했다. 그들은 민간인 보급차량을 급습하고 도로를 끊어버렸다. 엄청난 화염이 솟구치면서 차량과 도로가 폭발하는 폭음은 1중대 OP에 근무하는 강길원 병장과 박창일 하사, 황진순 일병과 중대장 김종석 대위의 귀에도 크게 들렸다.

세이퍼들을 일망타진한 전승의 기쁨도 잠시였다. 끊임없이 밀려오는 먹구름이 금방 하늘을 덮은 것과 같은 암울한 예감이 모두에게 몰려들었다. 김종석 중대장은 즉시 한규원 대대장과 김창열 연대장에게 보고했다. 육사 출신인 김창열 대령은 책임감이 남다른 덕장이었지만 당황한 나머지 당시 연대 최상국 정보참모 등 7명의 참모를 대동하고 안케패스로 전황 파악을 위해 출동했다.

안케패스는 평상시에도 자주 안개가 끼는 곳이었는데 4월 12일 아침 일찍엔 안케패스와 1중대가 짙은 안개로 뒤덮여 헬기가 착륙하지 못하고, 1중대 소대기지인 안케계곡에 있는 개나리 기지로 내려가 비상착륙을 했다. 개나리 기지에서 1중대 소대장으로부터 기지와 주변 상황의 브리핑을 받고 소대원들을 위로 · 격려했다. 그리고 잠시 1중대 OP에 짙은 안개가 걷히기를 기다리고 있었다. 오전 8시 30분경에 헬기가 착륙할 수 있을 정도로 안개가 걷혔다는 보고를 받고 연대장과 참모들이 헬기에 타고 안케패스 정상으로 이륙하려는 순간이었다.

연대장과 참모들이 탄 헬기를 향해 중공제 B-40 척탄통의 막강한 화력과 대공화기가 무차별 사격을 해왔다. 위험한 상황에 직면했으나 다행히 헬기에는 명중하지 않았다. 무사히 개나리 기지를 이륙해 1중대 OP에 착륙했다. 김종석 대위로부터 새벽에 침투한 월맹특공대 침투사건에 대한 보고를 받고 기지 주변에서 일어나고 있는 심상치 않은

김창열 기갑연대장(오른쪽에서 두 번째)과 당시 참모들

상황을 감지하고, 장병들을 격려하고 기지 방어와 경계를 잘해주기를 당부했다.

김창열 연대장과 최상국 정훈참모는 1대대 전술지역이 심상치 않음을 깨닫고 연대본부로 돌아왔다. 그리고 월맹군이 수송보급 대형 차량을 폭발시키고 안케 통로를 차단해버려 중부고원지대의 보급로와 병참선이 차단되어 군 작전도 마비 상태가 되어 있는 긴급상황에 대한 조치로, 연대 예비대로 있는 수색중대장 임규섭 소령을 불러 긴급출동을 명령했다.

수색중대의 화력과 전력 그리고 소대자치규약

임규섭 중대장은 내가 베트남에서 직속상관으로 만나 첫 번째로 전임 신고를 한 중대장이었다. 심영춘, 한규갑 무전병 등 베트남전에서 수색중대 무전병은 연대망, 대대망, 소대와의 무전 등 여러 명이 있었다. 또 유기선 병장과 같은 월남어 통역병도 있어 대민사업이나 월남군과의 소통도 원만하게 이루어졌다. 수색중대에 파견 나온 포병장교 노기정 중위와 각 소대에 배치된 위생병들과 함께 작전을 나갔다.

기갑연대는 3개 대대, 12개 중대, 4.2인치 지원중대, APC 장갑차 부대, 포병 105mm, 155mm 곡사포 부대가 연대 대대기지에 파견을 나와 있고 요청만 하면 언제나 미군이 운용하고 있는 헬기와 시누크 그리고 무장공격헬기 건십이 지원을 했다. 혹시 전상자가 있으면 언제라도 무전으로 연락하면 사단에서 더스토프 후송헬기를 보내주었다. 당시 개인화기는 본국에서는 M1이나 카빈 소총에서 전방부터 M16으로 교체 중이었다.

파월 장병, 특히 수색중대 요원들이 정글 정찰작전을 나갈 때는 개인화기는 물론 M16 소총이었고 방탄복이 지급되었으며 수류탄은 제한을 두지 않고 몇 개씩이라도 소지했다. M16 소총 탄창의 기본은 6개 정도였고 실탄도 마음대로 힘 있는 데까지 배낭에 넣을 수가 있었다. 1개 분대가 9명으로 구성되었고 4번 소총수는 유탄발사기를 1개 더 소지했다. 유탄은 수류탄 투척이 거리가 멀어 어려울 때 사용하는 무기인데 근거리에서 활용이 매우 용이했다. 그리고 당시로는 최신 무기였던 휴대용 M72 대전차포를 1문씩 지급받았다. M72 대전차포는 약 300m까지 날아가는 무쇠 11인치를 관통해 박살 낼 수 있는 멋진 무기다. 안케전투 출동 시에는 M72 대전차포를 소총병 누구나 1문씩 소지했다. 이것은 직사화기로 일어서서 쏴야 하는 무기로서, 후폭풍 10m

까지는 살상이 되는 무서운 무기였다. 당시 월맹군이 많이 사용하던 중공제 B-40보다 우수했다.

그리고 크레모아라는 무기를 소지했다. 역시 전기발화식으로 멀리 전기선을 연결해놓고 적이 나타날 때 근무자가 손잡이를 누르면 일시에 720발의 탄알이 전방을 향해 타원형으로 폭발해 적을 일시에 제압할 수 있다. 그러므로 크레모아는 주로 기지 방어나 매복을 나갔을 때 사용하는 무기였다. 또한 소총병이 빼놓을 수 없는 휴대품은 야전삽과 마대와 갈증을 해소할 수 있는 물이었다. 보통 수통은 적어도 5~6개를 가지고 갈 정도였고 C-레이션 2~3일분을 분해해 배낭 속에 가득 채웠다. 제대로 군장을 꾸리고 작전을 나가면 적과 싸우는 것보다 지급된 군장을 짊어지고 40도가 오르내리는 작열하는 태양의 열기와 싸워 이겨야 했다. 이처럼 완전군장을 꾸리고 출동하면 어떠한 적도 두렵거나 무서울 것이 없었다.

한국군이 가장 무서워한 것은 부비트랩(지뢰)이나 적으로부터 매복당하는 것이었다. 당시 본국에서 사용하는 수류탄보다 훨씬 성능이 좋은 수류탄이 지급되었는데 크기는 야구공보다 약간 작았다. 이슬이나 비를 맞으면 약간 미끄러울 수 있는 것이 흠이지만 뇌관과 몸통 분리가 잘되어 후퇴할 때는 부상당한 전우들이 소지했던 수류탄을 분리해 사방으로 던지기도 했다.

작전을 나갈 때는 지휘관으로부터 군장 검열을 받는다. 단추는 잘 잠갔는지, 정글화 끈은 제대로 묶었는지, 갖춘 군장을 모두 했는지 확인하는 것이 군장 검열이다. 그러나 그러한 검열을 통해 사병의 사기를 떨어뜨리는 소대장이 더러 있다. 조그마한 실수를 크게 나무란다든지 무시하는 발언("너는 어찌 항상 그러느냐")을 한다든지 평소의 각인된 사항을 지적하는 말은 절대 해서는 안 된다. 출동할 때는 죽음을 각오하고 적진에 투입하는 것이므로 부하의 일거일동을 신뢰하고 믿어주는 것이 가장 중요하다.

수색중대를 비롯해 모든 파월 장병들은 정글 속 생활에서 얻은 경험을 바탕으로 누구나 평등하게 작전 임무를 수행할 수 있도록 하나의 제도와 규약을 자연스럽게 만들었다. 첫째, 전입신고를 확실하게 시킴으로써 책임과 사명감을 가지고 군인으로서 역할 분담을 다해 전체 운영에 효율적인 덕목을 가르쳤다. 둘째, 3개월씩 구분해 10개월 해외 파견근무에 단계를 만들었다. 전입 신병을 3개월 동안은 절대로 첨병으로 세우지 않는다는 원칙이다.

수색중대의 임무는 수없이 많지만 정글 속에 투입되어 적을 수색할 때 주로 첨병이 앞장서고 그 뒤로 일렬횡대로 뒤를 따르는데, 앞뒤 개인거리는 약 5m에서 10m 거리로 좌우를 사주경계하면서 목표 지역을 향해 이동한다. 그러므로 첨병의 역할이 소대의 임무를 수행하는 데 가장 중요한 역할을 한다. 첨병은 파월한 지 최소한 3개월이 지나야 세운다. 그리고 작전 경험 3회 이상은 해본 병사에게 고참들이 순서를 정해 세우는 것이다. 신병은 언제나 중간에 세우는데 코끼리가 새끼를 사자로부터 보호하려 대열 안쪽에서 보호하는 것과 같은 이치다.

부대가 정글 속에서 이동할 때는 서로 연락을 해야 하는데 선임들로부터 10여 가지 완수신호를 하며 의사소통을 전달한다. 완수신호는 주로 "개인거리 유지하라", "조용히 하라", "베트콩이 남기고 간 흔적과 사주경계를 잘하라"는 지시, 사격 준비, 잠시 휴식, 동물이 나타났다는 것과 물이 흐르고 있다는 것, 정글 속에 기지를 편성한다는 것 등이었다. 이처럼 말 한마디를 하지 않고 모든 작전 임무를 수행할 수 있도록 했다.

신병만 보호하는 것이 아니다. 귀국이 3개월 남은 고참도 보호를 한다. 어느 정도 정글에 익숙해지면 방심하다가 불의의 사고를 당할 수 가 있다. 수색중대에서 신병 3개월, 귀국 전 3개월을 조심해야 한다는 것이다. 신병은 월남전에 익숙하지 않아 위험하고 고참은 너무 잘 알아 가볍게 행동하다가 적에게 당할 수 있다는 것이다. 고참은 맨 뒤나 중간에 서게 해 중심축이 되기도 하고 신뢰의 대상이요, 보호의 대상이 되는 그런 위치에 세운다.

안케작전에 투입될 당시 필자는 파월한 지 한 달 반 정도가 지나서 막 익숙해져가는 시점이었고 후임병들도 몇 명이 전임 왔기에 아는 체를 조금 하기 시작할 무렵이었다. 이때 임규섭 소령은 기갑연대 수색중대 소대장들과 선임하사는 물론 중대본부 병사와 소대 병사들로부터 신뢰와 존경을 받고 있었다. 누가 봐도 멋진 중대장이었으니까. 생사고락을 함께하는 중대원들이 있기에 서로의 믿음은 어떠한 적이 나타나더라도 두렵거나 무서울 것이 없었다. 지금까지 수색중대가 무서워하는 적이 나타난 적도 없었고 있다 하더라도 출동하면 금방 제압해 기갑연대의 해결사 노릇을 하고 있었다.

수색중대 안케험로에 긴급투하: 중대장 임규섭

4월 8일 킬러계곡 연대작전에서 되돌아온 뒤 긴장을 풀지 못하고 연일 적색 방벽 근무를 하며 끊임없는 훈련을 계속하던 수색중대에게, 기갑연대 주변에서 심상치 않은 상황이 떨어지기 시작했다.

4월 12일 아침이 돌아왔다. 기지 안에서 긴급출동 대기를 하고 있었지만 편안한 마음이었다. 이때 3소대에서 무전병을 포함해 5명의 병력이 연대 후문으로 빠져나와 야산에 올라가 야전삽으로 야자수와 열대식물을 캐기 위해 고르고 있었다. 주월 한국군이 철수하기 전에 열대

식물 몇 그루를 캐 오라는 연대본부로부터의 지시가 떨어졌기에 그 임무를 수행하기 위해서였다.

아침 8시 반 정도였다. 무전병을 통해 나무 캐는 것을 중단하고 속히 귀대하라는 명령이 떨어졌다. 서둘러 급히 내무반으로 들어와보니 3소대 내무반은 매우 소란스러웠다. 전우들이 완전군장을 꾸려 연병장에 집결하기 위해 모두 분주했다. 뒤늦게 내무반에 온 우리들도 서둘러 군장을 꾸렸다. 이미 연대 연병장에는 헬기 4대와 무장헬기 건십이 프로펠러를 힘차게 돌리며 포장이 안 된 연대 연병장에서 흙먼지를 일으키면서 요란한 굉음을 내고 있었다.

전우들로부터 들려오는 이야기로는 안케패스 19번 도로가 적으로부터 완전 차단되어 소수의 병력이 점령하고 있다는 것이다. 전우들과 나는 비상식량 한 봉과 C-레이션 한 끼를 배낭에 집어넣고 가볍게 출동 준비를 했다. 급히 연병장에 집결해 군장 검열을 받을 여유와 틈도 없이 임규섭 중대장으로부터 작전 개요에 대해서 간략하게 들었다.

안케패스 19번 도로를 차단하고 있는 적을 모두 잡아 전과를 올릴 수 있는 좋은 기회라는 것이다. 임규섭 중대장은 이어서 안케 지역 월남군이 경계하는 교량에 침투한 적에 대해, 비리비리한 월남군도 베트콩을 40명이나 잡는 전과를 올렸다고 하는 것이다. 소대의 월남 고참들도 우리는 지금 부대 안 내무반의 무더위와 싸우는 것보다 시원한 안케패스 정글로 헬기 타고 건기휴가를 간다고 생각하면 된다고 했다. 이 모두가 과거의 베트콩과 싸웠던 월남전 양상의 경험을 바탕으로 주고받은 대화였다.

수색중대는 첨병소대 1소대가 가장 먼저 헬기에 탑승하고 중대본부와 2소대, 그리고 3소대는 마지막 헬기에 탑승했다. 중대본부와 3개 소대 병력을 싣고 안케패스로 착륙시키는 시간이 제법 걸렸다. 헬기의 숫자가 모자라 여러 번 왕복해야 했다. 난생 처음 헬기를 타보는 순간이기도 했다. 처음으로 헬기를 타고 바둑판처럼 펼쳐진 고보이 평야를 상공에서 내려다보면서 곳곳에 있는 한국군 주둔기지를 보고, 야생 바나나가 많아 베트콩이 많이 몰려 있다는 콩산을 지나 안케패스로 떠나면서, 초라했던 과거의 자신의 존재에 대해 순간적으로 수많은 생각이 떠올랐다. 엊그제까지만 해도 조국의 문제와 세계 국제정세의 문제들은 나와 아무 상관이 없는 것 같았다. 선배 전우들의 전투 상황이 라디오 방송을 통해 나올 때는 남의 일같이 생각했는데 내가 직접 월남전에 참전해 주인공이 되어 양어깨에 맹호부대 마크를 달고 M16 소총을 어깨에 메고 적과 싸우러 간다고 생각하니 꿈이 아닌가 싶기도 하고, 현실인가를 확인해보기 위해 허벅지를 꼬집어보기도 했다.

철부지 같기만 하던 내가 조국의 부름을 받고 입대해 자유세계의 영토와 영역을 수호하기 위해 출동하고 있다는 사실을 생각해보면 길고 긴 사연들이 있었던 것 같다. 나는 입대 40일 전에 스승으로부터 축도를 받고 결혼을 했으나 손 한 번 잡아보지 않고 지낸 확실한 숫총각이었다. 혼인신고도 하지 않은 완벽한 총각인 것이다. 처녀총각의 꿈인 신혼살림을 한번 차려보지도 못한 채 바로 군에 입대해 그 많은 신병교육과 육군통신학교 ROC 46기 주특기교육, 월남에 오기 위한 오음리 훈련, 그리고 기갑연대 보충대에서의 현지 적응훈련 일주일을 포함하면 수많은 교육을 받아 이날에 이른 것이다. 부드러운 신혼 이불 속 인생의, 삶의 과정의 예술적 체험 없이 정글화에 정글복과 방탄복과 허리에 찬 수통과 가슴에 주렁주렁 달린 수류탄, 그리고 40kg에 가까운 배낭을 둘러메고 작전지역으로 갔던 것이다.

우리나라는 우리가 역사를 배울 때 반만년 유구한 역사와 전통을 가진 나라라고 배웠고, 수많은 외침과 내란이 있었지만 강대국의 틈

속에서 용케도 생존해온 뿌리 깊은 나라가 아닌가. 그런 우리나라가 1950년 6월 25일 북한 공산집단의 남침과 동족상잔의 치열한 전투로 위급할 때 UN군 16개국이 조국을 도왔던 보답으로라도, 우방을 도울 수만 있으면 도와주는 것이 인류의 도리라고 생각했다. 나는 국제사회의 정치군사적인 이해관계를 제쳐놓고 한국군이 월남전에 참전한 것은 신(神)의 깊은 뜻이 있는 것으로 생각했기 때문에 어느 면에서는 자랑스러운 파병으로 자부심도 갖고 있었다.

헬기 안에서 나름대로 나 자신에게 참전 의미를 부여하고 가치를 부여하면서 스스로 위로하고 격려했다. 이런저런 생각에 잠기다 보니 안케패스 착륙지점에 도착해 높은 상공에 있던 헬기가 서서히 하강하고 있었다. 먼저 온 전우들이 착륙해도 괜찮다는 노란 연막탄을 터뜨렸다. 약 5m 상공 헬기 안에서 먼저 배낭을 집어던지고 모두 착륙에 성공해 무사히 안케패스 19번 도로 위의 소정글 지대에서 사주경계를 했다.

안케 정상 19번 도로인 쁠래이꾸 쪽에서 온 수많은 월남 민간인 차량과 월남군 차량이 가던 길을 멈추고 19번 도로가 개통되기를 기다리고 있었다. 안전하게 모두 착륙하고 마지막 헬기가 도착할 때까지 숨을 죽이고, 정글 속에서 사주경계를 하고 있던 무적의 용사다운 완전무장한 수색중대 요원들이 19번 도로로 질서 정연하게 구세주같이 나타나자, 도로에 긴 장사진을 치고 있던 차량 대열 속에서 월남군과 민간인들이 나와 힘찬 박수를 쳐주었다.

임규섭 수색중대장이 첨병소대인 소대장 임진우 중위 소대의 뒤를 이어, 중대본부가 안케 쪽에서 꾸이년 쪽으로 군에서 배운 대로 질서 정연하게 양 도로 옆으로 행군종대로 사주경계를 하며 조용히 내려가기 시작했다. 도롯가에 집결되었던 수많은 차량 가운데 월남군 장교의 지프차가 먼저 꾸이넌 쪽으로 출발했다. 후미의 수색중대 3소대의 뒤를 따라 도롯가에 서 있던 베트남 사람들이 즐겨 타는 혼다 오토바이 등의 차량 행렬이 뒤를 이었다. 도로 개통을 위해 나온 수색중대 요원들의 당시의 완전무장한 모습은 항상 베트남 민간인과 월남군의 믿음과 신뢰의 대상이었고, 한국군이 출동해 해결하지 못한 작전과 사건이 없었기에 의심 없이 뒤를 따랐다.

월남에서는 맹호부대 마크를 단 따이한들이 용감하게 잘 싸우는 무적의 용사라는 것을 잘 알고 있기 때문에 19번 도로가 차단된 것은 쉽게 개통될 것이라고 모두 믿고 있었다. 하늘에는 뭉게구름이 바람 따라 어디론가 흘러가고 있었고 안케계곡에는 뿌연 아지랑이가 끼어 있었으며 곧 소낙비라도 내릴 것만 같은 후덥지근한 날씨였다. 안케령 정상에서 꾸이넌 쪽으로, 위에서 도로를 따라 행군종대 대열로 개인거리를 유지하며 400여m를 내려왔다. 도로 정상에서 500m 지점에 운전면허 시험장의 S자 코스와 갈지(之)자와 비슷한 도로 지점에서 중대장으로부터 각 소대의 임무를 부여받았다. 1소대는 중대본부와 함께 도로를 따라 행군종대로 계속 공격해 내려가고, 2소대는 정글을 직진해 차단된 지점을 향해 가고, 3소대는 계곡으로 내려가 산의 중간 지점을 통과하는 차단된 도로를 밑에서 위로 공격하라는 명령이었다.

이때 월남군 지프차 2소대가 차단된 도로를 향해 작전을 감행하고 있는 상황을 보고 차를 몰고 내려가고 있었다. 나는 3소대의 소총수였기 때문에 김대일 중사와 함께 소대의 맨 후미에서 고참들이 뚫고 내려간 길을 따라 서서히 계곡을 향해 내려가고 있었다. 도로의 S자 후미에서 200m 계곡 쪽으로 내려가고 있을 때였다. 숨을 죽이고 조용하게 정글을 헤치며 긴장한 가운데 적정을 살피고 있을 때 안케패스 계곡에는 적의 로켓포와 AK 소총 소리와 함께 아군의 M16 총소리가 요

월맹군이 차단한 안케패스 19번 도로
수색중대가 4월 12일 출동해 첫 교전을 벌인 곳이다.

란한 폭음과 함께 들리기 시작했다. 각 소대는 중대와의 교신이 끊어져 어디에서 어떤 상황이 벌어진 것도 서로 알지 못한 채 계속 전진을 하고 있는데, 3소대 후미 5m 지점에 월맹군이 쏜 중공제 B-40 로켓포가 2~3발 떨어졌다. 우리가 서 있는 지역보다 높은 정글 지대에 포탄이 떨어졌기에 다행이지, 지형이 수평인 곳에서 공격을 받았다면 몇 사람은 쓰러졌을 것이다. 후미에 있던 전우들은 정글 속에서 엎드려 또 사격을 가해오지 않나 하고 주위를 살펴보았으나 3소대의 작전지역에는 더 이상의 포는 떨어지지 않았다.

이 세상에 태어나 처음으로 적의 표적이 되어 사격을 받고 난 나는 겁에 질려 얼굴빛이 노랗게 변색되고 손발까지 힘이 빠져 후들거리며 균형을 잃어버릴 것만 같은 빈혈이 엄습했다. 안케패스 깊숙한 계곡에서 '이제 죽는가 보다'라고 생각하니, 아찔한 심정이었다. 죽음을 각오하고 조국과 인류 평화를 위해 전쟁터에 뛰어들었던 결심은 어디론가 사라지고 현실적인 분위기에 금방 포로가 되어버린 것이다. 이런 것이 초년병으로 겪어야만 하는 전장심리라는 것인가? 내 뒤에 바짝 다가오고 있는 김대일 중사의 얼굴을 보니 그도 역시 나와 같이 겁에 질린 놀란 토끼와 영락없이 같았다.

적이 3소대 후미를 로켓포로 공격하고 있다는 것을 완수신호로써 앞으로 첨병에게까지 전달했다. 그런데 앞으로 정글을 헤치고 내려가던 첨병이 계곡으로는 더 이상 내려갈 수 없다는 연락이 왔다. 계곡에는 월맹군의 기지가 구축되어 있어 내려갈 수 없다는 것이다.

이때 1소대와 중대본부가 도로를 따라 행군종대로 도로를 경계하며 도로가 차단된 지역을 향해 진입하고 있을 때, 이미 도롯가에 기지를 구축하고 한국군이 내려오기만 기다리고 있던 월맹 정규군 3사단 12연대 소속 특공대들이 매복을 서고 있다가 중대본부와 1소대 중앙을 적의 모든 화력을 동원해 강타한 것이다. 이때부터 중대장과 각 소대와의 교신이 끊어지고 중대본부 요원과 1소대 병력이 어디론가 분산되어버린 것이다. 각 소대와는 도로 주변의 정글 속에 숨어 적정을 살피고 있는 중으로 5m 전방의 소대원도 찾아 보기 힘든 위치라서 다른 소대의 위치를 육안으로는 도저히 알 수 없는 상태였다.

중대와의 무전 연락이 불통이 된 지 30여 분이 지났을 때다. 중대본부 한규갑 무전병과 각 소대의 무전병과 교신이 되었다. 중대장이 적의 AK 소총 사격을 받아 2발이 어깨에 명중해 관통상을 입었고 많은 병사들이 전사했으며 부상자도 발생했다. 이러한 사건은 순식간에 벌어진 것이다. 3소대의 위치와의 거리는 불과 100m 떨어졌지만 정글 때문에 총소리만 들릴 뿐이었다. 수색중대의 작전은 마비 상태가 되었다.

서둘러 가던 길을 뒤로 돌아 계곡의 능선으로 다시 올라와 처음 중대장으로부터 임무를 부여받은 지역으로 왔다. 이때 중상자들을 후송시키기 위해 대대망 무전병인 심영춘 병장의 긴급구조 요청으로 사단에서 날아온 '더스토프' 헬기가 계곡의 상공을 비행하고 있었는데 대공사격을 계속하고 있는 적의 맹렬한 공격 때문에 착륙할 수가 없었다. 중대장 당번은 중태에 빠진 중대장을 업고 할 수 없이 작전지역으로부터 멀리 떨어진 600고지의 중대 OP로 업고 가 중대장을 사단 의무중대로 후송시켰다. 중대본부와 1소대가 중앙을 상타당해 전사자와 전상자를 제외한 모든 병력이 행방불명되었기 때문에, 2소대와 3소대 병력이 1소대가 적으로부터 매복당해 처참하게 무너진 도로 주변의 정글 속에 잠입해, 월맹군이 포진하고 있는 벙커와 50m 거리의 간격으로 좁혀 들어가 대치하게 되었다.

아군은 전우들이 쓰러진 도로 위 정글 속에서, 월맹군은 도로 옆 벙커에서 서로 응사하며 총격을 가했다. 그러나 얼마의 적 병력이 어디에 어떻게 산재해 있는지를 도무지 알지 못한 상태의 불안한 상황이었다. 정글 속에 2소대, 3소대 병력이 거총자세로 엎드려 의심스러운 곳을 향해 집중사격을 하며 포위망을 좁혀 들어가고 있을 때 월맹군의 반격이 맹렬했다. 이때 맹호용사들도 정신을 가다듬고 응사를 하기 시작했다.

1시간 정도 교전을 하다 보니 아군의 시체가 누워 있는 곳에서 가까운 지역의 적 벙커에서 일어났다 앉으면서 사격을 하고 있는 월맹군을 발견했다. 정글 속에서 전우들이 처음으로 적을 눈으로 확인한 것이다. 지금까지는 적의 총과 포 소리만 살벌하게 들렸고 적을 발견하지는 못했던 것이다. 여러 전우가 적 벙커를 향해 집중사격을 가했지만 언덕으로 가린 적 벙커를 박살내는 것은 불가능했다. 이런 상황에서는 직사화기인 소총보다도 거리를 고려해볼 때 유탄발사로 사격을 하면 확인한 적의 벙커에 명중시킬 수도 있을 것 같았다. 악랄한 적은 무수한 M16 소총 사격에도 불구하고 일어섰다 앉았다를 주기적으로 반복하며 저항하고 있었는데, 2소대 전우 한 사람이 시간을 조절해 유탄을 발사하는 순간 월맹군 한 놈이 일어서다가 명중되었다. 이것이 적이 쓰러진 첫 순간이 목격된 것이다.

이러한 격전을 부분적으로 겪으며 작전을 하고 있는 동안 안케패스 계곡에는 짙은 산그늘과 정글 그늘이 어둠으로 짙어지고 있을 무렵에 갈지(之)자로 된 위쪽 계단의 도로에 집결하라는 명령이 떨어졌다.

적의 함정에서 공격당한 수색중대 전우들의 투혼

2소대장과 3소대장 정종태 중위, 포병장교(노기정 중위)가 의논한 끝에 행방불명된 임진우 1소대장과 기타 병사들을 찾기 위해 집결된 전우들은 누군가의 선창으로 1소대장 등을 불러댔다. 그리고 어느 정글 속에 숨어 있든지 타식이나 연막탄을 터트리면 신호로 알고 구출하겠다는 뜻을 전했다.

상당히 많은 전우들이 한꺼번에 위협사격을 공중으로 발사했다. 이때 안케계곡에 진동하는 전우에 대한 함성은 마음 든든했다. 장교들의 구수회의 끝에 9명의 특공대를 조직해 1소대장을 구하자는 결론을 얻고 특공대 조장을 김진홍 2소대장이 자청했다. 특공대로 선발된 나머지 병력은 도로 위에 서서 위협사격을 하고 특공대가 도로와 정글을 타고 전우들이 쓰러져 있는 곳으로 공격했다.

수색중대가 적으로부터 매복당한 안케패스 19번 도로의 급커브 길

전우들의 생사를 확인하고 몇 명이 전사했는지, 그리고 부상당해 정글 속에서 신음하고 있는 전우가 없는지를 확인하고 전사한 전우의 시체라도 업어오기 위해 조직된 특공대가 적에게 강타당해 전우가 쓰러진 도로의 커브 길에 도착했을 때였다. 2소대장이 1소대장이 전사한 것을 확인하고 소리치며 전사한 1소대장을 향해 언덕 위로 올라서는 순간, 어디서 날아왔는지 적의 방망이 수류탄이 날아와 안타깝게도 2소대장까지 전사하고 말았다. 이때가 1972년 4월 12일 19시쯤 되었다.

특공대장인 김진홍 2소대장마저 전사하면서 특공대원 모두는 그곳에서 철수하지 않으면 안 되었다. 엄호사격을 하고 있던 우리들이 빨리 철수하라고 소리쳤다. 행방불명된 전우의 소재를 파악하고 전사한 전우의 시체라도 업어 오기 위해 출동한 특공대도 또 한 명의 상관의 생명을 적에게 빼앗긴 채 작전 대기선까지 후퇴했다.

수색중대는 작전지역에서 어버이와 같은 장교 중 임규섭 중대장, 임진우 중위, 김진홍 소대장을 어이없이 전사로 잃거나 전상으로 전투력을 상실하고, 정종태 3소대장과 포병장교 노기정 중위만 남아 있었다. 그리고 소대장 2명과 사병 5명 등 7명의 중요한 임무를 수행하던 전우들이 한자리에서 희생되는 비극적인 상황에 빠져버렸다.

당시 비상출동한 수색중대 요원들이었기 때문에, 실탄과 수류탄 등 무기와 식량도 거의 소비하고 날이 어두워져 적 지역에서는 더 이상 머무를 수가 없는 처지였다.

죽음의 계곡을 탈출하며

적은 날이 어두워지기만을 기다렸다는 듯이 수색중대가 집결해 있는 지점을 향해 로켓포와 AK 소총을 난사하기 시작했다. 적이 없는 줄로만 생각해왔던 수색중대 머리 위의 고지에서도 우리를 향해 총을 쏘고 있었다. 날이 어두워져 옆에 있는 전우의 얼굴도 분간하기 어려운데 수색중대를 중앙에 놓고 공격해오는 적의 교란 작전에 안케패스 전역에는 적이 없는 곳이 없이 산재해 있음을 알게 되었다.

소대장의 지시에 따라 전우들은 도로 옆 수로에 엎드려 안케패스 정상을 향해 후퇴했다. 소대장 2명과 사병 5명이 한자리에서 전사하고 중대장을 비롯한 여러 전우들이 총상을 입어 치명적인 타격을 받았다. 하늘을 뚫을 것 같던 사기는 찾아볼 수 없이 전사해 있는 전우들의 시체를 남겨 두고 어둠 속의 안케패스 계곡에서 살아남기 위해 정신을 차리고, 적의 공격에 어떻게 대치하며 포위망에서 빠져나올 것인가를 생각해야 했다. 이때 수색중대의 작전권을 위임받은 김종석 1중대장은 연대장의 승인 아래 1중대 기지로 퇴각 명령을 했다.

어둠 속이라지만 전우들은 개인거리를 유지하며 질서 정연하게 계곡의 도로에서 수색중대가 오전에 착륙했던 전술지역으로, 죽기 아니면 살기라는 두 갈래 갈림길에서 적의 포위망을 제치고 빠져나오기 시작했다. 어둠에 휩싸인 안케패스 정글 속을 가르는 도로 위에서 사방에서 총성이 빗발치는 가운데, 어디로 가는 것이 사는 길이며 어디로 가면 죽을 것인가도 모르며, 죽음의 계곡 안케패스를 빠져나오는 것이 다급했던 것이다. 정신없이 퇴각하다 보니 안케패스 정상을 넘어섰다. 오전 10시에 긴급 비상 출동한 수색중대 전우들은 점심, 저녁 식사도 하지 못한 채 적에게 쫓겨 다녀야 하는 신세가 된 것이다.

선배들이 세워 놓은 용맹스런 전통을 이어받아 안케패스 도로를 차단하고 있는 월맹군을 한 놈도 남기지 않고 토벌하겠다는 신념과 각오는 산산이 부서진 채, 오히려 적의 매복에 걸려 최악의 상황 속에서 살아 나오기 위해 몸부림치며 끝까지 적과 대치해 방아쇠를 당기는 전우들은 괴로운 심정이었다. 장교는 한 사람만 남기고 모두 잃어버리고 7명이라는 전우의 시체를 먼 곳에서 바라만 봐야 하는 처절한 모습들은 스스로 슬픔을 삼키며 괴로워했다.

나는 고국을 떠난 지 60여 일 만에, 월남의 도시도 아닌 정글과 잡초만이 무성한 안케패스 계곡에서 아무도 지켜봐 주는 사람도 없이, 적과 더불어 소총과 수류탄 등으로 서로 교전하며 악의에 찬 감정의 표시로 총을 쏘며 버텨야 했다. 고국의 부모, 형제를 그리워할 시간조차 없었다. 나와 더불어 시간적 · 공간적 상황에 함께 처해 있는 우리 전우들이 나에게는 더욱 소중한 존재였다. 적에게 쫓기며 살아남은 우리도 언제 어떻게 죽을지 모르는 예측 불가한 극한 상황 속에서 우리 전우들의 마음은 형제처럼 하나 되어 있었다.

도로의 정상을 넘어서 200m 안케 쪽으로 넘어왔을 때 다시 한 번

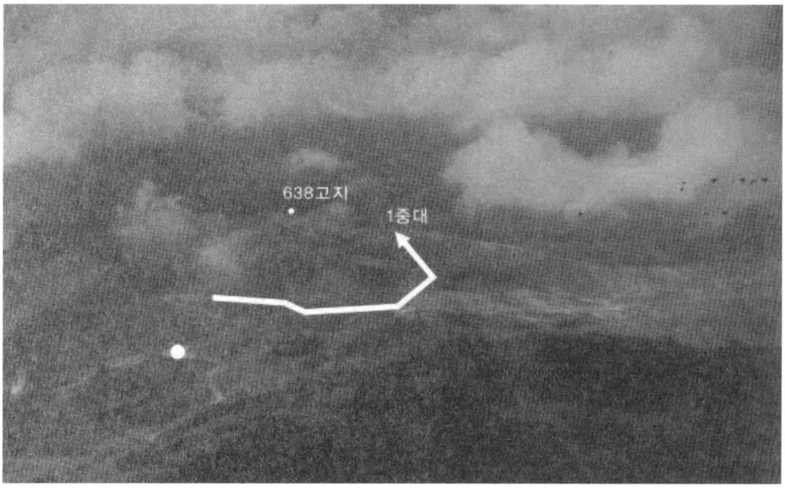

수색중대 후퇴 경로

안케패스 전경 항공사진으로, 왼쪽 하단 ○ 표시한 곳이 적과의 교전지역이다.

월맹군의 집중사격이 한참 동안 계속되었다. 부대 이동 중인 수색중대의 위치를 어떻게 알았는지 월맹군이 야광탄을 발사하며 무차별 공격을 해왔으나, 다행히 한 사람의 피해자도 없이 그곳을 통과했다. 적의 공격을 피해 있는 힘을 다해 목표 지점을 향해 탈출해온 전우들은 매우 지쳐 있는 상태였다.

물도 떨어지고 실탄도 떨어지고 사기도 떨어져 지칠 대로 지쳐 있는 상태였으나 어떻게라도 살아야 한다는 신념을 위해서도, 전사한 전우들의 원수를 갚기 위해서도 계속 적에게 당하기만 하고 안케패스를 떠날 수는 없는 것이었다. 반면 어느 전우는 도로 옆 정글에 주저앉아 죽으면 죽었지 도저히 더 이상은 못 가겠다고 자포자기했다. 그러나 누구 하나 지치지 않은 사람이 없지만 서로가 서로를 잡아끌어 주며 우리끼리 위로하고 격려하며 적의 사격권을 벗어나야 했다. 밤 10시가 넘은 시간이라서 유효 사격거리를 벗어난 지점에서 월맹군이 위협사격을 했기 때문에, 우리는 총 한 발 응사하지 않고 어둠과 정글을 헤치며 1중대 기지 OP로 향했다.

약간은 안전한 지대로 진입하면서 숨 가쁘게 달려온 탓인지 모두들 정글 속에서 퍼지듯 누워버렸다. 가쁜 숨을 진정시킨 후 중정글을 헤치며 1중대 OP로 올라가는데 OP 주변의 산등성이에는 어둠과 안개가 겹쳐 어디가 어디인지를 도저히 분간하기가 어려웠다. 그리고 기지를 보호하기 위해 매설해놓은 폭풍지뢰와 기타 폭발물 등의 매설 장애물 때문에 기지에 진입하는 데 많은 시간이 소요되었다. 이때 1중대 기지 안에 있는 4.2인치 포구에서 조명탄을 수없이 발사해주어 수색중대가 기지 안으로 올라가는 것을 도와주었으나, 깊어진 밤 진한 안개 때문에 조명탄도 제구실을 하지 못하고 있었다. 5m 전방이 보이지를 않아 앞뒤의 안전거리를 좁혀 바짝 따라붙어 앞사람과 뒷사람의 개인거리를 유지하기가 어려운 상황이었다.

어둠을 방패 삼아 안전지대로 향하는 길목에 서서 공산주의자들의 남침 위협이 항상 도사리고 있는 조국의 운명이 생각났다. 6.25사변을 겪으면서 동족상잔의 피비린내 나는 살인극이 연출되어 수많은 한민족이 희생되었고, 그 결과 남북 분단의 고착 상태와 더불어 세계 어느 나라의 유례에서도 찾아볼 수 없는 극한적인 대립과 갈등 속에 한시도 마음 놓고 살 수 없는 나라가 되었다. 그러한 조국의 현실에서 일천만 이산가족의 부모 형제와 고향에 대한 그리움을 안고 통일을 갈망하는 민족이 아닌가.

전쟁 미망인들이 과부가 되어 자식을 위해 젊음을 희생하며 살과 뼈가 조여드는 극도의 외로움과 고독 속에서 인생을 고달프게 살아가는 것을 생각하지 않을 수 없었다. 수많은 외침과 전쟁으로 말미암아

한민족 개개인의 가슴속에 뿌려진 한 맺힌 사연들이 복합적으로 작용하며 눈물이 많은 민족으로서의 자리를 다져주어, 한 많은 상처를 가슴에 안고 살아가야 했다. 이러한 민족의 사연을 하필이면 왜 이러한 극한 상황에서 비로소 체휼하게 되었는지 모르겠다.

이때 우리는 1중대 기지가 있는 고지를 향해 전진하고 있었다. 조국을 떠나 이국의 밤하늘 아래 적지에서라도 조국을 생각한다는 것은 즐거운 일이다. 고지의 능선을 타고 피신해 올라가는 나의 온몸에는 땀에 젖어 있는 정글복과 배낭, 그리고 방탄복 속에서 실개천을 이루어 양다리를 타고 내려온 땀 강물이 정글화 속의 양말을 흠뻑 적셔 놓았다. 한발 한발 움직일 때마다 정글화 속 땀 강물이 물소리를 내어 적의 귀에 들려 우리의 위치를 감지하게 할까를 걱정하면서 행군은 계속되었다.

파이한의 최전방 전초기지에 은신

밤 12시가 넘어서 1중대 기지에 도착했다. 19번 도로가 안케패스 계곡에서 월맹군에 의해 차단되어 급히 출동한 수색중대가 월맹군의 전술에 말려들어, 그들이 이미 구축해놓은 전략적 호구에서 많은 전우를 한꺼번에 잃어버린 허탈감과 패배에 대한 분노가 겹쳐 사기가 극도로 저하된 상태였다. 그러나 1중대 OP의 전우들이 모두 나와 반갑게 맞이해주는 모습을 보니 마치 고향에 온 기분이었다.

우리가 들어와 있는 이 기지는 맹호사단의 최전방 전초 기지로서 2일 전에 월맹군 특공대 세이퍼가 공격을 해온 곳이다. 이 기지는 원래 미군들이 주둔했던 곳으로 맹호 선배들이 보완해 완벽하게 구축했다. 내무반과 모든 시설물들이 지하에 설치되었고 탄약고와 기타 보급품

안케패스 600고지 1중대 OP
헬기장에서 본 1중대 본부

도 적의 공격에 대비해 지하의 벙커에 보관할 수 있도록 설계되어 있었다. 기지를 사수하기 위한 유개(有蓋) 방벽호와 교통호, 그리고 기지를 보호하기 위해 설치한 기지 주변의 철조망이 5선까지 설치되었으며 요소요소에 크레모아, 지뢰, 조명탄 등이 매설되었다. 완전무장한 1개 연대의 적이 공격해오더라도 1개 소대의 적은 병력으로도 며칠은 사수할 수 있는 견고한 기지였다.

연대본부를 떠나온 지가 13시간밖에 되지 않았으나 몇 달이나 된 것 같았다. 짧은 시간이었지만 많은 비극적 상황이 압축되어 있었기에 매우 지루하게 느껴졌다. 중대본부에서 제공해준 토치카 안에서 군장을 풀고 긴 안도의 한숨을 쉴 수가 있었다. 이때에 기갑연대 3중대원들이 638고지 어느 지점으로 작전을 나왔다가 수 명의 전사상자를 내고 역시 1중대 OP에 들어와 다른 벙커에 숙소를 정했다. 수색중대 전우들은 잠은 자지 않고 여기저기 모여 앉아 옹기종기 원을 그리며 앉아서 낮에 있었던 총격전 기습에 놀란 이야기 등을 하며 앞으로 전개될 작전에 대해 나름대로 예견하며 이야기를 나누고 있었다.

모두들 수심에 찬 얼굴을 풀지 못하고 서로의 얼굴만 바라보며 불안한 심정을 토로하고 있을 때 지원중대 소속 하사 한 명이 우리의 벙커 안에 들어왔다.

귀국특명을 받은 박창일 하사의 증언

지원중대 소속 박창일 하사는 경남 진주 출신이다.

박 하사는 4월 15일 자로 귀국특명을 받고 2일 후면 그립던 고국의 품에 안겨 가족과 부모님을 만날 부푼 꿈을 갖고 자기 몸 관리를 하고 있었다. 월남 고참들은 오랜 시간 40도의 고온과 강한 햇빛에 그을리다 보니 새까맣게 되었지만, 그런 모습을 조금이라도 벗기기 위해 가능하면 그늘에서 보내기 때문에 당시 보기에는 금방 파월된 병사같이 얼굴에 귀티가 보일 정도였다.

그러나 안케패스에 긴급상황이 떨어져 귀국이 연장된 상태가 되었다. 사건이 터지고 19번 도로가 차단된 긴급한 상황이 전개되자, 그는 600고지 OP에서 지난 3개월간 야간근무를 하면서 목격하고 감지한 안케패스 일대에서 벌어졌던 심상치 않은 일들을 증언했다. 1972년 1월부터 야간근무 중에 1중대 OP에서 안케패스 전역을 내려다보면, 밤만 되면 기지 주변과 안케패스 계곡에서 사람 소리가 들렸으며 무엇인가를 가지고 이동하는 소리가 들려왔다는 것이다. 그리고 불빛과 담뱃불 빛이 반짝이는 것도 목격했다는 것이다. 야간에는 작은 소리도 멀

1중대 OP가 적의 포 사격과 화약고 폭발로 무참히 파괴된 현장

리까지 들리므로 사람들 소리뿐만 아니라 서로 소곤거리며 정글이 움직였다는 것이다. 그러나 안케 지역은 거의 사람이 살지 않는 한국군 작전지역으로, 사람들의 이동은 분명 적으로 규정하고 사격의 대상이 되었다. 안케패스에서 멀지 않은 지역에는 월남 원주민인 몬타나족이 집단으로 정글 속에 흩어져 살고 있었지만 야간에는 감히 작전지역으로 올 수 없었다.

오랜 시간 박 하사의 주변에 둘러앉아 그의 입을 바라보면서 한마디도 놓치지 않고 듣고 있었다.

꾸이년항에 2월 19일 도착해 베트남에 온 지 50여 일이 채 안 된 김 상병(필자)은 수색중대에 배치된 지 40여 일밖에 안 된 월남 신병이었다. 아직 짬밥살이 그대로 남아 있어 빠지지 않았고 소금기도 남아 있는 얼굴이 더 그을린 겁 많은 작전 경험이 많지 않은 신병으로서 박창일 하사의 위상과 월남 고참으로서의 경력이 얼마나 부러웠는지 모른다. 박 하사는 귀족 같은 모습이고 나와 나의 전우들은 정글이나 뚫고 작전이나 하는 초라한 모습으로 느껴지는 것은 마음이 연약했던 당시로서는 어쩔 수 없는 솔직한 나의 자화상이었다.

귀국특명을 받은 하사의 주변에는 많은 전우들이 모여들어 그동안 알지 못했던 새로운 소식들을 공식적으로가 아닌 사담으로, 안케패스의 이모저모에 대해 평소에 경험한 이야기를 수없이 듣고 있었다. 그러한 이야기를 벙커 안 내무반에서 주고받는 가운데였지만 그날 밤 1중대 OP에 설치되어 있는 4.2인치 포구에서는, 박 하사의 후임자들인 지원중대 포병 사수들이 적의 근거지를 향해 포열이 빨갛게 달도록 계속 지원사격을 하고 있었다.

초부로 위장 투입한 월맹군 싸오방 사단

오랜 세월 희로애락을 함께 하며 만들어진 고유문화와 전통을 지키고 조상과 닮은꼴을 계승하려는 민족 본성을 수호하려는 보응우옌잡은 월맹 최정예사단을 그들의 전쟁목표를 달성하기 위해 1971년 11월 말부터 은밀하게 안케패스에 투입했다.

1971년 말 미군과 연합군이 철수하고 이어 한국군도 1971년 12월 4일 해병 제2여단이 철수하는 어수선한 분위기를 활용해 1971년 말부터 1972년 3월 말까지 분단된 자유 월남을 또다시 두 동강 내고 양분시키기 위한 핵심전략으로 중부 최대도시 꾸이년시와 최대 곡창지대인 고보이 평야로부터 안케패스에 이르는 19번 도로 산악지대인 중부 고원지대 관문인 안케패스 험로 7.5km에 보응우옌잡이 제2의 디엔비엔푸 전략전술로 규정하고 비밀리에 철저히 준비하고 있었다. 전투 수행을 위한 식량과 전투장비, 진지 건설에 필요한 모든 자재와 무기와 직사포와 곡사포 등을 오직 부대원의 어깨와 다리를 통해서 운송되었다. 소단 간부로부터 전사에 이르기까지 전투에 직접 참여하는 부대부터 전문인력과 기관에 이르기까지 모두 함께 운송요원이 되었으며 이들 모두는 19번 도로 상에 집결된 투철한 용사들이었다. 수십 수백km 떨어진 기지로부터 높은 산과 울창한 숲을 지나 안케패스 꺼이루산과 19번 도로 진지로 이동했다.

초부로 위장투입된 월맹군 싸오방 사단본부 470여 명, 12연대 제61대대 350여 명, 제62대대 400여 명, 제63대대 350명, 월맹군 제450 특공대 200명, 72특공공정대 35명, 베트콩 210대대 134명V, CD 26중대 31명과 도로를 차단하기 위한 공병부대를 투입했으며 빈딘성의 지방 게릴라 부대를 동원하고 빈딘성 내 농민들로 구성된 베트콩들도 동원하고 공포심을 조장하기 위해 3월 중 빈케 군수를 암살했다. 암살 이유는 당시 정보에 의하면 독립을 위한 세금을 내지 않았다는 것이다.

안케패스를 차단하기 위해 준비하는 빈케현 인민위원회는 모든 역량을 동원해 월맹군 12연대 전투중단을 지원했으며 쟈라이현 인민위원회에서는 몬타나족 소수민족까지 동원해 대나무 바구니에 카사바, 바나나, 채소 등을 전사들에게 보내졌다. 현지에 살아 지역 지형과 사정은 잘 아는 농민과 노동자 단체가 돌격대가 되어 무기를 들고 앞장섰다.

638고지(꺼이루산)와 연결된 각 주둔지에는 비밀리에 설치한 직사포 곡사포 화력진지가 정상 능선을 따라 전망 초소가 설치되었고 빈딘성 돈포 빈타인 안쑤언과 안케시진에 포병진지들이 있었고 잘라이성은 언제든지 공격준비가 되었다. 모든 준비가 완벽하게 끝나고 1972년 4월 11일 밤 한국군 1중대 OP를 공격하다가 발각되어 밀습에 의한 적 주둔지 공격을 수행하지 못했다.*

이어 중부고원지대의 유일한 생명선이자 병참선인 19번 도로를 차단한 것이다.

제2의 디엔비엔푸 월남판 덩케르크 사태

보응우엔잡은 1954년 3월 13일 밤 디엔비엔푸에 주둔하고 있던 프랑스군 요새지를 공격해 3개월 20일 만에 프랑스군을 항복시켜 그들의 불굴의 정신은 세계를 놀라게 했다. 사이공 서북 50km 지점 245km에 달하는 구찌 땅굴의 독립의지와 1968년 1월 31일 3만 5천 명이 희생되면서 구정공세에서 전략적 정치적 승리를 한 경험을 총동원한 전략전술을 안케패스에 투입했다.

디엔비엔푸는 하노이에서 서쪽 300km에 있는 작은 촌락으로 라오스와는 16km 접경에 있는 산악지대이다. 프랑스 앙리나바르 장군은 13km에 달하는 요새지를 구축하고 1만 5천 명이 넘는 병력과 야포와 전차 및 비행장까지 건설하고 외곽지대에는 49개에 이르는 거점과 진지를 구축하고 적이 공격해오기를 기다리고 있었다. 보응우엔잡은 중공과 소련의 지원을 받아 144문의 중화기와 5만 명의 병사가 700km의 먼 거리에서 군수물자를 수송하기 위해 자전거 2만 대와 주민 26만 명이 동원되었고 중화기는 분해해 정글 소로길을 개척해 운반하고 현장에서 조립하는 수법을 활용했다. 이 전투로 월맹군 8천여 명이 전사하고 1만 5천여 명이 부상자가 발생했고 프랑스군은 전사2,300

---

* 이 글은 월맹군 5군구 쭈후이먼 대장과 응우옌반홍 대령이 2007년 쓴 안케전투 내용에 대해 자원전투의 일부를 청운대 김종욱 교수가 번역한 것임.

명, 부상 5,100명, 포로가 1만 2천 명이었다.

인명피해가 더 많은 월맹군이 결국 승리했다. 디엔비엔푸 전투에서 패배한 프랑스는 인도차이나 지배를 종결했다.

보응우옌잡은 디엔비엔푸 전투를 교본으로 삼고 그들의 인명피해를 최소화하기 위한 안케패스에 주둔 중인 기갑연대 1대대와 2대대를 쑥대밭으로 만들고 19번 도로를 완전 차단함으로써 쁠래이꾸와 꼰뚬지역에서 치열한 전투를 감행하고 있는 월남군 2군단 3개 사단과 기갑사단, 공정여단을 고립시키고 월남판 덩케르크 사태를 유발시켜 호찌민이 빼앗기고 일주일을 굶었다는 월남 최대 곡창지 고보이 평야를 확보하고 꾸이년에서 쁠래이꾸와 연결된 19번 도로 이북을 완전 점령해 춘계대 공세의 1단계 전쟁목표를 달성할 수 있다는 확신을 가졌다.

만반의 전쟁준비가 끝난 상태에서 한국군의 기지와 병력 이동은 월맹군에 의해 감시당하고 우리 맹호는 안케패스 전역의 대정글 · 중정글 지대가 그들의 기지화되어 정체를 전혀 알지 못한 상태에서 수색중대가 적의 요새지 속에서 적의 매복에 걸린 것이다.

638고지에서 최초로 전사한 부인호 병장

한편 1중대 기지에서 근무하고 있던 병력 중 1개 분대가 638고지에 4월 12일 밤 정찰을 나갔다. 이때 첨병으로 가장 앞에서 정찰을 하던 제주도 출신 부인호 상병이 고지 정상에서 월맹군의 총탄에 맞아 전사했다.

1중대 기지에서 불과 직선거리 275m 남쪽에 위치한 638고지에 월맹군이 벙커를 구축하고 상황이 떨어지기만을 기다리고 있었다는 사실을 이때 비로소 알게 되었다. 안케패스의 638고지 위에서는 부상병이 최초로 희생된 전우가 되었다.

부인호 상병은 맹호 32제대로서 나와 함께 파월 따블백 동기였으므로 잘 아는 사이였다. 그도 1중대에 배속된 지 60일 만에 전사자가 되었다. 그는 체격이 매우 좋은 편이며 성격도 차분하고 말이 적은 책임성이 강한 전우였다. 이렇게 믿음직스러웠던 전우가 영원히 오지 못할 세계로 가버렸다는 것이 믿지 못할 현실이다.

특히 그가 부산항을 출발할 때 두 분의 누나가 환송을 나와 대성통곡을 하며 "장남인 네가 전쟁터 가면 우리 집은 어떻게 되느냐"고 발을 동동 구르며 파월을 극구 만류했다고 한다. 누구 집 아들인들 소중하지 않은 사람이 어디 있겠는가마는, 그의 누나들의 동생과의 헤어짐이 제3 부산항 부두에서 마지막 상면임을 예상이라도 한 듯 부둣가의 남매의 이별의 슬픔은 주위 전우들까지 눈시울을 뜨겁게 만들었었다.

평소 알지 못하던 전우가 전사했다는 소식을 들은 것보다 얼굴을 알고 함께 내무반 생활을 해봤던 전우의 전사 소식은 슬픔을 더했다.

문제의 안케패스 638고지는 당시는 적의 수중에 들어가 월맹군의 전술기지가 되어버렸지만 그 3개월 전까지만 해도 맹호사단의 전초 기지로서 한국군이 만들어놓은 초소와 벙커가 구축되어 있는 전술적 · 전략적으로 매우 중요한 기지였다. 이곳에서 내려다보면 안케패스를 지나는 19번 도로의 주변을 관망할 수 있는 입지적인 위치에 있다. 그러나 이러한 중요한 전술기지에서 파견근무를 하던 병력을 철수시키고 몇 개월째 방치해놓은 상태에 적이 잠입해 들어와 완벽한 벙커와 초소를 교묘하게 구축해놓고 결정적인 기회를 엿보고 있었던 것이다. 1중대에서는 안케패스 일대에 상황이 심각하게 전개되자 급히 12일 밤 1개 분대를 638고지에 파견했다가 변을 당한 것이다.

그 후 2006년 KBS 방송국 성재호 기자는 638고지에서 최초로 전사한 부인호 병장에 대해, 1중대에 근무한 강길원 씨 등의 증언에 의하면 638고지를 점령한 후 그의 시체를 아무리 찾아봐도 없었다고 한다. 그리고 적이 살포한 삐라에서 부인호 상병이 생포되었다고 했다는 것이다. 이러한 소식이 부인호 상병의 본가에 알려지자 동생으로부터 전화가 왔다. 형님이 전사하지 않았다는데 어찌 된 일이냐는 것이다.

1990년 7월 5일 문서번호 군급 제6569호 청원 민원에 의하면 부인호 상병은 기갑연대 하사, 군번은 21076452, 성명은 부인호, 전사 일자는 1972년 4월 12일이었다. 당시 유가족인 강추향(모) 씨는 남제주군 성산면 시흥리 상동에 살고 있었는데 어머니께서 집 옆에 묘소라도 함께 있기 위해 국립묘지에 안장을 안 했다고 한다. 유가족이 청원할 시 검토 후 국립묘지에 안장할 수 있다는 회신이 왔었기에 뜻밖의 행방불명 소식에 필자도 놀랐다. 그러나 당시 상황과 전황으로 봐서 강길원 씨의 증언같이 12명의 1중대 맹호 요원들이 638고지에 공격해 올라갈 때 5m 앞 전방의 벙커에서 수류탄을 던지고 AK 소총을 마구 쏘자, 은폐 · 엄폐할 곳을 찾아 적 벙커 안으로 간 것이 생포될 수 있을 가능성도 있었다.

그런데 김태영 감독이 다큐멘터리로 제작한 〈베트남전쟁 그 후 17년〉에서의 증언 자료에 의하면, 월맹군 중좌는 생포한 한국 병사는 더 이상의 삶을 포기하고 살려준다는 유인에도 불구하고 자결해버렸다고 증언했다. 생포한 한국군이 부인호 병장인 것은 확인하지 못했다.

부인호 병장에 대한 논란은 시체 수습 과정에서 부인호 병장의 시신이 없었다는 것과 적의 삐라에 그의 신상이 명시되어 살포되었다는 것이다. 이러한 이야기는 그 이후의 이야기들이다. 많은 전우들의 시체는 대부분 본인 확인이 가능했으나 또 다른 상당수는 시체 사역병들이 본인 여부를 확인할 수 없도록 부패되어 있었기에 시신을 찾을 수 없었을 수도 있다. 필자는 부인호 병장의 평소의 과묵하고 성실한 여러 면모를 보아 전사했을 것으로 보고, 혹 생포되었다 하더라도 결국은 자결했을 것이라고 생각한다. 이러한 논란으로 생때같은 자식을 조국에 바친 유족인 어머니께 정말 사죄하고픈 심정이다. 그리고 형님의 전사통지를 받고 충격을 받고 일생을 외롭게 서귀포 지역 농협에 근무하고 있는 동생께 어떤 말로 위로할까 감히 생각이 떠오르지 않는다.

결과적으로 부인호 상병은 조국의 명령을 받고 죽음의 자리에 가장 먼저 첨병으로 앞장서고 적을 향해 용감하게 적진을 향해 확실한 정보도 알려주지 않고 공격하라는 뜻에 따라 적탄이 쏟아지는 화약고에 갔다는 것이다. 필자는 부인호 상병과 오음리 교육장에 같은 소대로 한 달간 교육을 함께 받았는데 그 사이 병장이 되었고 전사함으로써 특진되어 하사가 되었다. 이름까지 가족의 청원으로 집에서 부르던 부인건으로 변경되고 하사로 육군본부 전사자료에 기록되어 있었다.

정득만 사단장과 강원채 사령관을 향한 적의 집중사격

1972년 4월 13일 아침이 돌아왔다. 전선의 고지 위에 내려다보이는 안케패스 계곡의 짙은 안개와 짙푸른 정글과 태평양 동쪽 바다 쪽에서 벌겋게 피어오르는 태양의 햇살은 잠시나마 전우들의 마음에 여유를 갖게 했다. 3소대 분대장 한 사람은 절박한 작전기간 중임에도 카메라를 가지고 와서 그러한 풍경이 얼마나 멋있었는지 기념사진을 찍고 있었다. 고참들이 사진을 찍고 난 뒤 맨 나중에 분대장에게 사진을 찍어달라고 부탁했다. 이때의 시간은 오전 8시 전후의 이른 아침이었다.

이때 꾸이년 쪽에서 날아온 헬기 한 대가 1중대 기지를 선회하면서 착륙지점을 찾고 있었다. 나는 그 순간 분대장에게 헬기를 배경으로 사진을 찍어달라고 부탁했다. 기회를 포착해 공중을 나는 헬기를 배경으로 사진을 찍었다. 다른 전우들은 고지 아래의 멋진 운해를 배경으로 찍었는데 나는 공중에 떠 있는 헬리콥터와 더불어 사진을 찍게 되었다. 순간적으로 이루어진 사진 배경이 된 것이다. 이것으로 정득만 사단장과 수색병 김영두와의 오랜 인연이 시작될 줄이야 꿈에도 몰랐다.

이 헬기에는 전황이 급박하게 돌아가는 안케패스 작전을 직접 챙겨 지휘하시기 위해 정득만 사단장, 강원채 주월부사령관(겸직 야전사령관), 작전참모, 구경회 중령과 포병사령관 정해관 대령, 야전사 작전참모 이석명 대령, 김창옥 사단장 부관이 타고 있었다. 밤새 조용하기만 했던 1중대 기지에 사진 속에 나타난 헬기가 착륙하자마자 적군은 헬기를 향해서 7~8발의 곡사포로 집중사격을 가해왔다. 정득만 사단장은 어깨에 적의 파편을 맞았고 작전참모는 중상을 입었으며 주위에서 경계를 하고 있던 1중대 한건철 전우가 전사하고 다수의 부상병이 발생하는 위급한 상황이 순식간에 벌어졌다.

헬기는 적의 포 사격을 피해 즉시 날아가버렸다. 당시의 헬기 조종사는 100% 미군 조종사들이었다. 그동안에는 1중대 OP에는 적의 조준사격이 없다가 사단장이 타고 온 헬기가 착륙하면서 1중대는 적의 표적이 되어 병력 이동과 헬기를 통한 보급이 끊겼다.

고립된 정득만 사단장 일행 귀환작전

600고지인 1중대 기지 안에서 19번 도로까지 정글을 헤치며 약 400m를 위에서 내려가야 했다. 1중대 정문이라고 할 수 있는 19번 도로를 향하는 150m 지점에 헬기장이 있었다. 헬기장 주변 정글 지대로 3소대가 앞장을 섰다. 물론 월남전에서 가장 신경을 쓰는 것은 앞 전우와

600고지 1중대 기지에서 착륙 직전의 헬기를 뒤로 하고 포즈를 취하고 있는 필자

4월 13일 9시경, 사진을 찍은 직후 헬기 착륙 시 월맹 정규군이 포문을 열어 공격해왔다. 뒤쪽 연기가 나는 곳이 헬기장이다.

뒤 전우의 개인거리 유지였다.

소총사격은 한 명이 발각되면 사격을 하지만 월맹군은 한 명의 아군을 향해 포까지 동원하지 않기 때문에 은폐 · 엄폐가 되지 않는 노출된 지역을 통과할 때는 특히 전우 간의 간격 유지가 적의 사격을 불러들이지 않는 방법이다. 이렇게 노출된 지역을 통과해 정글 속에 숨어 있다가 병력이 모두 자기 위치를 지켜 사주경계를 하면서 가능하면 이동할 때 갈대가 움직이지 않게 공제선을 피해 이동해야 했다. 일렬종대로 정글을 헤치며 대열 속에 개인거리를 유지하면서 권총이 아닌 M16 소총으로 무장하고 내려올 때, 사단장님께서는 소변이 급했던지 소변을 보느라 정지하게 되었다. 대열의 안전거리가 좁혀지자 뒤에서 따라오던 전우가 사단장님인 것을 모르고 개인거리 지키라고 낮은 소리로 말했다. 사단장님은 사실 소변 보실 시간이 없었고 그런 공간도 없었기에 정글 속에서 일을 보게 되었는데 작전 중에는 다른 전우의 지적감이 되었던 것이다.

여러 대의 무장헬기로 적 근거지를 향해 건십으로 공격을 하고, 한 대는 1중대 기지 위와 주변을 선회하며 적의 시선을 돌려놓고, 사단장을 태우고 갈 헬기는 안케읍 쪽에서 적의 시선을 피해 지상의 정글 위로 낮게 비행하며 착륙지점에 노란 연막탄을 터뜨리며 적의 포 사격을 불러들이는 위험 때문에 사단장 부관 김창옥 대위는 상황판으로 수신으로 빛을 반사시켜 헬기 조종사와 교감이 이루어져 착륙지점을 알려 19번 도로 근처 갈대밭에 착륙시켰다.

수색중대 3소대 대열 속에 사병으로 위장해 사단장 일행과 네덜란드 기자 등을 사단 사령부로 가시게 하는 데 성공했다. 헬기에 타실 때 사병으로 위장하기 위해 M16과 방탄복을 입고 계시다가 그것을 벗어놓고 탑승했는데, 그것을 지켜본 3소대 한 사람은 그것이나 가지고 갈 것이지 자기 군장도 무거운데 누가 저것을 가지고 다니느냐고 투덜거렸다.

지금까지 작전은 수색중대가 차단된 도로를 개통시키기 위해 출동한 수색정찰로 출발되었으나 심상치 않은 적의 막강한 공격과 요새화된 안케패스 전역에 대한 작전으로 확대하게 되었다. 사단장이 사단사령부로 귀환하면서부터 이를 안케패스 작전으로 명명하게 되었다.

사단장님이 무사히 귀환하시는 헬기에 탑승하면서 수색중대 3소대 전우들은 안도의 숨을 쉬었다. 적으로 포위된 기지가 되었는데도 사단장님께서 위험지역에 오시게 됨으로써 작전상황을 정확히 보고해 신속한 병력과 물자를 지원할 수가 있고 성공적인 작전을 할 수 있었다. 기지에 도착해 귀환하실 때까지의 시간은 5시간 정도 걸렸지만, 평

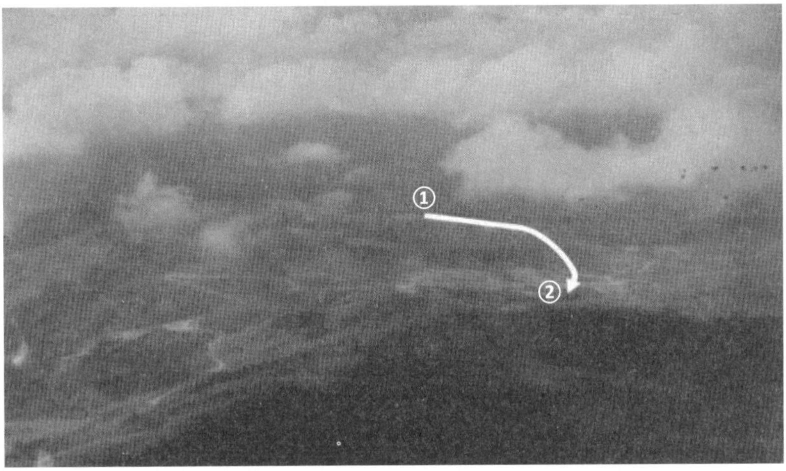

600고지 1중대 OP(①)와 헬기 착륙 지점(②)

화로운 공간이 아닌 적의 포의 집중사격이 계속되는 공포와 불안으로 적지 속에서의 5시간은 무척이나 길고도 길었다. 토사곽란이 나서 온몸이 뒤틀리며 몸부림치던 그런 고통보다 더 힘든 시간이기에 그러했다. 물에 빠진 자식을 위해 물속에 뛰어든 아버지가 결국은 함께 물속에서 허우적거리며 적의 공격을 받는 것과 다를 바 없는 힘든 5시간이었다. 나뿐만 아니라 모든 전우들이 사단장님께서 무사히 사단으로 귀환하시기를 얼마나 빌었는지 모른다. 떠나신 직후 우리 모두 "이제 살았다." 이런 말이 절로 나왔다. 물에 빠진 아들이 아버지를 물 밖으로 힘차게 밀어내어 살린 듯한 마음이었다.

사단장님 일행이 사단으로 귀환하시는 헬기에 탑승하시고 3소대는 정글을 헤치고 다시 1중대 600고지를 올라가는데, 이곳은 안케 쪽이라 주변에 월남군 포병의 포 사격이 지속돼 우리 3소대는 아군의 포사격으로 공격당하는 꼴이 되었다. 선무당이 사람 잡듯 오합지졸과 같은 월남 포병이 우방인 한국군을 지원해준 포 사격은 위험했다. 그 뒤 아무리 위험하더라도 월남군으로부터 지원사격을 받지 않았다. 전쟁이란 적으로부터 피해를 입는 것이 대부분이지만 인접 부대나 소대의 정확한 정보나 소통이 없음으로 인해 빈번하게 일어날 수 있는 피해의 소지가 있고 가능성이 많다는 것이다.

이때 중대본부 한 병사는 지칠 대로 지친 몸을 바닥에 누이면서 빨리 죽었으면 싶다며 쓰러졌다. 40도를 오르내리는 열기로 땀에 젖은 정글복을 입고 물과 실탄 등 보급이 차단된 채로, 계속되는 적의 포격이 시작되어 600고지에 올라가다가 약간의 늪지대에서 30대로 보이는 월남 민간인을 만났다.

정득만 맹호사단장 일행이 사단으로 복귀한 뒤 다시 1중대 OP로 올라가고 있었는데 정글 속의 늪지대에서 낚시질을 하고 있는 월남 민간인 복장을 한 40대 남자를 발견했다. 우리와의 거리가 50여m밖에 되지 않는 곳이기 때문에 수상히 여겨 그를 불렀다.

"베트남, 라일라일!"

그가 낚싯대를 가지고 우리가 있는 쪽으로 오는 것을 보니 비무장이다. 그러나 월맹군의 첩보원이나 혹은 첩보를 제공하기 위해서 한국군 작전지역에서 얼쩡거리는 것 같았다. M16 소총을 겨누며 베트콩이 아니냐고 다그쳐보기로 했다.

민가와 멀리 떨어져 있는 치열한 전투가 계속되는 작전지역에서 낚시질을 한다는 것은 누가 봐도 의심해볼 만하다. 그를 사살할까 살려줄까를 심각하게 고민하고 있던 우리 전우들은 많은 전우를 잃어버린 분노에 월맹군들에 대한 증오심이 머리와 가슴속에 꽉 차 있던 터라 조금만 의심스러워도 M16 소총을 갈겨대고 싶은 심정이었다. 그러나 우리 민족이 반만년 유구한 역사를 지켜보면서 930여 회의 외침을 당하면서도 남의 나라를 침략하지 않았던 피가 현대에 살고 있는 우리의 혈관 속에도 흐르고 있었던지, 검정 눈을 깜박이며 살아보겠다고 기겁해 벌벌 떨고 있는 그에게 감히 총질을 할 수 없었다. 우리 자신이 공포 속에 월맹군의 포격을 받아왔고 죽기보다 살기를 바라는 생명에 대한 애착심이 이 수상한 자를 불쌍하게 생각하게 되었다.

월남이라는 나라에 태어난 모든 백성들이 돌이켜 생각해보면 매우 불쌍하다. 긴긴 세월 동안 1, 2년도 아닌 28년이나 전쟁에 시달리며 자식을 낳으면 군인으로 보내고 노인들과 과부들은 베트콩에게 시달리며 전쟁 중에도 농사를 지어야 삶을 영위할 수 있는 그들의 입장을 우리들로서는 깊이 있게 이해할 수 없을 것 같았다. 전쟁도 생활의 일부분이 된 채로 살아야 했고, 민주주의가 무엇이며 공산주의가 무슨 제도이며 하는 어떠한 사상적 기반을 가지고 혹은 가치관을 정립하고 전쟁을 하는 것도 아니고, 단지 세월을 잘못 만나 환경의 노예가 되어 한 시대의 아픔을 함께하고 있는 대부분의 사람들인 것이다. 작전지역에서 한 명의 민간인을 발견하고 그를 통해 많은 생각이 떠올랐다. 인간이 인간을 살해한다는 비극적인 사건이 이 세상에서는 없어졌으면 얼마나 좋겠는가.

우리가 지금은 군복을 입었지만 군인으로서 일생을 보내지 않는다. 어린 시절부터 가르침을 받은 교육은 막연하나마 착하고 선한 사람이 되라는 것이다. 그리고 자유민주주의의 사회체제는 인간의 가치에 최고의 존엄성을 부여해 자유와 평등을 강조하고 있다.

체제와 이념이 각기 다른 환경에서 자란 한국군과 월맹군은 극한적인 대결을 하고 있지만 인간에게 총을 쏘며 살해하는 데는 한국군보다는 월맹군이 잘 훈련되어 있었다. 목적을 위해서는 인간의 생명쯤이야 얼마든지 희생시킬 수 있는 공산주의의 무서운 철학이 그들의 사상

가운데 자리 잡고 있기 때문이다. 반면 한국인은 역사적으로 선한 민족이기 때문에 전쟁을 하는 데는 부적격한 민족인 것 같다. 남의 아픔을 매우 예민하게 심정적으로 느끼는 피가 흐르고 있기 때문이다.

포탄이 우박같이 쏟아지는 기지를 향해

사단장을 배웅하고 1중대 OP를 향해 정글을 헤쳐가며 올라가는데 월맹군의 포 사격이 재개되었다. 1중대 헬기장 주변까지 올라온 1대대의 어느 전우는 산발적으로 여기저기에서 포탄이 터지는 공포의 분위기에 시달림에 지쳐서 말하기를 어서 죽어버렸으면 이렇게까지는 시달리지 않을 것 아니냐며 무전기를 메고 힘겨운 모습으로 괴로워했다.

적의 포 한 발이 우리 주위에서 터질 때마다 입술이 바싹바싹 마르는 충격은 실로 쥐구멍이라도 찾아가고 싶은 심정이었다. 주위에 있는 모든 전우의 모습은 지칠 대로 지쳐 있는 표정들이었다. 월맹군이 어디에 있는지도 모르는 상황에 다만 그들이 쏘는 곡사포와 박격포, AK 소총 소리만 들리니까 한국군은 당황할 수밖에 없었다. 1중대 OP는 드러내놓은 사격장의 표적과 같은 곳이기 때문에 다시 그 기지에 들어가 시달려야 한다는 생각에 괴로울 뿐이었다.

이때부터는 작은 상처라도 나서 후송 가는 전우들이 얼마나 부러운지…. 군인으로서 작전지역에서는 죽어 시체로 나가든지 작전을 할 수 없을 만큼의 큰 부상을 당해야만 빠져나갈 수 있기 때문이다. 적의 포탄이 비 오듯 쏟아지는 1중대 기지 주변에 잠시 포성이 멈춘 틈을 타서 기지 안으로 모두 들어왔다.

사단장이 떠난 1중대 OP에 월맹군의 공격은 더욱 치열했다. 기지 안에 들어온 우리 전우들은 월맹군의 1중대 OP의 전면적 공격에 대비해 초소에서 경계 근무를 했다. 초소는 무개호와 유개호로 구분되는데 무개호에는 도저히 근무할 수가 없게 되었다. 월맹군의 계속된 곡사포 사격에 1중대 OP의 작은 돌멩이도 상처가 나지 않는 것이 없었기 때문이다.

당시 유남수 일병이 OP 정문 좌측에 있는 초소에서 월맹군의 포진지를 찾아내기 위해 관측하고 있었다. 이때 적의 맹렬한 포 사격이 수백 발 계속되었다. 드럼통으로 기둥을 세우고 지붕은 철판으로 덮은 다음 마대에 흙을 넣고 초소를 만들었기 때문에, 포가 터지는 진동에 의해 기둥이 흔들리고 포탄의 파편과 직격탄에 맞아 주위의 돌멩이들이 파편이 되어 초소가 무너질 것만 같았다.

초소 안에 한 전우가 엎드리고 다른 전우가 덮여 엎드리고 교통호에 있던 여러 명의 전우가 들어와 초소 안에서 엎드린 모습은 겨울잠을 자기 위해 엉켜 있는 어떤 짐승의 무리들과 같았다. 이때에 가장 안심이 되는 전우는 가장 밑에 있는 전우이다. 나는 중간쯤 엉켜 있었는데도 나보다 한 층 아래 있는 전우가 부러웠다. OP가 지진이라도 일어나 지축에서부터 폭발하는 것만 같아 두 귀를 전우의 등 뒤에 대고 막아보며 공포의 포격이 잠잠해지기를 기다렸으나 끝이 나지 않았다. 초소 지붕에 덮여 있는 마대가 터져 흙이 쏟아지고 화약 냄새와 쇠가 타는 냄새가 더위에 어울려 불안과 더불어 초조와 짜증이 함께 감정을 자극했다. 이러한 상황에서도 전우의 살을 헤집고 밑으로만 파고들어가는 심리는 땅속에 자기 몸을 숨기려는 두더지나 매에게 쫓긴 꿩이 머리만 풀 속에 박고 있는 것과 같은 피신이었다.

이런 때의 전우애라는 것을 실천한다는 것은 무엇인지, 전우애가 이런 상황에 실현될 수 있는지를 생각해볼 수 있는 기회가 된 것 같다. 월맹군의 포격이 기지 안에 20여 분간 계속되었는데 OP 위의 모든 생물들은 벙커 안에서 숨을 죽이고 있었고 무생물들은 적 포에 부서져 여기저기 채석장에서 금방 쪼개 놓은 돌덩이같이 연기를 내며 뒹굴고 있었다. 기지 주변에 설치해놓은 철조망은 한데 어울려 공을 만들었다. 죽음에 대한 공포심에 구속되어 안케패스에서 살아갈 수 없는 것이라는 것을 절감한 상황이었다.

이날 밤 야간근무 중이던 1소대 모 상병은 손바닥에 M16 총을 쏘아 자해사고를 냈다. 그는 기혼자인데 그가 군인으로서 비겁한 행위를 자행한 짓은 어리석고 잘못된 것이지만, 극한 상황에 처한 삶에 대한 우리 모두의 생명에 대한 애착심을 표현해준 사건이었는지 모른다.

죽음과 공포의 피신처 1중대 기지의 상황

소낙비가 내리듯 쏟아지는 월맹군의 포 사격에 시달리는 OP 안의 시간은 죽음과 공포의 연속이었다.

벙커 안에서도 안심할 수 없도록 끊임없이 곡사포의 세례를 받아가며 초소 근무시간에만 벙커에서 나와 교통호를 경유해 유개호에서 근무를 했다. 세수는 생각할 수도 없이 물은 바닥이 나 있었고, 대소변은 벙커 안에서 깡통에다 보고 철조망 밖에 내던지기도 했다. 화장실은 지상에 설치되어 있었으나 이미 적의 포탄에 박살이 나고 말았다. 1중대 OP에 대한 월맹군의 불규칙적인 포격은 1시간이 멀다 않고 계속되었으며, 1중대 본부에 비축해놓았던 전투식량과 물과 탄약도 거의 바닥이 났다. 이 기지 안에 상당한 양의 군수물자를 비축해놓았으나 예측하지 못한 안케패스 작전이 터져 수색중대, 3중대, 2중대 등 많은 병력이 이곳에 집결하게 되어 모든 것이 남아나지를 않았다.

비좁은 공간에서 통로에까지 즐비하게 늘어져 있는 전우들 속에

3,500여 발의 적 포탄이 낙하된 600고지 1중대 OP

서 목이 타는 갈증은 심각하게 인간의 생존을 위협하기 시작했다. 누군가가 이때 생각해낸 묘안이 있었는데 우기 때에 허드렛물로 쓰기 위해 기지 내에 쏟아진 소낙비 물을 받아놓은 구정물이었다. 우리는 이 물까지 모두 식수로 먹어버렸다. 평소에 이런 물을 먹었다면 위생학적으로 배탈이라도 나 큰일이라도 생겼을 텐데 모두들 못 먹어서 탈이었다. 1중대 본부 OP로 보급물자를 수송하던 미군 헬기들도 적의 맹렬한 포격으로 이 근처에 오지 못했다. 어쩌다가 보급헬기가 비상수단을 써서 오게 되면 고공에서 낙하시킬 수 있는 탄약통에 물을 넣어 보내주는 것이 고작이었다.

이 무렵 정태경 대위가 이끄는 기갑연대 6중대가 착륙한 안케패스 638고지에서 멀지 않은 어느 고지는 월맹군이 이미 구축해놓은 벙커 앞이었다. 착륙하자마자 적의 공격을 받아 많은 사상자를 내고 살아 있는 병사들마저 중상을 입고 적과 최후의 일각까지 교전하며 버티면서 연대장에게 지원병력을 요청했으나, 지원해줄 방법이 없어 발을 동동 구르며 전우들이 월맹군에 의해 쓰러지는 상황만 지켜보고 있어야 하는 안타까운 상황이 계속되었다. 미군 조종사들이 어떻게 해서라도 전우들을 살리려고 병력을 투입시키다가 조종사가 적의 대공사격에 의해 전사하기까지 했다. 결국 정태경 6중대장은 끝까지 인내하고 버티면서 적과 대치하며 시간을 끌다가 중상을 입은 상태에서 구출되기는 했지만, 맹호 전우들의 피해는 이만저만이 아니었다.

이러한 상황이 안케령의 여러 고지와 계곡에서 피비린내 나는 전투로 계속되었지만 전술적으로 매우 불리한 위치에서 일방적으로 피해를 당하는 쪽은 우리였다. 그러나 어떠한 어려움과 역경이 겹치더라도 1중대 본부 OP는 절대적으로 사수해야 했다. 문제는 지금까지 월맹군으로부터 일방적으로 인명의 손실을 입으면서도, 총 한 발 쏴보지 못하고 월맹군이 어떻게 생겼는지도 모르고 우리 전우들은 당하기만 했다. 나 자신도 AK 소총 소리가 쉴 새 없이 콩을 볶듯 '따콩따콩' 하는 소리는 들었으나 월맹군을 목격한 것은 한두 번에 불과한 실정이었다.

3,500여 발이 투하된 월맹군의 사격장이 된 전초기지에서

1중대 본부기지는 600고지로서 월맹군의 사격장이 되어, 적은 표적이 나타나기만을 기다렸다가 병력이 기지 위에 움직임만 보이면 어김없이 포탄을 계속 투하했다. 4월 13일 사단장과 야전사령관과 네덜란드 청년 기자가 떠난 뒤에는 몇 분이 멀다 하고 월맹군의 122m 곡사포와 박격포 등이 낙하되었다.

인간은 시련과 역경을 통해 성장한다는 에릭슨의 말과 같이, 전우

1중대 기지 정상에서 내려다본 1중대 기지의 모습

수색중대가 4월 12일 밤 긴급 대피한 안케패스 정상 한국군 기지이다. 638고지 공격을 준비하는 동안 식량과 무기를 공급받은 유일한 피난처였지만, 16일간 수천 발에 달하는 적의 맹포격을 받아 돌 하나도 제대로 온전한 것이 없을 정도로 당시의 상황은 처참했다.

들은 월맹군 포 사격의 세례를 받으면서 새로운 사실들을 알아냈다. 적의 포가 날아올 때는 어디선가 바람소리를 타고 쇠붙이가 날아오는 소리가 들리는 것이다. 그 후 3~4초의 시간이 경과한 후 기지 내에 포탄이 산발적으로 떨어지는 것이다. 처음에는 적의 사격을 받아 보지 않아 피해가 있었으나, 적 포가 발사되는 소리와 바람을 타고 날아오는 소리 등이 들릴 정도로 약간의 여유가 생긴 다음에는 1중대 관망대에서 초소 근무자가 적의 포 발사 소리를 듣고 M60 기관총을 세 번 "탕! 탕! 탕!" 쏘아 '포탄 낙하'라는 신호를 보내주었다. 그러면 기지 위에 올라와 있던 초소 근무자 등은 "포탄 낙하"라는 구령과 함께 다른 전우들을 교통호와 벙커로 피신시켜 적의 포탄으로부터 피해를 줄이게 되었다.

연평도 포격사건에서도, 당시 북한군은 연평도에 장사정포 등 173발을 집중 투하했지만 인명피해는 민간인 2명, 해병 전우 2명이었다. 그러한 공격이 계속된다 하더라도 그에 상응하는 대책을 스스로 자율적이고 창의적으로 세우게 되므로 화약고 속에서도 얼마든지 정신만 차리면 살아남을 수 있는 것이다. 마찬가지로 월맹군 포 사격에 대한 원리를 체득한 후로는 어김없이 7~8발의 월맹군의 포격이 기지 위에 낙하되더라도 적 포탄 공격으로부터 큰 피해를 줄일 수 있었던 것이다.

월맹군도 한번 사격하면 준비과정이 있어야 하므로 몇 분 동안은 시간적 여유가 있게 마련이다. 이러한 촌음의 시간을 활용해 근무자들이 교대하거나 식사를 하거나 했다. 적 포의 발사에서 목표를 향해 오는 시간이 있다는 적의 무기의 성능을 알고 난 뒤에는, 수백 발의 포격을 받을 때도 심리적으로 그리 큰 공포심이 없어지고 정신만 차리고 대처하면 물리적 타격도 쉽게 극복할 수 있었다.

수색중대 3소대 한 전우는 월맹군이 퍼부은 포탄에 훈련되고 연단되어가는 수색중대 전우들을 보면서, 600km가 넘게 떨어진 하노이에서 월맹군이 가지고 온 3만~4만 발의 122mm 포와 박격포와 소련제 곡사포탄은 수천 발 소비만 될 뿐 우리는 이제는 당하지 않을 것이라 했다. 적의 포탄을 유인하기 위해 무덥고 짜증 나는 벙커에서 나와 벙커 위로 올라와서 여럿이 담배를 피우면서 적이 관측하도록 유인해 월맹군 포탄 발사를 유인하기도 했다.

당시 월맹군이 사용한 곡사포는 45도 각도로 폭발하므로 포탄 낙하 지점으로부터 7~8m 떨어진 주위에서 머리를 땅에 대고 자세를 낮추면 흙과 먼지는 뒤집어쓰기는 해도 적 포탄 파편으로부터 보호를 받았다. 반면 안케작전 시 한국군이 수만 발 사용한 포는 당시 아군의 포

(4.2인치 박격포, 105mm 곡사포, 155mm 곡사포, 81mm 곡사포, 57mm 무반동 직사포)보다 성능 면에서 좋았다. 안케작전 시에 한국군의 포병들은 명중 면에서나 작전 운영 면에서 매우 세련되었다. 월남군들은 한국 포병의 능력에 대해 언제나 환호하고 박수를 치면서 놀라워했다.

월남 안케패스를 비롯한 모든 한국군 기지는 사단, 연대, 대대본부는 평지에 기지를 편성했으며 중대 기지나 소대 기지는 산 고지에 전략적으로 유리한 지점에 있다 보니, 어떻게 보면 적의 표적으로 완전히 벌거벗은 위치였다. 정글 속 계곡에서 올려다보면 벌거벗은 민둥산 같이 육안으로도 훤히 관측할 수 있어 쉽게 적이 공격할 수밖에 없었다. 특히 감제고지인 1중대 본부 기지보다 직선거리 275m에 38m 높은 638고지에서는 OP에서 일어나는 일거일동을 지켜볼 수가 있었다. 야간에도 능고선이 되어 공제효과로 병력이 이동하는 것을 알 수 있으니 적은 병력 이동 시마다 집중적으로 사격을 감행해왔다.

그렇다고 안케패스에 투입된 월맹 정규군 3사단 12연대 2,350명 전원이 1중대 OP를 공격한다 하더라도 쉽게 점령당할 수도 없었다. 1중대 OP는 7부 능선으로부터 철조망을 6중으로 쳐놓은 장애물이 있고, 기지를 360도 돌면서 한번 발사하면 720발이 일시에 폭발하는 크레모아가 설치되고, 밤에는 바람만 세게 불어도 터지는 조명지뢰가 여기저기 인계철선으로 연결되어 산짐승의 출현도 빠짐없이 감지할 수 있고, 여기저기 지뢰 등이 매설되어 있고, 한국군 특유의 경계임무가 결합해 2~3m 간격으로 유개호와 무개호에는 수류탄이 쌓여 있고, M72 대전차포도 모든 사병들이 명사수가 되어 있었다. 이처럼 주월한국군 기지는 감히 적이 공격할 수 없도록 되어 있었다. 기지 안에 설치된 각종 포를 제외하더라도 전면적으로 공격하는 것은 불가능한 기지였다. 이것은 사병과 모든 임무를 가진 병사들이 자기 위치를 지키고 있다는 것을 전제로 한다.

월맹군은 보응우옌잡 특유의 위장전술로 정글 속에 꼭꼭 숨어 몇 명이 어디에 있고 어느 지역에 밀집해 있는지를 관측당하지 않는 것을 전제로 작전을 처음부터 끝까지 위장술을 생명같이 지켜야 했다. 월맹군이 어느 지역에 밀집해 집결했다는 사실만 확인하면 그들은 일찌감치 초토화가 되었을 것이다. 월맹군은 대정글과 중정글 초목지대에서 교묘하게 지하 땅굴을 만들어 자연 상태를 전혀 훼손하지 않고 최대한으로 위장해 활용했다. 그들은 638고지와 연결된 능선과 관측이 어려운 작은 골짜기에 있는 그들의 포 진지에 무기와 식량기지를 편성해놓고, 중정글 숲속을 이용해 병력 손실을 보충하기 위해 나무 하나 꺾지 않고 길을 만들어놓고 있었다.

한국군의 주공격 목표는 639고지와 7.5km 19번 도로의 적을 완전 괴멸시키는 것이었고, 월맹군의 목표는 분단된 남베트남을 또다시 두 동강 내기 위해 최대 장애물인 안케패스의 1중대 OP를 점령하는 것이었다.

작전을 출발한 지 며칠 되지 않았지만 살아 있는 전우들은 매우 세련되어져 가고 있었고 적으로부터 모든 공격을 방어하고 공격할 수 있도록 훈련과 연단이 되어가고 있었다.

군에 입대해 파월되기 위해 끊임없이 귀가 따갑도록 들었던 이야기는 '훈련 중 땀 한 방울은 전시의 피 열 방울과 같다'는 유비무환의 정신이었다. 그것이 얼마나 중요한가를 느끼게 하는 순간들을 적의 맹렬한 폭격을 받으면서 체득해갔던 것이다.

포탄을 운반하는 사역병들

기지의 중요성을 잘 알고 있는 사단에서도 이 기지를 절대 사수하기 위해 최선의 방법을 다 동원해 지원하려 하고 있었다. 7~8대의 무장헬기가 건십의 호위를 받으며 적의 기지를 강타해 1중대 기지를 공격할 수 없도록 지상과 공중에서 엄호사격을 감행하며 저공비행하다 기지의 공중에서 낙하시키는 방법 등으로, 시누크 헬기가 많은 양의 포탄과 실탄을 기지 밖 120m 지점에 있는 헬기장에 내려놓고 가는 데 성공했다.

헬기장에 내려놓은 4.2인치 포탄과 실탄 등의 탄약을 기지 안 지하 벙커로 된 창고에 운반하는 작업을 해야 했는데, 기지 위에 한 명이라도 나타나면 월맹군이 포 사격을 가해오므로 운반하기가 매우 어려웠다. 일방적으로 공격만 받고 있는 기지 안의 전우들은 포 사격을 하고 싶어도 실탄이 바닥나서 할 수 없었기 때문에 어서 속히 헬기장에 있는 탄약을 운반해야 했다. 기지 안에 남아 있는 전우들을 동원해 3중대 전우들과 함께 개인거리를 유지하며 헬기장의 4.2인치 포탄을 운반하기 시작했다. 잠시 침묵을 지키던 월맹군의 포 사격이 또다시 기지 주변과 헬기장을 강타하기 시작했다. 나도 사역병으로 차출되어 잠시도 쉴 겨를 없이 적이 사격 중임에도 벙커 안에서 나와 4.2인치 포탄 3개를 양어깨에 메고 헬기장에서 탄약고로 운반했다. 사역병으로 차출된 각 중대의 병사들이 열심히 포탄을 나르다 보니 금새 버스만 한 시누크가 몽땅 싣고 온 작업량이 적어지기 시작했다.

이때 날씨가 얼마나 더웠던지 콜타르로 기지 위를 포장해놓은 아스팔트를 밟으면 발이 빠질 정도였다. 전우들은 체력이 딸려 쉽게 지치기도 하고 오래 견디기가 어려웠다. 그러나 죽기보다 힘든 삶을 영위해 가면서 맡겨진 임무에 충실하려는 대다수의 전우들은 지휘관들의 명령에 순종하면서 열심히 작업을 하고 있었다.

맹호 전우들이 시련과 역경을 극복한 훈련장

① 관망대 ② 탄약고 ③ 지하내무반 ④ 유개호 ⑤ 철조망 1선

처음에는 개인거리가 잘 유지되다가도 한곳에 몰려다니게 되는 경우도 있었다. 그런데 주월군의 병력 이동 시에 중요한 지침 중 하나는 '개인거리 유지와 집단으로 몰려 있지 말 것'이다. 모든 전우들은 평소의 교육 중에 몸에 익숙해진 개인거리를 유지하며 작업을 실시했으나, 4월 월남 특유의 태양의 열기와 높은 고지대의 건기 기후는 사역병으로 동원되어 포탄 운반작업을 하는 전우들을 지치게 만들었다. 처음에는 개인거리가 유지되다가 시간이 흐를수록 개인의 체력과 능력의 차이 등의 요인으로 더러는 오르막길에서 몰리기도 했다.

지칠 대로 지쳐버린 탈진 상태에 있었지만 전우들은 해내겠다는 정신력 하나만 가지고 어려움을 극복하며 작업을 한참 동안 하고 있었다. 그때 헬기장과 탄약고까지의 중간 지점에 월맹군의 포격이 재개되었다. 수십 발이 산발적으로 기지와 주변에 명중되었으나 몇 사람이 부상을 입는 데 그쳤다. 나는 4.2인치 포탄 4개를 양어깨에 메고 가다가 더 이상은 발을 뗄 수 없는 지점까지 가서 지칠 대로 지쳐버린 상태로 포탄을 내팽개치듯 주저앉았다. 그 순간에 10m 위 지점에 적의 로켓포가 폭음과 함께 폭발했다. 지친 상태에 더 이상은 갈 수 없는 곳에서 주저앉은 휴식이 나의 생명을 구해준 특수한 행운이 된 것이다. 이러한 체험은 살아 있는 모든 전우들이 수십 번씩 고비를 넘길 때마다 경험한 경우이다.

많은 시간이 경과한 후 결국은 4.2인치 포탄을 모두 운반했다. 1중대 본부의 OP기지가 적의 집중 포격에도 이처럼 오래도록 견디며 전우들의 생명을 보호해주게 된 것은, 월남을 거쳐 간 선배 전우들이 피땀 흘려 만들어놓은 훌륭한 벙커가 있었기 때문이었다. '유비무환'이라는 말은 이런 경우에 매우 유효적절한 명구(銘句)인 것 같았다.

기지 안에 있는 모든 장교와 사병은 상급부대로부터 내려오는 작전명령에 따라 공동운명체로서 모두가 생사를 함께하므로 누가 누구에게 불평하는 것은 보지를 못했다. 작전지역에 직접 참전하지 않고 후방에서 전황보고를 받으며 한국군의 피해에 마음 졸이며 지원업무에 총력을 다하고 있는 기지 내의 전우들도 전투에 직접 참전한 용사 이상으로 심정적인 고통을 함께 나누며 지원업무에 충실했다. 그러므로 포위된 상태에서 적의 공격에 저항하며 공격 채비를 서두르는 기갑연대 전우들이 끼니를 거른 적은 없었다. 이때 안케패스 작전의 전황보고는 주월군 각 사단에 전파되었다.

귀국특명 받은 박창일 하사와 5명 장열한 산화

4월 13일 밤 정득만 사단장의 특명으로 신속하게 보내준 보급품과 탄약이 1중대에 있는 4.2인치 탄약고와 81mm 탄약고를 가득 채웠다. 물과 C-레이션도 제대로 공급받을 수 있어 부자가 된 기분이었다. 그동안 포탄이 없어 적 근거지에 포탄 지원사격을 못하다가 4월 13일 밤부터 1중대 4.2인치 명사수 4명과 지원중대 106mm 포반장 박창일 하사가 계속 발사 요청을 받아 포를 쏘다 보니 포열이 대장간 쇠붙이같이 달아올라 1중대 포 진지가 월맹군에게 관측되어 불행하게도 4.2인치 포 진지 포구에 월맹군이 쏜 포가 명중해 포 사격을 하고 있던 아까운 포병명사수 5명 전원이 장렬하게 전사하고 말았다. 1중대 OP에는 4.2인치 포와 106mm 직사포가 모두 소실되고 우리 전우들이 의지했던 포병 모두가 전사하는 비운을 맞이한 것이다.

600고지이자 1중대본부 기지엔 소총과 수류탄 등 개인화기를 가진 소총병들이 수호하고 있었다.

5명의 시신은 산산조각으로 날아가 수습이 불가능했다. 박태균 하사가 일망타진한 세이퍼 5명의 시신을 파내어 사망진단서를 받아 전사처리된 것으로 개연성 있는 유추 속에 소문이 무성한 것도 사실이다.

정문 13초소 안에 피신한 전우들

수색중대 3소대는 초소 몇 곳을 맡아 경계초소 근무를 하고 있었다. 김영두 상병은 13초소 유개호에서 4월 14일 11시 전후에 초병근무를 서고 있었다. 1중대 600고지에는 정상을 축으로 638고지 방향 1번초소를 기점으로 원형에 21개의 초소가 유개호와 무개호로 구축되어 있는데 하나 초소 건너 유개호였는데 월맹군의 집중사격으로 무개호에서는 초소 근무를 설 수가 없었다. 1~2시간 잠잠했던 월맹군은 고삐를 늦추지 않고 집중사격을 했다. 13초소 유개호는 드럼통에 흙을 넣어 두 개로 포개어 위엔 철판을 깔고 철판 위엔 마대에 흙을 넣어 지붕을 만든 초소였다. 처음에 4~5발이 기지 안에 산발적으로 122mm 적 포가 떨어지자 포탄 낙하! 하면서 가까운 13초소에 7~8명이 피해 들어왔다. 월맹군 포병들은 병력이 집결된 13초소에 80여 발의 포탄을 퍼부었다. 초소의 드럼통이 찢어지고 적포 후폭풍에 심하게 초소가 요동치듯 흔들렸고 초소 지붕의 마를 대로 마른 마대와 흙이 떨어져 전우들을 덮었다. 좁은 초소 안에서 서로 아래로 파고들며 몸을 숨겼다. 당시 초소 주변과 기지 안에 200여 발의 집중포화가 계속되었다. 1중대에서 기거하는 동안 최대의 포격을 받았다. 월맹군은 우리의 거점인 600고지를 무차별로 포탄을 퍼부어 초토화시킬 작정이었다. 김영두 상병과 유남수 일병, 배 하사 등 7~8명의 전우는 쇠 찢어지는 불길한 폭음과 화약냄새, 초소 지붕에서 떨어지는 흙 먼지와 포탄 낙하로 발생한 검은 연기 속에 무너져가는 초소에서 삶의 애착에 서로 밑으로 파고들어 가는 참담한 좁은 공간이 우리 전우들을 지켜주었다. 다행히 유비무환이라 했던가. 초소 안 주변에 수많은 포탄이 떨어져 초소는 만신창이가 되어 무너질 듯했으나 전우들은 털끝 하나 상하지 않고 건재했다. 2010년 3월 26일 침몰한 해군 초계함 1,200톤급 천안함 속에서 실종된 46명은 포탄에 맞은 것이 아니고 배가 두 동강 나서 침몰돼 수장된 것이라는 사실을 잊어서는 안 된다.

월맹군의 강력한 포 사격 후에 1개 대대 병력이 1중대를 공격한다는 정보가 있어 김종식 중대장은 초소 경비에 만전을 기할 것을 당부했다.

1972년 4월 15일 오전 10시경에 김영두 상병이 포탄 낙하가 간간히 떨어지는 13초소에서 초소 근무 중에 기지 밖 배구장이자 헬기장 쪽에서 13초소 근무자인 김영두 상병에게 손을 흔들면서 김창열 연대장님께서 걸어오시는 것이 아닌가. 연대 영내에서 연대장님을 자주 뵙기에 초병인 수색중대 소총병은 빨리 오시라는 완수신호를 보냈다. 전시가 아닌 평상시 같으면 사병들의 사열과 함께 오시겠지만 소총병 부하의 엄호사격을 받고 오셔야 했다. 포탄이 간간히 떨어지고 있는 위험한 고지에 왜 오실까 매우 걱정되었다.

김창열 연대장, 적의 맹폭격 속에 기지 방문

1972년 4월 15일. 악전고투에 시달리는 안케패스 1중대 OP에도 새 아침이 찾아왔다. 돌 위에 돌 하나 남기지 않고 멸해버리겠다는 그리스도의 분노와 하나님의 한의 표현을 요약한 성경구절이 생각날 정도로 기지 안의 시설물들은 조각나 있었고 폐허가 되어 상처투성이였다. 그러한 적의 포격 속에서 용케도 털 하나 상하지 않은 전우들의 모습을 볼 때마다 신기하기만 했다. 많은 부상자 속에서도 그처럼 아직 건재한 다수의 전우들이 있었기 때문에 638고지의 적의 주력부대와 맞서 가장 가까운 거리에서 적을 주시하며 싸울 수가 있었던 것이다.

수색중대 3소대는 638고지 탈환을 위해 2차 공격에 실패하고 또다시 전열을 가다듬어 638고지를 공격할 준비를 하고 있었다. 1연대 8중대는 중대장과 일부 소대장의 전사와 중대원의 손실로 곧바로 어디론지 배속되어 갔다.

내가 OP의 정문 유개호에서 경계근무를 하고 있는 동안 김창열 기갑연대장이 부관과 함께 기지를 방문했다. 처음에는 누구인가 확인을 못 했지만 내가 근무하고 있는 13초소 앞을 지날 때 연대장님인 것을 알았다. 포탄이 간간히 터지는 OP에 들어오던 김창열 연대장님이 근무 중인 나에게 손을 흔들어주셨다. 나는 전방을 경계하고 있었기 때문에 연대장님의 손짓에도 불구하고 경계임무에만 전념했다. 안케패스 작전에서 기갑연대의 산하 모든 중대가 출동해 많은 사상자를 내고도, 아직 고전을 면치 못하고 적의 반격에 시달리는 생존 전우들을 보시는 심정이야 오죽했겠는가. 위험을 무릅쓰고 작전지역에서 만난 첫 병사를 향해 손을 흔들어주는 뜨거움은 매우 포근했다.

월남 땅에 도착한 지 두 달밖에 안 된 신병에 불과했지만 작전에 참가하면서 열대의 태양에 그을린 데다가, 자대를 출발하고 한 번도 세수를 못 하고 수염도 깎지 않은 상태에다, 정글복을 적시고 흘러내리던 땀방울과 638고지를 공격하기 위해 철모를 벗어 땅을 파며 뒹굴던 모습은 산(山)사람 그 자체였다. 그러나 정신만은 시간이 지나면 지날수록 맑아졌다. 평상시 같았으면 연대장님이 OP에 오신다는 무전이 오면 사병들은 그때부터 기지를 청소하며 야단법석을 떨 텐데, 이때의 기지 방문은 외롭고도 쓸쓸한 방문이 되었다. 각자 처한 위치인 초소와 근무지에서 한 발자국도 옮기지 못하고 기지를 방어해야 했기 때문이다. 중대장도 어디 있는지 얼굴이 나타나지 않았다. 상관과 부하의 정상적인 관계를 오래간만에 보는 듯했다. 몇 사람만 밀집해 있어도 어김없이 날아오는 적의 포 사격으로부터 연대장님을 보호하는 방법이기도 했다.

많은 부하들이 희생될 때마다 책임자인 기갑연대장으로서 충격이 오죽했을까? 연대 연병장에 가지런히 늘어놓은 전우의 시체를 보는 순간마다 무력함까지 체휼하며 조국의 음성 가운데 "내 자식 살려내시오, 내 남편 살려내시오, 내 아버지 살려내시오"라는 말을 듣지 않더라도 부하이기 전에 같은 전우로서의 심적 고충에 차마 전선으로 달려오지 않을 수 없었으리라. 적의 사격이 계속되는 600고지에 직접 투입되

600고지 1중대 OP를 방문한 김창열 연대장(앞줄 오른쪽 두 번째)

어 피 흘리는 사병들을 얼싸안으며 위로하고 격려하는 지휘관의 심정은 '심정적인 일체감'인 십자가의 고난을 짊어진 그 자체였다.

1중대 OP에 수천 발의 월맹군의 포 사격을 받으면서 포탄 낙하는 전우들의 생활의 일부분이 되었다. 조용한 가운데 귀를 기울이고 있으면 적 포의 발사로 바람을 타고 날아오는 소리가 들리기 때문에 그때 기지 위에서 신속하게 벙커 안으로 들어가면 몇 초 후에 틀림없이 포탄이 낙하한다. 관망대에서는 근무자가 관망하고 있다가 적 포가 발사되어 바람을 타고 날아오는 소리가 들리면 M60 기관총을 연발로 몇 차례 쏴주면 그 신호를 약속으로 신속히 벙커 안에 숨곤 했다. 이때부터는 포탄 낙하로부터는 거의 피해가 없을 정도로 훈련이 잘되었다. 관망대에서 포탄 낙하의 탐지를 못 했을 경우에는 먼저 그 소리를 듣는 전우가 “포탄 낙하”라고 크게 복창하면서 비상을 걸면 모두 신속하게 숨어버린다.

적의 생리를 알고 나자 전쟁이란 것이 죽지만 않고 다치지만 않으면 재미있는 부분도 더러 있었다. 위험한 고비를 넘길 때마다 스릴이 있었다.

제4부

수색중대 3중대와
638고지 탈환작전

월맹군의 수기에서 밝힌 당시의 결렬한 전투*

제61대대는 특공대에 의한 꺼이루산 주둔지 따이한 1중대 600고지를 공격하다 실패하고 안케령 능선상에서 격렬한 전투가 꺼이루산에서 개시되었고 남조선 병사가 기지 밖으로 나와 638고지를 공격하기 위해 참호를 파고 마대에 흙을 담아 진지를 구축하면서 대항했다. 4월 15일 새벽부터 억수 같은 포탄과 총알이 638고지 주변에 떨어져 638고지 전체가 진동했다.

작전 개시 첫날부터 한국군의 공습과 포탄에 의해 심각한 피해를 입었다.

공격해오는 남조선군을 향해 아군 병사들은 수류탄과 자동소총으로 싸워야 했다.

---

* 월맹군 응우옌반홍(Nguyen van hong) 회고록, 김종욱 저
이 수기는 싸오방 사단 인민군대출판사에서 발행한 자원 전투 내용을 청운대 김종욱 교수가 번역한 것으로, 그들이 쓴 수기와 날짜가 약간 차이가 있어 한국군과의 전투 일지와 퍼즐을 맞추었음을 밝힌다.

소단 참모장 응우예흔우통(Nguyen Huu Thong) 대대장 응우옌흐우따이(Nguyen Huu Tai), 그리고 정치원 닌반싸(Ninh Van Xa')의 지휘 아래 제61대대는 남조선군의 수차례 공격을 물리쳤고 7일간의 진지를 견고하게 방어했다.

제61대대가 집결해 유지하던 꺼이루산 638고지는 72년 4월 15일 현재 여전히 밀림이 우거지고 수풀이 무성했으나 격렬한 전투가 벌어진 하루만에 적의 포탄과 총알이 빗발쳐 완전히 파괴되었고 언덕은 마치 붉은색의 콰익(quach) 나무로 변했다. 이때부터 꺼이루산 주둔지는 불멸의 서사시처럼 역사의 한 장이 되었고, 빈딘성 제5군구 제12보병중단 싸오방(Sao Vang) 사단의 군인과 인민의 자부심이 되었다. 하노이의 가요 작곡가 한 사람은 꺼이루의 준둔지에 관해 "산벽에 새겨진 응오머이(Ngo May)의 형상과 같이 꺼이루산 전사들은 여전히 총알의 태풍 속에서 자신을 희생하고 있다"고 회상했다. 적의 정예부대들이 포탄투하와 포 사격이 끝나자 적의 보병들이 아군 주둔지로 한꺼번에 수색해 올라와 전투가 시시각각으로 더욱 격렬해졌다.

적은 우리 부대를 무력화시켜 주둔지로부터 내쫓으려 노력했으나 우리는 필사적으로 사수하고 적의 부대를 산허리 아래로 내려보내려 했다. 양측은 총, 총검, 그리고 맨손으로 백병전까지 벌였다.

제61대원의 시체들이 적의 시체와 함께 이곳저곳에 어수선하게 널려 있었다.

특공대 이경재 중위와 10명의 여명공격

1972년 4월 16일 밤.

1중대 OP 안에서 월맹군의 끊임없는 포격을 받아 가며 며칠간 기지를 방어하는 동안, 기갑연대 전우들은 중대 조직이나 대대 조직을 초월해 오직 조국의 아들들로서 하나가 되어 월맹군에 대항하며 그들의 공격을 피해 1중대 OP나 기타 전초기지를 사수했다. 너와 내가 없는 공동운명 속에 서로를 위로하며 돕고 장교와 사병이 따로 없는 형제로서 손색이 없는 기간이었다. 이러한 깊은 인연의 기지를 잠시나마 떠나려니 그 허전함은 헤아릴 수 없었다. 군장을 꾸리며 전투식량과 물을 보급받아 배낭에 넣고 화기를 손질하고 점검하면서 '과연 또다시 1중대 OP에 들어올 수 있을 것인가' 하는 생각에 기지의 모든 시설물들이 새롭게 보일 뿐이었다.

며칠간의 1중대 OP도 수색중대 요원들과 사단장이 기지를 방문하는 것으로 많은 수난을 겪어왔다. OP의 돌 하나, 마대 하나도 따이한들의 땀과 피로 젖지 않은 곳이 거의 없을 정도였고 월맹군의 포 사격에 상처 나지 않은 시설물이 거의 없었다.

638고지에 포진하고 있는 월맹군 지도부를 공격하기 위해 그들의 관망에 걸리지 않도록 OP의 후문보다는 정반대 방향에 있는 정문을 통과해 기지를 빠져나왔다. 날이 어두워지는 틈을 이용해 소대장 정종태 중위와 중대장과 함께 1중대 OP의 허리를 타고 몇 시간 정글을 헤치며 도착한 곳은 638고지 동쪽 200m 지점의 무명고지였다. 이곳은 638고지가 올려다보이는 곳으로 적 벙커가 있는 곳에서도 화기의 유효사거리 안에 들어오는 지점이다. 나는 다른 전우들과 함께 소대본부를 중심으로 원을 그리며 최전방 지점에 벙커 구축의 명을 받고, 김대일 중사와 한 조가 되어 부지런히 야전삽으로 호를 파고 마대에 흙을 넣어 적과의 교전에 대비했다. 참호를 구축하고 크레모아를 설치하고 신기지를 원만하게 구축했을 때는 거의 날이 새었다. 잠을 한숨도 자지 않은 나는 눈이 껄끄럽고 몸이 무거웠다.

4월 16일 새벽 4시경이었다. 수색중대에서 특공대 5명과 3중대에서 특공대 5명을 선발해 638고지를 공격하라는 명령이 떨어졌다. 그동안 3중대원들이 몇 차례 638고지를 전면 공격했으나 모두 실패로 돌아가고 아군의 피해만 컸기 때문이다. 수색중대에서는 분대장들의 긴급회의를 통해 638고지 공격조의 특공대 명단을 작성했다. 조장에는 박영수 하사, 대원에는 유상태 병장, 선정원 병장, 강기철 병장, 김영두 상병(필자)이 특공조로 선발되었다.

이때 선발된 인적사항은 특공대로서는 인선이 잘못된 부분이 많았다. 월남 신병인 박영수 하사는 파월된 지 20여 일밖에 되지 않은 전투 경험이 전혀 없는 사람이었고, 강기철 병장은 의무대에서 퇴원한 지 얼마 되지 않은 허약자였다. 사실 나 자신도 수색중대 3소대원 중에서 638고지 특공대로 선발되기는 아직 이른 편에 속하는 신병이었다. 그러나 조국의 명령은 명예롭고 영광스런 선택된 죽음의 자리이며, 적 벙커를 박살 내고 살아 돌아오면 인생에 있어 두 번 다시 올 수 없는 공을 세울 수 있었다. 반면에 잘못하면 영영 살아 돌아오지 못할 수도 있었다.

소대장과 분대장에 의해 선발된 특공조는 한종석 중대장 앞에서 신고를 했다. 완수신호로 간단하게 거수경례만을 하고 어둠 속의 새벽, 안케패스에서 가장 치열한 전투지역으로 투입하는 막중한 임무를 부여하며 한종석 신임 중대장은 "너희들이 특공대로서 638고지를 탈환한다면 응분의 포상이 주어질 것"이라는 격려의 말씀도 잊지 않았다.

특공대로 선발되어 눈앞에 보이는 638고지로 떠나면서 명령을 하는 신임 중대장은 적이 어느 지점에 몇 명 정도 어떻게 벙커를 구축하고 있는지를 알지 못했던지, 적에 대한 정보는 전혀 언급이 없이 고지에 올라가 적 벙커를 찾아 수류탄을 투척하라는 명령을 했다. 특공조의 임무가 적의 정체를 파악해 공격하는 것이 될 처지였다. 특공대원들은 무거운 군장들을 벗어 전우들에게 맡기고 M16 소총과 수류탄 몇 개와 M72 대전차포를 1문씩 걸머지었다.

'적 벙커에 수류탄을 투척해 박살 내는 임무', 말로는 쉽지만 그것이 쉬운 일은 아니다. 그러나 군에서는 명령과 복종이 생명인지라 5명의 특공조는 638고지를 향했다. 어둠이 채 걷히기 전에 밤새 벙커를 구축해놓은 기지를 떠나 임무를 부여받은 지점으로 가고 있었다. 빤히 보이는 638고지에는 아군의 곡사포에 산천초목이 박살이 나 있었고, 월맹군이 어느 지점에서 총구만 내놓고 한국군이 올라오기만 기다리고 있는지를 전혀 모르는 상태였다. 우리 특공조가 638고지의 허리를 타고 3중대 특공대 5명과 합류하기로 한 지점까지 가는 데는 많은 시간이 걸렸다. 150여m 거리였으나 적이 어디 있으며 어떻게 공격할까 하는 것을 생각하며 당시 정황을 파악하다 보니 지체되었다.

중간 지점에 이르렀을 때 새벽의 여명을 깨며 갑자기 AK 소총 소리가 638고지에서 요란하게 들려왔다. 적은 견고한 벙커 안에서 내려다보며 공격해오는 따이한들을 향해 보이는 대로 총을 쏘면 되었지만 한국군은 불리한 위치에서 은폐할 장애물도 없이 공격해야 되었기 때문에, 엄호사격과 위협사격을 병행해서 사격을 하기 위해 공포탄을 많이 쏘게 되었으나 월맹군은 AK 총 한 발이면 한국군 한 명이 쓰러질 정도로 명중률이 높았다. 그들은 엄호사격이나 위협사격이 거의 없이 정조준해 총을 쏘기 때문에 월맹군의 총소리는 매우 위협적이고 또한 무서웠다.

이때의 시간은 새벽 5시쯤 되었을 때였다. 먼발치로 내려다보이는 안케계곡에서는 안개가 조금씩 모이기 시작했고 깊은 곳에서는 안개 저수지가 생겼다. 그러나 우리는 서둘러 638고지의 북쪽 8부 능선에 있는 바위군이 밀집해 있는 곳까지 왔다.

이때 3중대 소대장 한 명이 나타났다. 3중대 특공조가 수색중대 특공대를 기다리다가 날이 밝아오자 먼저 공격하다가 4명 전원이 전사했다는 것이다.

전방을 바라보니 우리 아군의 정글복을 입은 시체들이 즐비하게 늘어져 있었다. 3중대 특공대의 시체를 보는 순간 머리엔 빈혈이 왔다. 이럴 수가…. 만약 함께 공격해 올라갔다면 나도 저런 비참한 모습으로 변해버렸을 것이 아닌가?

5명의 부하를 잃어버린 3중대의 소대장은 기가 풀려 침통한 표정을 하고 있었다. 마치 자식을 잃어버린 어느 아비의 넋 나간 모습, 바로 그것이었다. 40년 세월이 지난 지금 3중대 소대장이 살아왔는지, 살아왔으면 어디서 무엇을 하고 있는지 그리울 뿐이다.

와~! 하는 함성으로 638고지 총공격

1972년 4월 16일 08시.

한규원 1대대장에게 소수의 특공대로는 날이 밝아 있는 현 시각에는 도저히 고지를 정복할 수 없다는 보고를 하고 "수색중대 3소대와 3중대의 모든 병력이 연합전선을 구축해 638고지를 공격하라"는 명령에 따라 공격 대기지점에 있는 본대를 고지의 8부 능선으로 올라오도록 했다. 이때의 시간은 아침 05시 30분쯤 되었다. 638고지 주변은 어디서 몰려왔는지 짙은 안개로 덮였다. 얼마쯤 기다렸을 때에 3중대 병력은 638고지 북쪽에, 수색중대 3소대는 동북쪽에 진을 치게 되었다.

정종태 소대장의 명령에 따라 3소대는 일렬횡대로 낮은 자세를 취해 공격대기 지점에서 M16 자물쇠를 풀고 고지 정상을 향해 "와~!"

하는 함성과 함께 소총을 난사하며 올라갔다.

20여m쯤 올라갔을 때까지 조용하기만 했던 638고지는 또다시 AK 소총이 콩을 볶듯 계속 위에서 아래로 무차별하게 갈겨댔다. 나는 박영수 하사와 허 병장 사이에서 다른 전우들과 함께 대열을 맞춰가며 공격했다. 나보다 키가 약간 큰 박영수 하사가 나의 위치보다 1m 앞에서 고지를 향해 공격하며 약진하고 있는데, 안개 속에서 우리의 코앞으로 불을 뿜으며 날아온 AK 소총탄이 박 하사에게 명중했다.

이때 "앗!" 하고 쓰러진 박 하사는 피를 흘리며 몸부림쳤다. 소대장은 더 이상의 공격은 인명의 손실 이외에 아무 것도 얻을 수 없다고 생각했는지 후퇴 명령을 내렸다. 이때 짙은 안개가 아니었다면 3소대의 희생은 엄청나게 컸을 것이다. 그러나 5m 전방을 분간하기 어려운 안개 때문에 희생이 줄어든 것이다. 후에 정득만 사단장은 영락교회 장로로서 하나님께서 안개의 장막을 쳐주셔서 맹호 전우들을 보호했다고 해석했다.

박영수 하사를 월남 후임병인 허연식 병장이 끌어내려 피가 나는 곳에 압박붕대를 묶고 자세를 낮추고 안전지역으로 생각되는 곳으로 내려왔다. 이렇게 638고지를 공격하는 동안 많은 시간이 흘러 고지에는 안개가 걷혀 있었다.

옆에서 싸우던 3소대는 언제 가버렸는지 거의가 1중대 OP 후문으로 철수를 하고 있었다. 후퇴하면서 638고지의 능선을 내려다보니 어느 중대원들의 것인지는 모르나 배낭과 소총 그리고 각종 무기들이 즐비하게 늘어서 있었다.

수색중대원들은 M16 소총과 수류탄을 주워서 3등분, 2등분으로 분해해 여기저기에 던져버렸다. 철수하면서 아직 전장 정리를 못 한 장비를 월맹군이 노획해 역이용하기 때문이다. 그러나 계속 비 오듯 쏟아지는 총알과 적의 포탄 때문에 버려진 장비 중에 극히 적은 숫자일 뿐이었다. 1중대 기지 안으로 후퇴하고 있는 중간 지점에 적은 모든 화력을 총동원해 맹렬한 폭격을 계속하고 있었다.

638고지 일대는 이미 아군의 155mm와 105mm 곡사포 세례를 통해 고지 주변의 갈대와 고지에서 50여m 떨어진 대정글 지대의 원시림들은 포탄에 맞아 산산조각이 나 있었다. 아군의 포에 맞아 대머리가 되어 있는 638고지에서는 적의 벙커를 쉽게 찾을 수 있을 것 같은데도 적의 근거지를 알 수 없었다. 638고지는 본래의 한국군의 벙커가 있는 곳이었다. 드럼통에 흙을 담아 만든 초소까지 있는 곳인데 한국군이 철수하면서 사용한 그대로 전장 정리를 하지 않고 놔두었기 때문에, 월맹군이 침투해 보응우옌잡 공법으로 땅굴을 파고 몇 개월 동안 싸울 수 있는 무기와 식량을 준비해놓고 있었다. 또한 638고지는 서쪽으로 이어지는 대정글 지대와 연결이 용이한 곳이다. 638고지는 월맹군의 지휘부가 있는 곳이며 638고지를 탈환해야만 안케패스를 지나는 19번 공로 주변의 월맹군의 특공대들을 섬멸할 수가 있기 때문이다.

638고지를 서둘러 탈환하기 위해서는 많은 병력이 필요했다. 안케패스 일대에 퍼부은 한국군의 포 사격으로는 메콩강에 돌 던지기일 뿐이었다. 월남 전역에서 고전을 면치 못하고 있던 연합군과 월남군은 19번 도로를 병참선으로 이어지는 캄보디아 국경도시인 쁠래이꾸와 꼰뚬 지방에 주둔하고 있는 월남군 2군단이 월맹군과 치열한 공방전을 계속하고 있었으나, 수세에 몰리고 있는 급박한 상황에 병참선인 19번 도로를 개통해 무기와 식량을 공급해야 했기 때문에 어떠한 희생이 있더라도 적의 야전참호 본부인 638고지를 속히 점령해야 하는 사정이 있었다. 이 때문에 성질 급한 한국군을 다급하게 몰아치게 된 것 같았다.

티우 대통령은 꼰뚬과 쁠래이꾸에 치열한 전투를 하는 월남군 5만여 명이 다 굶어 죽는다며 분노하고 있었다. 따이한들의 이전까지의 적은 대부분 월남 내의 지방 게릴라들로, 베트콩으로 불렀던 약체들과 항상 무기, 화력, 전술 면에서 유리한 입장에서 싸워왔기 때문에 무조건 출동하면 적이 도망가거나 잡혔지만 당시 안케패스에서 전개되고 있는 작전은 차원이 달랐다. 7년간 한국군이 정글 지역에서 작전했던 방법을 연구해 치밀하게 계획된 월맹군 최강의 정예부대라는 점을 사전에 알지 못한 것이 초전에 엄청난 피해를 입게 된 결정적인 원인이었다. 안케패스 638고지에서의 월맹군과의 전투는 마치 귀신에 홀린 듯한 상황에서 적을 정확히 알지 못하는 혼선과 정보의 미숙에서 오는 착오와 지휘관들의 단순하고 직선적인 명령 때문에 사병들의 피해가 컸던 것이 현실이었다.

나는 특공대로 선발되어 공격조차 해보지 못하고 말았다. 그런데 3중대 특공대와 만나 함께 공격하기로 한 그 시간에 정글의 장애물 때문에 도착하지 못했던 것이 생명을 구한 결과가 되었다. 필자의 제안으로 적정에 대한 정확한 파악과 진단이 필요하다면서 공격을 위한 나름대로의 의견교환이 지체된 시간에 생과 사가 갈리었다.

벙커 안에서 총구만 내놓고 고지에서 대기하며 한국군이 나타나기만을 기다리는 월맹군 앞으로 공격해 올라간다는 방법은 무모한 것이었다. 638고지의 능선에 붙어 있는 전우들은 모두 노출된 상태였다. 은폐해 총을 겨눌 만한 장애물이 거의 없었기 때문에 적의 표적으로서 안성맞춤이었다. 이런 상황에서 3중대는 1/3의 병력의 손실을 입고 힘없이 쓰러져 더 이상 버틸 수가 없었기 때문에, 부상병과 전우의 시체들을 걸쳐 메고, 다른 병사는 전우의 배낭과 소총을 메고 전장을 떠나가야 했다. 이때 3중대의 희생은 컸다. 수색중대가 옆에서 싸웠지만 몇 명이 부상이며 몇이 전사했는지 도무지 알 수 없었다. 한편 수색중대

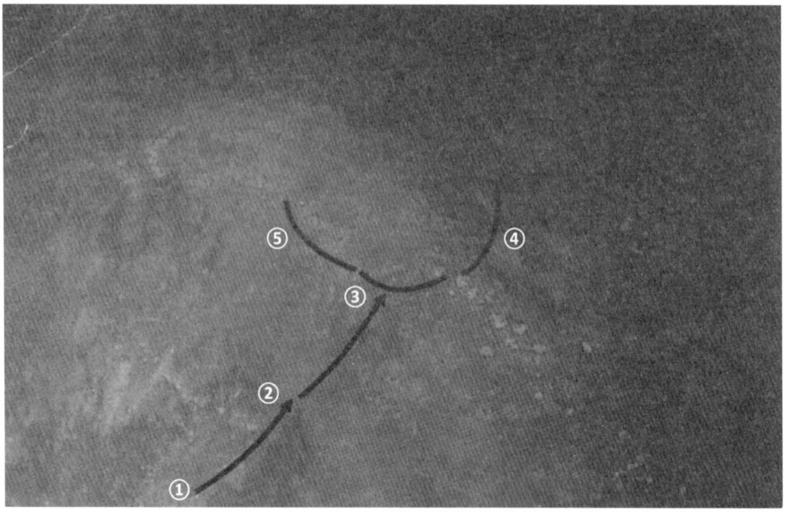

638고지를 향한 특공대 잠입경로

① 출발 지점 ② 특공대 진입 ③ 3중대 수색 중 교우 지점
④ 3중대 공격 지점 ⑤ 수색중대 공격 지점

3소대는 박 하사가 쓰러지면서 더 이상 전선을 지키지 못하고 적의 완강한 저항에 후퇴하는 신세가 되었다.

638고지 8부 능선에 큰 바위가 몇 개 있고 주위에는 작은 바위들이 산재해 있는 곳이 있었다. 이 바위는 한국군이 유일하게 은폐할 수 있는 곳이다. 그러나 638고지 정상에서 불과 40m 안팎이기 때문에 월맹군이 쏘아 댄 B40 로켓포가 바위에 맞아 파편이 산탄이 되어 은폐하고 있는 맹호용사들에게 타격을 주곤 했다.

바위 밑에 신음하는 3중대 배천수 일병을 뒤에 두고

1972년 4월 16일 11시경.

그래도 전우들은 이 바위 뒤에서 총을 쏘곤 했다. 적의 반격에 쫓기면서 전장 정리를 하면서 내려오는데 3중대 전우 한 명이 허리에 총을 맞아 쓰러져 신음하고 있었다.

이 전우는 체중이 70kg 정도의 건장한 체력을 소유한 사람으로 얼굴의 검은 정도로 봐서 월남 고참이며 용감한 군인의 모습이었으나, 월맹군의 소총으로 허리에 관통 중상을 입어 몸을 움직여 일어서지 못하고 상체만 약간씩 움직이며 파리만 한 목소리로 지나가는 전우들을 향해 살려달라고 구원을 요청하고 있었다. 3중대원들은 한 사람이 두 부상병을 업고 갈 수 없으니 아직 후송하지 못하고 대기하고 있는 모양이었다.

그러나 주위를 살펴봐도 이 전우를 업고 후송시킬 전우가 없으니 안타까운 심정 금할 길 없었다. 이때 월맹군은 638고지와 1중대 OP 중간에 철수해가는 3중대원들의 행렬을 향해 집중포격을 가하고 있었다.

허리에서 흘러내리는 이 전우의 피는 정글복을 적셔놓았고 지나가는 전우들이 묶어놓은 큰 타월이 몇 장 엉성하게 걸쳐 있었는데 이 타월에도 피가 솟아 흠뻑 적셔져 있었다. 전우의 아픔에서 상대적으로 자극해오는 심정적인 고통은 피비린내 나는 전쟁의 상처 속에 팬 골만큼이나 괴롭고 고통스러웠다.

우리 소대 전우들은 박 하사를 둘러메고 후송시켜야 했기 때문에, 살아 숨 쉬는 조국의 아들이 애원하는 모습을 두고 전쟁터를 빠져나와야 하는 고통은 영원한 마음의 상처로 남을지도 모른다. 전사자의 시체를 적진에 놓고 오기는 심리적으로 큰 부담이 없었지만 살아 몸부림치는 이 부상병을 보고 누군가의 등에 업혀 나오기를 기대하며 아픔과 공포의 현장을 빠져나오는 나의 심정은 영원한 후회의 여운으로 남을 것 같았다. 능력의 한계라는 이유를 담보로 가던 길을 멈추게 한 이 비극적인 현장을 빠져나오는 양심은 차마 어떻게 표현해야 좋을지 모르겠다.

이 병사는 바위틈에 남아서 적과 싸우던 3중대 잔류병들에 의해 결국은 후송되었다는 소식을 들었으나, 그 사람이 어떻게 되었는지 이름이 무엇인지 지금도 궁금해하고 있을 뿐이다.*

M72 대전차포 명사수인 그가 중상자가 되어 같은 소대의 인하대 재학 중에 입대한 안 일병이 업고 내려오다가 덩치가 큰데다가 포탄은 계속 낙하되고 배천수 일병은 깊은 상처에 통증으로 인한 고통에 못이겨 무의식적으로 등 뒤에서 안 일병의 머리를 잡고 몸부림쳐 감당할 수 없으니 내려놓고 후퇴했다. 결국 월맹군의 집중화력이 잠잠할 때 3중대 전우들이 배천수 일병을 구출하고 후송했다.** 이러한 사실은 42년 만에 3중대 전우를 만나 확인했다.

월맹군은 소나기 퍼붓듯이 AK 소총을 난사하고 그들의 포 진지에서는 우박같이 퍼부은 포탄 투하로 3중대와 수색중대 전우들은 진퇴양난에 빠져버렸다.

---

* 42년 후(2014년) 우연히 3중대 소속 송명수 전우를 만나 당시 소대장은 이경재 중위였고 바위 밑에 쓰러졌던 전우는 부산 출신 배천수 일병으로 확인했다.

** 결국 회복하지 못하고 1972년 5월 3일 전사해 동작동국립묘지 3묘역 1판 4034호 안장됨.

박 하사를 짊어지고 1중대 기지로 후송하던 수색중대 퇴각로

① 수색중대 퇴각로 ② 3중대 전우가 신음하던 지역

필자가 1995년 4월 25일 638고지 위에서 직접 촬영한 사진이다.

월맹군의 포 사격이 우박같이 쏟아지던 638고지와 1중대 중간 지점

박 하사를 짊어진 3소대 1중대 복귀과정

비 오듯 쏟아지는 적의 포격 속에서 박 하사를 둘러메고 638고지와 1중대 OP와의 중간 지점까지 갔으나 적의 집중사격에 3중대 잔류병 몇 명이 포격에 쓰러지면서 직선거리로 철수하지 못하고 적의 눈을 피해 몸을 숨길 수 있는 계곡의 정글 속에 숨어 들어와 우측 방향으로 내려왔다. 길이 없는 정글로 들어선 3소대 전우들이 밀집해 있는 곳에도 적의 포격은 가열되었다. 이때 우리 소대 주변에 포탄이 낙하되었는데 갈대에 머리를 박고 자세를 낮추었다. 집중사격이 끝났을 무렵 나는 손발이 제대로 붙어 있는지를 확인하고 머리를 만져보았다. 그러나 아무런 상처 없이 적의 포탄이 우리를 피해주었던 모양이다. 빠른 동작으로 능선을 비켜 계곡을 향해 발길을 재촉했다.

이날은 날씨가 매우 뜨거웠다. 약간은 안전지대로 피해온 뒤 3소대의 박세희 상병이 탈진 상태에서 빈혈에 못 이겨 쓰러졌다. 수통에 아껴둔 모든 물을 먹이고 그를 흔들어 정신을 차리도록 했으나 의식이 회복되지 않았다. 겨우 나무 그늘에 눕혀놓고 오래도록 기다리니 제정신이 돌아왔으나 그 누군가가 업고 정글을 헤치며 1중대 OP로 들어가야 했다. 거구의 박세희 상병이 쓰러짐으로써 3소대는 또 하나의 무거운 짐을 얻은 셈이다. 박영수 하사는 판초우의로 만든 들것에 실려 정글을 헤치며 움직일 때마다 신음 소리를 냈다. 박 하사는 정신이 몽롱한 가운데에서도 들것을 들고 정글을 헤치기 위해 몸부림치는 전우들을 향해 고맙다는 말을 잊지 않았다.

월남의 산야에 살고 있는 나무와 모든 잡초에는 웬 놈의 가지가 그리 많은지 두 손과 얼굴이 정글에 긁혀 상처 난 곳에서의 핏자국과 전우의 피가 엉켜 모두가 피투성이였다. 7~8명이 교대로 두 환자를 들것에 들고 계곡 깊숙이 내려와 썩은 갈대 속에 흐르는 실 같은 물줄기를 찾아 흙탕물에 불과한 물을 모든 전우들이 마시며 갈증을 해소했다. 그리고 박세희 상병에게도 찬물 찜질을 시켰다.

산허리에서 계곡으로 내려오기는 편했지만 약간의 긴장이 풀린 상태에서 지칠 대로 지쳐 극도로 피로한 모습을 한 전우들에게 맨몸으로 1중대 OP에 올라 돌아간다는 것도 힘겨운 일이었는데, 방탄복을 입고 개인 군장과 환자들까지 후송하는 일이야말로 심히 어려운 행군이었다. 계속되는 월맹군의 포 사격과 열대의 숨가쁜 더위, 각종 야생초들이 정글과 함께 엉켜 있는 험한 지형에 환자들을 들것에 들고 비탈길을 올라가야 하는 임무를 수행하는 과정에서 모두가 하나같이 지칠 대로 지쳐버렸다. 피로한 체력으로 악전고투하는 전우들에게 자포자기를 하지 않고 상황에 대처해가며 자기관리를 한다는 것은 심히어렵고 힘든 것이었다.

1중대 OP의 정문에 첨병이 거의 도착했을 무렵 중정글 지역에서 은폐되었던 전우들의 모습이 드러나자 어김없이 월맹군의 포 사격이 가해져왔다. 전우들은 적의 포가 우리 행군 대열에 낙하되어도 그 자리에 주저앉아 될 대로 되라는 자기 통제의 한계를 느끼며 자기 생명을 포기한 듯 몸을 가누지 못하는 것이었다. 살인적인 열대의 태양 열기도 적의 포 사격만큼이나 직간접적으로 우리 전우들을 지치게 하는 생존의 크나큰 장애물이었다.

수색중대가 638고지 1차 공격을 3중대와 함께 새벽에 했으나 적의 예상 밖의 완강한 저항과 막강한 화력으로 맹호의 기를 꺾고도 남았다. 수십 명의 사상자를 내고 공격에 실패한 패잔병으로서 비참한 모습은 작전을 수행하려는 모든 의욕을 상실하게 했다. 들리는 소식에 의하면 한국군이 출동한 안케패스 전역 전술지역의 착륙지점마다 월맹군이 잠복하고 있었으니 맹호 전우들의 희생이 늘어갔고 사기는 극도로 저하된 상태였다.

따이한의 파월 7년간의 전투방법을 월맹군이 이처럼 세밀하고 철저하게 연구해 전쟁 준비를 해놓은 줄도 모르고 우리는 전술적 패배에 당황하기만 했다. 1차 638고지의 공격 중에 적이 몇 명이 살해되었는지도 모른다. 공격해 올라간 우리 전우들이 월맹군을 목격한 사람도 별로 없었다. 다만 그들의 소총과 포 사격은 수없이 받았지만…. 이것이 따이한이 안케패스 638고지에서 적에게 당한 가장 큰 원인이다.

1중대 OP 정문 근처에 적의 맹포격은 한참 동안 계속되었다. 그러나 이에 대응해 피할 생각도 하지 않고 자기 자신을 포기하고 땅바닥에 누워버린 전우들의 지친 모습 앞에는 웬일인지 적의 포탄이 주변을 피해주었다.

소속 부대의 한 병사의 부상이 소대 이동상 전 소대원을 이토록 피곤케 하며 작전상 큰 장애가 될 줄은 미처 몰랐다. 그렇다고 살아 숨쉬는 전우를 작전지역에 그냥 놓고 올 수는 없는 것이다. 가정의 발전이나 사회의 발전도, 그리고 나라의 발전도 우환이 없어야 순조롭게 발전할 수 있듯이 군 조직의 소대 전투력에도 부상자로 인한 장애는 참으로 타격이 큰 것이다.

새벽 4시경에 638고지에 침투해 고지의 적을 향해 무모한 공격을 시도하다가 3중대의 많은 희생을 보았다. 수색중대에 부상병이 생기므로 몇 시간 동안 적을 교란하며 9부 능선까지 올라갔으나 결국은 아군의 패배로 끝났다. 오전 9시쯤에 638고지에서 후퇴해 직선거리인 1중대 OP의 후문으로 가지 못하고 기지 주변의 철조망과 정글을 180도 돌아 계곡으로 내려갔다가 다시 OP의 정문으로 올라오는 데 무려 7시간이나 걸렸다. 직선거리 400m에 불과한 짧은 거리를 적의 관측을 피해 산허리를 돌아 1km 정도의 거리를 돌아오면서 종일 시달린 것이

출동한 140여 명의 3중대원 중 제 발로 복귀한 21명의 불사조
사진은 포항 3중대 3소대 무전병 안태영 전우 제공

다. 안케패스 638고지를 제외한 여러 지역에서 이 시간 월맹군과 아군의 치열한 전투는 계속되고 있었다.

이 전투로 3중대는 총원 140여 명이 출동해 제 발로 귀대한 인원은 21명에 불과했다. 한규원 1대대장이 자의적으로 판단해 최선을 다해 싸운 고종소 3중대장을 징계한 것은 재평가할 필요가 있다. 3중대 전체가 21명이 남을 때까지 싸웠던 과정을 평가해야 한다. 마지막까지 남은 21명의 전우들만이라도 살려야겠다는 결단을 고종소 대위의 마지막 카드인 셈이다. 현장에서 수색중대 소총병으로 본 사실과 증언을 조합해 후세에 남기고자 한다.

벙커 안에서 전우의 전사과정을 지켜보며

비로소 오후 4시경쯤 1중대 OP 안으로 돌아왔다. 기지 안에는 출동하기 전과 다름없이 포탄 낙하가 계속되고 있었지만 허리를 펴고 누울 수 있는 널따란 벙커가 있기 때문에 꼭 내 집에 온 것 같은 편안한 마음이었다. 수색중대 3소대가 임시로 빌려 쓰던 벙커 안에는 많은 부상병들이 후송을 기다리며 누워 있었다.

벙커 안은 30여 명 정도의 수용 능력이 있었는데 50~70명의 병사들이 환자들과 함께 비좁게 누워 있거나 앉아 있었다. 이런 장소에 다시 수색중대 3소대의 병력이 들어가니 짜증스러울 정도로 꽉 찬 만원버스와 같았다. 벙커 안에 들어가 몇 분 정도 앉아 있으니 어떤 전우가 이마에 적 포의 큰 파편이 스쳐간 중상자를 업고 들어왔다. 금방 부상당한 것 같은데 전우들이 가지고 온 압박붕대도 동이 나버리고, 피 나는 곳을 손바닥으로 막고 전우를 안고 있었지만 피가 폭포같이 쏟아져 생명이 위험한 상태였다. 본인은 의식을 잃어버렸고 생리적 작용에 의해 재채기를 할 때마다 그 반동으로 피가 더욱 많이 쏟아져 벙커 안에 온통 피바다를 이루었다.

벙커 안에 있는 수십 명의 전우들이 이 전우의 끊임없이 쏟아지는 핏줄기를 지켜보았다. 운명 직전의 사경을 헤매며 몸부림치는 한 전우의 모습에서 전쟁이 얼마나 많은 젊은이의 생명을 무참히 짓밟고 있는가를 뼈저리게 체험하는 순간이었다. 호흡이 중단될 무렵에 심한 몸부림 속에 마지막 생명의 부지를 위해 발버둥치는 전우의 고통에 자극되어 심한 심정적 아픔이 벙커 안에 있는 전우들의 마음으로 전파되었다. 벙커 안은 찬물을 끼얹은 것처럼 삼엄하리만치 조용하고 숙연하기만 했다.

이 어둠의 분위기와 사지가 조여드는 듯한 압박감 속에서 함께 당한 고통으로 시선을 딴 곳으로 돌리고야 말았다. 만약 이러한 처절하고 비참한 광경을 조국의 부모들이 목격했다면 어떠했을 것인가! 벙커 안에서는 한 전우의 운명을 지켜보고 있었지만 벙커 밖에는 지금도 계속 적의 로켓포와 곡사포가 바람을 뚫고 1중대 OP에 날아들고 있었다.

사석작전 영웅, 정태경 6중대장 소도산 낙타봉 투하

월맹군의 춘계 대공세가 이루어진 1972년 3월 30일부터 4월 13일까지 14일 동안 월남군은 일주일에 5천여 명이 전사하며 참혹한 참패를 거듭하면서 후퇴하고 있었다.

북부의 DMZ와 벤하이강(Ben Hai 江)을 도하해 공격을 시작한 3일 만에 동하(Dong Ha) 이북의 모든 기지와 장비 등 수천 명의 월남군을 무력화시키며 파죽지세로 밀고 내려와 월남군은 전선이 무너지자 꽝찌시는 광란의 도가니로 변해 약 25만여 명의 군인과 피난민이 뒤엉켜 약탈과 방화 · 살인 등 아비규환의 생지옥을 방불케 했다. 월남군은 지휘체제가 무너져 오합지졸이 되어 순식간에 약탈군으로 변모해 극도의 혼란을 유발시켰다.

티우 대통령은 동화전선과 꽝찌시 전투의 책임을 물어 월남군 제1군단장 렘(Lem) 중장과 제3사단장 자이(Giai) 준장을 군법회의에 회부시켰다. 남부전선인 사이공 북방 떠이닌(Tay Ninh)성과 빈롱(Binh Long)성에 대한 월맹군 9사단의 공격으로 록닌(Loc Ninh)을 점령하면서 월남군을 전멸시켰다. 안록을 방어하는 월남군 5사단 2연대 600여 명을 4월 13일 본격적인 공격을 시도해 13번 도로를 차단해버렸다.

중부고원지대에서는 72년 4월 2일 월맹군 3개 사단이 꼰뚬(KomTum)성의 전초기지를 공격한 후 4월 11일 한국군의 책임 전술지역인 안케패스 정상에 있는 1중대 기지를 공격하고 안케패스 19번 도로를 차단해 중부고원 전략적 요충지 안케패스 전역을 월맹군 3사단 12연대가 사실상 차단하고 점유한 상태로 철통 방어하고 있었다.

월맹군 3사단의 또 다른 2개 연대는 월남군 22사단 예하 제40, 41연대가 방어하는 봉송항과 푸마이로 각각 진격했다. 호아이안 기지를 방어하던 월남군 2개 대대와 지원포병 1개대대도 월맹군이 출연하자 진지를 포기하고 싸워보지도 않고 잉글리시 기지로 퇴각해버린 상태였다.

적의 요새지에 정태경 대위의 6중대 헬기로 공중 투하

정득만 사단장은 4월 13일 1중대 600고지에 출동했다가 고립되어 적의 집중화력으로 왼팔에 파편을 맞았으나 경미한 부상으로 위기를 모면하고 사단 베이스캠프로 복귀한 후 즉시 기갑연대 6중대를 적의 요새지로 알려진 소도산 능선의 낙타봉에 정태경 대위가 지휘하는 6중대 95명에게 적진 심장부에 투하시켜 안케패스 깊숙한 계곡에 잠입해 있는 월맹군 소탕을 명령했다.

안케패스 브언쏘아이(Vuon Xoai) 계곡에는 250m 고지에 한국군 지리산 기지와 168고지에 백두산 기지 374m의 소도산 기지가 있어 적으로부터 집중공격을 받고 1중대 소대기지인 개나리 기지도 적의 공습에 위험한 상황에서 전술적으로 유리한 390고지를 점령하고 있는 월맹군 주둔 무명고지를 점령해야 소도산 능선을 장악할 수 있었다.

중부고원지대의 유일한 병참선인 19번 도로를 안케패스 계곡에서 7.5km를 차단하고 2일째 장악하고 있는 월맹군 싸오방 사단 12중단 62대대와 63대의 본거지인 소도산 능선에는 월맹군 대대의 지휘소가 있었다. 정글 속에 곤충이나 야생동물같이 숨어 기지를 편성하고 체구가 작은 월맹군은 다람쥐같이 정글 사이사이를 통로로 활용해 거미줄같이 연결되어 있고 개미집같이 파고들어가 명주잠자리 애벌레 개미귀신같이 개미굴을 파고 먹이가 굴러 들어가기만을 기다리고 있었다.

한국군의 병력을 태운 헬기가 나타나면 이미 설치한 대공화기로 정조준해 정확하게 명중시키는 완벽한 계획을 세워놓고 있었다. 빨래이꾸와 꼰뚬 지역에서 치열한 공방전은 더 많은 무기와 실탄 포탄을 필요하게 되어 병참선을 통해 보급해야 하지만 결정적 시점에 19번 도로를 차단해 월남군 2군단장 응우옌반또안 소장은 정득만 사단장에게 빨리 안케패스 19번 도로를 개통시켜 달라며 SOS를 긴급타전했다. 19번 도로 개통이 지연될수록 월남판 덩케르크 사태에 직면해 이미 투입된 월남군 2군단 3개 사단과 기갑사단 공정여단 등이 디엔비엔푸에서 1954년 6월 월맹군에게 1만 2천 명이 포로로 잡혔던 악몽을 떠올리게 했다. 정득만 사단장은 4월 13일 적의 포 사격으로 1중대 OP에서 파편을 맞아 위기를 극복한 직후에 불가피한 상황 등 극복하기 위한 처방으로 6중대를 적진 깊숙이 투입시킴으로써 적을 자극하고 적의 반응을 감지해 적의 정확한 위치와 숫자를 파악해 막강한 화력과 제공권으로 제압하기 위함이다.

이것은 고요한 저수지에 돌 하나를 던져 물결의 진동과 파장으로 물의 깊이를 파악할 수 있는 것과 같은 진단방법이다. 그러나 명령을 받고 투입되는 소대장과 병사들의 투철한 사명감과 감투정신이 아니고서야 해낼 수 없는 고난도(苦難度) 작전이다. 적진 속에 투입해 적을 교란하고 적의 전력을 분산시키고 약화시켜 적의 심장을 찌르는 것이다.

1차 투입된 6중대 2소대 천병소대장 강희수 중위와 2소대의 천병 분대장 김은환 하사와 충청도 출신 김영철 병장 등 10여 명이 첫 헬기로 소도산(374m) 기지 능선과 연결된 390기지의 중간 낙타봉 350고지에 투입시켰다. 390고지에 설치된 월맹군의 기지 위에서 내려다보면서 40m 아래쪽에 투하된 천병분대를 향해 집중사격을 가해왔다. 투입되자마자 김영철 병장은 "분대장님 저 총 맞았습니다." 하는 것이다. 자세를 낮추어 살펴본즉 가슴을 관통한 총알 자국이 있었다. 김은환 하사는 김영철 병장을 즉시 후송하면 살릴 수 있었으나 더스토프 헬기나 무장헬기가 착륙할 수 없도록 월맹군은 무차별 대공사격으로 더 이상의 병력이 투하되는 것을 차단하고 있었다.

출동 전야 김영철 병장은 김은환 하사를 찾아와 이미 제대 날짜가 지나 천병에서 빼달라는 그의 간청에 그럼 내 뒤를 따르라면서 김은환 분대장 뒤에 세웠지만 오히려 서열상 그 자리가 분대장 자리가 되어 월맹군은 소대장이나 분대장을 먼저 공격하고 무전병을 저격하는 작전상식에 김은환 하사는 김영철 병장을 보호한다는 신념이 적의 타깃이 된 결과가 되어 나 대신 전사했다면서 안타까워하고 있다.

이렇게 출발한 6중대의 적진투하는 시작되었고 계속되었다.

제6중대 정태경 대위 강희수, 손창윤 중위, 김은환 하사, 한우종 병장을 비롯한 95명이 투입되면서 고난은 시작되었다.

4월 13일 오전 안케패스 브언쏘아이 계곡 소도산(374m) 능선과 연결된 390고지 아래 350m 무명고지에 6중대 2소대 강희수 중위 첨병소대를 출동시켜 10m 상공에서 착륙을 하면서 소대원들이 월맹군의 대공사격과 집중사격을 받고 피해를 입으면서 적진에 투하된 3소대는 착륙하자마자 적의 공격을 받으며 주변에 깔려 있는 월맹군과 교전을 계속하고 있었다. 월맹군은 투입된 강희수 중위의 2소대를 향해 사방에서 집중사격해 참호를 파고 기지를 구축할 시간적 여유가 없으니 배낭을 은폐물 엄폐물로 삼고 투입된 전우들이 방어하며 대응사격을 했다. 심각한 상황에 처한 2소대의 고립으로 무장헬기 건십을 동원해 엄호사격을 하며 정태경 중대장과 본대인 3소대 손창윤 중위 소대를 적진으로 투입했다. 이때 50여 명이 투입되었다. 투입과정에서 적의 대공사격으로 헬기 조종사가 피격당하자 보조 조종사가 조종관을 잡고 병력을 착륙시키고 날아가버렸다. 먼저 출동한 2소대와 본대의 병력이 낙타봉에 각각 양분되었다. 위치가 적의 표적이 되어 어디선가 적의 포격과 AK 소총 사격을 받으며 기지를 편성하며 적과 대치하게 되었다.

한편 추가로 착륙하지 못한 선임하사 조를 태운 헬기가 상공에 날아오자 월맹군은 한국군으로부터 노획한 노란 연막탄을 적의 기지에 터뜨려 헬기 착륙을 유도하고 있었다. 그러한 사실을 전혀 알지 못한 헬기 조종사가 착륙을 시도하자 손창윤 중위는 큰 소리로 착륙해서는 안된다고 소리를 질렀으나 헬기의 굉음에 알아듣지 못한 조종사는 적진에 착륙과정에서 소대 무전병인 이옥태 일병과 김종대 분대장이 헬기 안에서 적의 조준사격에 의해 전사하고 말았다. 적진 깊숙이 투하된 정태경 대위는 손실된 병력을 재편성해 다시 전열을 가다듬고 기지를 편성해 적의 공중포격과 직사화기의 공격을 수없이 받으면서 주변의 유리한 고지에서 내려다보면 공격하는 월맹군과 40~50m 간격으로 압축해 적과 대치하며 공격과 방어를 반복했다. 정태경 중대장은 무장 건십 헬기의 지원사격을 요청해 적의 근거지에 집중사격을 했으나 적은 치밀하게 유개호를 구축해 지원사격을 할 때는 숨어버리기를 반복했다. 공격 헬기가 공중에 떠 있을 때는 조용하고 잠잠하다가 떠나면 다시 투입된 6중대를 공격했다.

손창윤 중위 3소대 월남고참 15명 350고지 낙타봉 점령

다음날 4월 14일 6중대가 기지를 편성해 버티고 있는 350무명고지를 향해 반격했다. 손창윤 중위는 월남 고참 15명을 선발해 수류탄 2개씩 지급하고 탄창 400발을 꽉 채워 갈대와 정글을 은폐물로 삼아 분대 횡대 대형으로 조별 약진해 맹렬히 공격해 정규군 5명을 사살하고 AK소총 4점, 탄약 200발을 노획하고 350고지를 점령한 후에 보니 3소대 선임하사와 최영주 무전병이 전사해 있었다.

슬픔과 괴로움 속에 애도의 기도를 할 시간적 여유도 없었다. 40도가 오르내리는 열기에 시체는 금방 부패하기 시작했다.

강희수, 손창윤 중위는 적의 고지를 빼앗은 최초의 소대장이 된 것이다. 고지 점령과정에서 손창윤 중위는 적의 포 사격을 받아 우측 장딴지에 파편이 깊이 박혔지만 우선 지혈만 시키고 부상당한 소대원 3명에게 위로와 격려를 통해 용기를 주며 3일째를 맞이했다.

4월 15일 이른 아침을 맞이해 350고지를 수호하기 위해 전우와 전우 간의 연락을 완수신호로 산새들 울음소리로 모스부호같이 전우들만이 통할 수 있게 긴밀한 연락을 취했다. 물과 전투식량과 실탄도 바닥이 나기 시작했다.

350고지를 탈환한 강희수 2소대장은 고지에 참호를 파고 기지를 편성하던 중에 월맹군의 122mm와 박격포 로켓포를 70여 발 집중발사해 참호 속에서 작전 중에 강희수 2소대장이 전사했다.

김은환 하사는 강희수 중위를 끌어내려 했으나 적의 맹렬한 폭격으로 중단해야 했다.

월맹군의 전략엔 638고지에서와 같은 방법을 사용했다. 고지를 빼앗기거나 물러선 뒤에는 어김없이 우박 같은 포 사격이 뒤따른다는 것을 알아야 한다. 20분 안에 1m 이상 깊은 참호를 파고 포탄 투하를 대비해야 한다. 이때 김은환 하사에겐 실탄과 수류탄 등이 바닥나 18발 탄창 1개만 남았다. 찌는 듯한 열대 건기의 무더위는 가히 살인적인 더위였다. 오줌에 커피를 타서 먹어보았지만 갈증 해소는 되지 않고 적과 싸우는 것도 힘든 일이지만 무더위와 갈증에 허덕이는 고통이야 말로 매우 힘든 일이었다.

날씨가 무더우니 전사한 전우들의 시체가 부패해 한곳에 모아 판초우의로 덮고 흙으로 덮어 가매장할 때에 모두가 통곡하며 울었다.

손창윤 중위와 함께 출동하고 천병 소대장으로 월남 전사에서 찾아볼 수 없는 적진 투하를 망설임 없이 했던 자랑스런 조국의 소대장이 전사하자 충격에 의해 쓰러질 것만 같았다. 월맹군의 수법은 고지를 뺏긴 후엔 반드시 공중 곡사포 사격으로 보복한다. 20분 안에 참호를 파고 몸을 숨겨야 했다.

4월 16일 정태경 대위도 끊임없이 계속되는 월맹군의 집중 포 사격으로 중상을 입었다. 주변에는 전우들의 시체가 부패해 녹아내리는 열기와 함께 고난과 역경은 계속되었다. 이제는 식량과 물이 떨어지고 목마름과 갈증으로 인한 자기와의 싸움까지 모두 지칠대로 지쳐 있었다.

한편 맹호 사령부에서는 미 헬기 조종사가 피격되고 착륙 과정에서 최신 소련제 대공무기에 의한 사격으로 공격을 받아본 미군 조종사들이 6중대 고립지역 출동을 기피하고 있었다.

한편 안케패스 전역에 투입된 따이한들의 보급을 오직 헬기에만 의존해야 되는 상황에서 보급 헬기가 턱없이 부족했다. 사정을 간파한 미 육군 군수지원단장인 비스터 반(Mr. Vann) 중령은 155mm 장약통에 물과 C-레이션을 싣고 가서 6중대 지역에 투하시켰지만 적의 대공사격으로 정 위치에 투하하지 못하고 적과의 중간지점에 투하했다. 미스터 반 중령은 한국군의 감투정신과 용맹성을 보며 자유세계를 수호하기 위해 적진에 투하되어 싸우고 있다는 사실을 놀라워했다.

그러나 그 후 1972년 6월 초 한미 간의 혈맹전우 미스터 반 중령은 꼰뚬패스 쁠래이꾸 정찰 중 이세호 사령관, 월남군 2군단장 응우옌반또안 소장 등과 3대의 헬기에 분승해 꼰뚬패스 정찰 중 소련제 열추적 미사일에 맞아 2번 헬기가 추락해 애석하게 미 지원단장 일행 전원 전사하는 비운을 맞이했다.

김은환 하사는 5중대 안영소 중대장이 390고지를 점령해 엉덩이에 파편을 맞아 중상을 입은 정태경 중대장과 손창윤 3소대장을 후송시키는 데 혼신의 힘을 다했고 장교들이 모두 후송되자 김창열 연대장은 무전을 통해 새로운 신임 중대장을 보낼 때까지 2박 3일간 중대장의 임무를 맡아 중대원을 통솔하며 지휘관의 공백을 최소화해 현장 지휘관으로 최선을 다해줄 것을 명령했다.

6중대 구출 투입된 안영소 대위 5중대 90여 명 출동

한영수 2대대장은 적진에 투하되어 월맹군 63대대와 치열한 전투를 벌이며 교란작전을 계속하고 있는 정태경 6중대장과 전우들을 구출하기 위해 5중대를 출동시켰다.

빈케군을 동서로 길게 흐르는 사이꼰강(Sai Con 江) 주변의 촌락 4개 마을을 보호하고 빈케읍을 수호하고 있던 5중대는 4월 14일 출동명령을 받았다. 제1소대장 권성진 중위, 2소대장 김성곤 중위, 3소대장 이강열 중위 Fo 포병장교 한정삼 중위가 4월 15일 13시 20분에 출동했다.

천병소대로 2소대 김성곤 중위가 적의 대공사격과 적 57mm 무반동포 사격을 받으며 회항을 거듭하다가 16시 20분경이 1진과 2진,

3진이 착륙에 성공했다. 착륙하자마자 적이 점유하고 있는 능선의 전략 요충지인 390고지 공격을 위한 1단계로 중간에 있는 무명고지를 2소대와 3소대를 투입하고 제1소대 화기소대 순으로 공격해 연합작전으로 17시에 김성곤 2소대장이 무명고지를 점령했다.

390고지 1차 공격 중 1명이 전사하다

이어서 390고지는 3소대 이강열 중위 소대가 공격해 1시간 정도 치열한 공방전 끝에 390고지 5부 능선까지 돌진하는 데 성공해 추가로 1소대를 투입해 우측 무명고지로 공격하게 했다. 안영소 중대장은 390고지의 800m 후방에서 망원경을 보며 작전을 지휘하고 있었다. 따이한들의 투입으로 갈피를 잡지 못하던 월맹군도 우왕좌왕하는 것을 간파한 한영수 대대장은 지속적 공격을 시도했고 3개 소대가 유기적 관계를 유지하며 연합작전 중에 병사 1명이 전사했으며 날이 어두워지자 현 위치에서 매복기지를 구축하고 크레모아 등을 설치해 적의 역습을 대비했다.

안영소 대위는 매복 기지에서 "너희 6중대 인근에 5중대가 와 있다. 참고 견디며 안심하라. 곧 구출하겠다."고 정태경 6중대장과 무선교신을 했다.

2차 공격한 1소대 권성진 소대장과 3소대장 이강열 중위

4월 16일 새벽 4시 한영수 대대장은 390고지를 공격하라는 작전명령이 하달되어 6시까지 공격과 반격을 반복하며 치열한 접전이 계속되었으나 예상 외로 적의 저항이 완강했다.

탄약이 고갈되어 작전에 어려움이 시작되었다. 살인적인 열대 특유의 찌는 듯한 무더위는 40℃가 오르내리는 무더위에 지칠 대로 지쳐 있는 공격소대들을 임무교대를 시키면서 공격했다. 김창열 연대장은 390고지 점령을 독촉했으나 병사들의 안전과 휴식을 위해 후방으로 철수시켜놓고 350고지와 390고지에 대대 영내에 있는 105mm 포와 61포병대 155mm 곡사포 지원을 받아 맹폭격으로 적진에 불바다를 만들었다.

이강열 중위의 장렬한 전사와 3소대의 활약

그 후 3소대 이강열 3소대를 투입시켜 공격했으나 이강열 소대장이 18시 20분에 적의 사격을 받고 장렬하게 전사했다.

정연후 하사의 증언에 의하면 몸이 왜소한 나이 어린 김윤식 하사는 분대원과 함께 390고지 공격 중에 분대원 모두가 적의 AK 소총과 122mm 포탄과 82mm 적 포 사격으로 모두 전사나 전상을 입은 상황을 보고 공황상태가 되어 더 이상 작전을 할 수 없어 후송대기자 속에 부상병들과 함께 분류했다. 그 후 그는 어떻게 되었는지 알 수 없었다.

더스토프 후송 헬기를 요청했으나 늦어지자 아픔과 통증으로 인한 고통과 더불어 지혈되지 않아 피가 낭자한 모습으로 중대장을 향한 원망이 고조되었고 힘센 병사들을 동원해 진정시켜 곧 올 것이라고 달랬다. 3일 동안 후송이 지연되어 그동안 손을 쓸 수 없는 부상자들의 처절한 아우성과 절규는 원망과 분노로 변해 중대장은 그들로부터 피해 있어야 했다.

안영소 중대장은 부상자들은 살려야 한다는 심정적 내적 고통과 김창열 연대장으로부터 390고지 점령에 대한 독려, 친구인 정태경 대위 6중대 전우들을 구해야 한다는 압박감으로 3중의 고통 속에서도 침착함을 잃지 않고 대처했다.

마침내 헬기가 전상자들을 구출하기 위해 도착했으나 적의 대공사격으로 회항을 거듭하며 후송시키는 데도 난항이 거듭되었다. 이러한 긴박한 상황 속에서 '함박코'라는 별명을 가진 전우는 유탄발사기 명사수로 고지 점령을 위해 공격조의 후방에서 수십 발을 정조준해 월맹군을 하나둘씩 쓰러뜨렸다.

그는 그 후 공로를 인정받아 주월사로 특명을 받았으나 거절하고 유탄 사수이자 4번 소총수로서 본분을 다했다면서 정연후 하사는 존경받을 화랑의 후예를 확실하게 기억하고 있었다.

정태경 대위와 안영소 대위의 무전교신

한편 적진 속에서 월맹군의 작전을 교란시키며 고립되어 있는 정태경6중대장과 무전기를 통해 연락이 되었다.

며칠째 물과 전투식량을 보급받지 못한 악조건 속에서 무더위와 배고픔과 갈증으로 인한 고통을 호소해왔다. 정태경 대위는 마지막 유언으로 네가 만약 살아서 귀국하거든 나의 아내와 딸에게 아빠는 전장에서 비겁하지 않고 용감하게 싸우다 죽었노라고 전달해달라면서 '진짜 사나이' 군가를 불렀다.

사나이로 태어나서 할 일도 많다만
너와 나 나라 지키는 영광에 살았다.
자유통일 위해서 조국을 지킵시다.
조국의 이름으로 임들은 뽑혔으니

그 이름 맹호부대 맹호부대 용사들아
가시는 곳 월남땅 하늘은 멀더라도
한결같은 겨레마음 임의 뒤를 따르리라
한결같은 겨레마음 임의 뒤를 따르리라

정태경 대위는 조국과 조국의 분단 그리고 조국의 부모 형제를 그리워하며 조국이 임으로 규정한 화랑도의 높은 기상을 실현하겠다는 불굴의 의지를 안영소에게 들려주었다.

정태경 대위의 이 노래는 무전기의 전파를 타고 연대 상황병 이용하에게도 들렸다. 이러한 정태경 대위의 심경을 노래로 들은 안소영 대위는 마음을 울적하게 했다.

정태경 대위의 마지막 노래를 듣고 안소영 대위는 틀림없이 너희 중대를 구할 것이라고 위로와 격려와 희망의 말을 했으나 여전히 마음은 무겁기만 했다.

김성곤 2소대장과 특공대 390고지 탈환하다

안영소 대위는 김성곤 2소대장을 불러놓고 390고지 점령을 명령했다. 김성곤 중위의 2소대는 종일 390고지를 공격했으나 월맹군은 부대를 밤새 증강해 더욱 막강한 화력으로 고지를 사수하고 저항하며 고지를 지키고 있어 아군의 피해만 늘어갔다.

특단의 조치로 권성진 1소대장을 특공소대장으로 2소대 선임하사에게 1개 분대를 차출해 총 2개 분대로 편성된 특공대를 구성하고 권성진 중위를 중심으로 작전을 구상했다. 4월 18일 5시 2개 분대는 여명을 기해 적의 허를 찌르며 3시간 반만인 8시 30분에 5부 능선까지,

9시 30분에 7부 능선까지 진출해 7부 능선에서 수류탄 투척조, M72 대전차포 공격조, 엄호사격조, 돌파조의 임무를 부여해 11시에 390고지 정상을 탈환했다. 안영소 대위는 김창열 연대장에게 즉시 보고하자 연대장은 적의 곡사포 공격이 즉시 이루어진다는 경험을 바탕으로 참호를 구축하게 했다.

안소영 대위는 6중대가 고립되었던 낙타봉 2개의 무명고지에 1소대와 2소대를 배치하고 390고지의 우측 무명고지는 6중대 1개 소대가 점령해 한우종 병장은 AK 소총과 B-41 척탄통 1점을 노획하고 적과 아군의 시체가 함께 즐비한 참상을 전장정리하면서 재편성에 들어갔다.

안영소 대위와 정태경 대위의 만남이 비로소 이루어져 서로 얼싸안고 울어버렸다. 그것도 잠시 중상자인 정태경 대위와 손창윤 중위 등 다수의 부상병과 전사자가 된 강희수 중위의 시신과 함께 후송시키는데 성공했다.

정태경, 강희수, 손창윤 대한민국 장교로서 죽을 줄 알면서도 출동투하했지만 조국을 원망하지 않고 조국의 사정을 붙들고 울면서 자랑스런 임무를 수행하고 만신창이가 되어 조국의 품으로 돌아왔다.

6중대 정태경 대위와 5중대장 안영소 대위는 390고지 적의 요새지를 점령한 후 구출작전을 완성했다. 이 과정에서 희생된 전우들이 많이 있었다는 사실도 잊지 말아야 한다.

한정삼 FO 관측장교와 권 병장 참호 속 적포 명중 전사

4월 19일이 되었다. 5중대가 점령한 390고지에서 638고지가 한눈에 올려다보였다. 638고지에서는 수색중대와 1연대 8중대가 치열한 전투를 계속하고 있었다.

5중대가 점령한 390고지를 비롯한 낙타봉과 소도산 능선을 빼앗긴 월맹군은 19일 오후 14시에 수없이 많은 122mm와 82mm 등 그들이 동원할 수 있는 화력을 총동원해 수백 발을 투하시켰다. 정연후 하사 옆에서 참호를 1.5m로 깊이 파고 관측 중이던 FO 한정삼 중위와 권 병장이 참호 속에 직격탄을 맞아 전사하고 무전병은 잠시 참호에 깔 갈댓잎을 구하기 위해 나갔다. 생명을 구했으나 몇 분 사이에 선임병과 모시고 있던 한 중위가 비참한 상태로 전사해 있는 것을 보며 큰 소리로 통곡하며 울고 있었다.

정연후 화기 분대장은 분대원 6명과 함께 전사한 한정삼 중위와 권 병장을 참호 밖으로 끌어올려 판초우의 내피에 싸서 더스토프 헬기를 요청해 월맹군의 무차별 대공사격을 감행하는 어려움 속에 106병원으로 후송시켰다.

정연후 하사는 5중대장 안영소 대위와 생사고락을 함께하며 사면초가의 죽음의 계곡에서 백척간두(百尺竿頭) 여건을 극복하고 배수지진(背水之陣)을 한 전우로서 이름 없이 빛도 없이 조국이 부여한 임무를 충실했다.

26연대 2중대 소도산 능선 추가 투입(중대장 金泳杰, 李豊吉)

기갑연대는 박마산 입구에 독립중대로 있는 서문구 대위의 12중대를 제외한 11개 중대가 투입되어 병력이 모자랐다. 정득만 사단장은 26연대 최종관 대령에게 1개 중대를 차출하게 했다. 킬러계곡에서 가까운 몬타나족 마을 주변에 주둔하고 있던 26연대 2중대를 월맹군의 요새지인 소도산 능선에 투입했다. 시누크 1대와 헬기 1대로 60여 명이 투입되어 전사 12명, 전상 26명의 피해를 보고 돌아갈 때 시누크는 반 정도 태웠다. 어찌되었는지 중대장과 무전병도 영창을 갔다고 당시 중대 교육계를 보았던 김제 출신 고석현 전우가 알려왔다. 당시 중대장은 귀에 AK 소총을 맞아 상처가 나 피가 낭자한 상태로 지휘했다.

4월 20일 작전 투입 5일째 26연대가 390고지에 착륙해 2대대에 배속되어 26연대 2중대장과 16시에 손을 잡았다. 각각 임무를 부여받고 주변 무명고지 등 계곡으로 출동했다. 2중대와 무선 교신이 원만하지 못했다. 30여 분간 연락이 되지 않았으나 19시경 총성과 수류탄 터지는 굉음이 울렸다. 날이 어두워져 낙타봉 5~6부 능선에 매복진지를 구축해 밤을 새우고 4월 21일 오후 무명고지를 점령한 후 계곡에 있는 적을 소탕했다. 계곡의 위험지역에 있는 2중대를 철수시키고 포병의 지원사격을 받아 적의 집결지역을 강타했다. 중대 OP에 수없이 포탄이 낙하되어 2소대장 김성곤 중위와 분대장 1명 등이 중상을 입고 후송되었다.

4월 21일 390고지는 6중대 2개 소대에 임무로 인계한 후 이때 신임 소대장 2명을 보충받았다. 5중대가 수색할 계곡과 2중대가 점령하기 위한 상황을 판단한 결과 적이 약화된 것을 간파했다.

4월 22일 5중대는 1소대장을 우측, 2소대장을 좌로 무명고지로 공격해 12시경 적과 교전 끝에 목표를 점령했다. 즐비하게 사살되어 누워있는 월맹군의 옷 속에서 많은 문서를 노획했다. 이때 노획된 문서에서 어머니께 보내려 한 월맹군의 편지가 발견되었다.

중대는 무명고지 점령 후 3일간 계속 주변 계곡을 수색하면서 아군의 시체(26연대 2중대 소속 전우 추정)를 이용해 부비트랩을 설치했으나 노림수에 말려들지 않고 제거해 후송시켰다.

작전 중 3소대장 이강열 중위와 FO 관측장교 한정삼 중위와 강희수 소대장이 전사했다.

서준석 위생병이 증언한 11중대 19번 도로 서쪽 강점 투입

1972년 4월 13일 안케패스를 완전 차단한 적은 수색중대가 투입되었던 안케험로 서쪽 강점에 10중대 정석병 대위를 지리산 기지 서쪽으로 약 1km 떨어진 무명고지로 이동하고 진지 편성을 완료한 후 주변을 탐색했으나 적을 발견하지 못했다. 한편 제1중대장 조승옥 대위는 4월 13일 10시 45분 주둔지인 남탕 비행장에서 CH-47 시누크 4대에 97명의 중대원을 분승시켜 공중 기동을 개시해 11시 50분경에 안케 정상을 넘어 1중대 기지 후사면의 19번 도로에 착륙했다. 이곳에서 한규원 1대대장으로부터 안케패스 일대에 대한 상황 설명을 듣고 제11중대장은 전날 12일 전우가 수색중대가 피습받은 지역으로 이동 중에 서준석 2소대 위생병 앞 전우가 폭풍지뢰에 발목이 절단되는 사고가 있어 많은 시간이 지연되어 날이 어두어지자 월남군 민병대 기지 주변에서 매복지를 편성하고 숙영했다.

4월 14일, 월남군 제47연대 소속 APC 1개 중대와 찐산 보병 월남군 특공 중대를 탑승시켜 19번 도로를 따라 동쪽으로 이동하며 위협사격을 하며 S자 코스의 구비길을 돌아가는 순간 매복 중이던 적으로부터 B-40 척탄통 사격을 받아 2번 APC가 파괴되고 4명의 승무원이 전사했고 1번 APC는 전속력으로 전진해 지리산 기지로 피했다. 뒤따르던 11중대는 월남군 47연대 보병이 전멸하다시피 적으로부터 공격을 당하자 11중대는 전전일 수색중대가 교전했던 장소에 도착했지만 적은 이미 다른 곳으로 이동한 후였다. 보응우옌잡은 아무리 큰 전과를 올린 전술지역이라도 같은 장소, 같은 방법으로는 반복하지 않는다는 원칙에 의해, 한국군의 예상을 뛰어넘는 또 다른 지역과 시간을 선택하는 전술을 펼쳤다. 이곳에서 11중대는 수색중대 제2소대장 김진홍 중위와 1소대장 임진우 중위 등 6구의 시체를 서준석 위생병이 발견하고 모두 한곳으로 모아놓은 다음 야간 매복으로 전환했다.

월남군 찐산중대와 APC 장갑차를 투입 요청한 것은 맹호사단 APC 장갑중대 도로가 차단되어 정상으로 갈 수 없기에 이미 뿔래이꾸 쪽에 투입돼 있는 월남군 2군단 소속 장갑차 지원을 요청한 것이다.

수색중대가 적에게 당했던 계곡을 100여m 돌진한 월남군 장갑차를 향해 B-40 척탄통을 월맹군이 10여 명이 한꺼번에 발사해 순식간에 월남군 특공대를 제압해 거의 전멸시켰다. 뒤따라가던 11중대는 월남군 특공대가 공격당하자 19번 도로 주변 하수구에 엄폐할 곳에 엎드린 순간 서준석 위생병은 언젠가 함께 근무했던 수색중대 1소대장 임진우 중위를 발견했다. 임진우 중위는 11중대 소대장으로 근무 중에 작전 나갔다가 매복 중에 베트콩 9명을 잡아 전과를 올린 명장으로 신변을 보호해주기 위해 수색중대로 전입 온 분이었다. 적의 집중공격으로 수색중대 전우들의 시체들을 수습하지도 못하고 있었다. 자세히 살펴보니 수색중대 전우들의 소총과 수류탄 등 모든 무기를 월맹군이 노획해가고 없었다. 다급한 조승옥 11중대장은 비탈로 이루어진 19번 도로 위쪽으로 올라가라는 작전지시에 따라 도로 위 정글로 피신했다.

찐산중대 APC 1대는 대파되고 1대는 쏜살같이 후퇴해 한국군 지리산 기지로 피신했다. 이때 투입된 APC 장갑차는 결국 안케작전이 끝날 때까지 그 자리에 있어야 했다.

월맹군은 똑같은 지역에서 같은 방법으로 작전을 하지 않는다는 보응우옌잡의 전략에 따라 수색중대를 공격했던 곳은 비워두고 사이드 200m 앞에서 진을 치고 있었다. 그들은 치고 빠지는 수법을 활용했다.

한국 포병 FO 박용대 중위는 좌표를 날려 그 자리에 집중사격을 하기 때문에 월맹군은 또 다른 위치로 이동해 만반의 준비를 하고 있었다.

11중대는 오전 내내 월맹군과 접전을 하면서 월맹군을 향해 공격했다. 점심식사 후에 약간의 휴식시간을 마친 뒤 월남군 특공대가 전멸한 지역에 투입되어 공격했으나 월맹군은 다른 곳으로 이동했다.

4월 16일이 돌아왔다. 19번 도로 근처 산 능선에서 매복하고 도로를 차단한 월맹군과 전투가 벌어져 매일 전상자와 전사자가 발생했다. 당시 11중대 2소대장 임 중위는 체격이 크고 호남형인데 부하들이 쓰러지는 것을 보고 전장의 참혹함을 보고 닭똥 같은 눈물을 흘리며 슬퍼했다.

월맹군은 유리한 지역마다 참호기지를 구축해 매복하고 있었기에 어느 곳을 가나 공격의 대상이 되었다.

아무런 정보도 없이 투입되는 곳마다 정글 속에서 쫓기며 월맹군을 수색했다. 그들의 기지와 초소는 안케패스 전역에 네트워크를 형성해 서로 연락하면서 한국군이 헬기로 병력을 어디에 얼마나 투입하는지를 알고 대처하고 있었다.

안케작전에서 영웅적인 위생병의 활약

대한민국 건국 이래 위생병들이 체계적으로 전투병들을 지원하고 그들의 존재가치를 실현한 전투병 못지 않게 활약한 때는 흔하지 않았다. 안케작전 시에는 위생병들의 진가가 발휘되었다.

위생병인 서준석 병장은 매일 부상자의 응급처치를 하고 압박붕대로 지혈을 시키며 통증에 시달리는 전우들과 울고불고 하다 보니 작전이 어디로 가는지도 알 수 없었다. 통증을 완화해주는 모르핀 주사도 바닥이 나 전상 전우들의 아우성은 아비규환 참상 그대로였다. 압박붕대도 떨어져 정글복 바지를 찢어서 묶어 지혈시켜야 했다. 당시 상황을 위생병은 오직 환자 치료에 전념했기 때문에 월맹군이 펼치는 차단작전을 알 수가 없었다.

1개 소대가 집결해 있는 것도 아니고 분대별로 작전하기 때문에 여기저기서 불러대는 위생병 찾는 전우들의 호출에 응답할 수도 없었다. 남은 약은 소화제밖에 없었으니 위생병인들 어쩔 수가 없었다. 적의 포 사격과 공격도 힘들었지만 안케패스 19번 도로 위쪽에 해발 500~400m에서 가장 견디기 힘든 것은 40도가 오르내리는 열대 특유의 무더위에 지쳐 물이 없어 목마름과 갈증에 극한 생리적 현상에서 소변을 먹으려 해도 이미 땀으로 배설되어 오줌도 나오지 않았다. 체온조절기능이 땀의 배설로 이루어지지 못하니 찌는 듯한 무더위에 쓰러지는 전우가 속출했다. 오죽하면 적이 우글거리는 계곡으로 물을 찾아가다가 사상자가 발생하기도 했다. 물을 구하는 것도 매우 힘들었다. 아니 불가능했다.

확실한 날짜는 아니지만 4월 17일 11중대 2소대장의 부상으로 후송을 보내고 새로운 소대장 3사관학교 2기인 서용석 중위가 부임했다. 서용석 중위는 백마부대로 특명받아 가던 중 태평양 바다 위에 맹호부대의 사태가 심각해 맹호부대 주둔지인 꾸이년에 급히 정박해 헬기로 직접 안케작전에 투입된 것이다.

월남신병 서용석 중위는 죽음의 계곡 안케패스에서 수많은 선배 전우들의 사상자를 보면서 군인으로서 가야 할 길이 어떤 것인가를 실감하는 순간이었다. 매일매일 전우의 숫자가 줄어들고 정든 전우들이 하나둘씩 없어지는 것을 본 서준석 병장은 시간이 흐를수록 언젠가는 위생병을 보호해주는 소총병이 무너져 운명을 함께하는 시간이 오겠지 하면서 좌불안석했다.

위생병으로서 압박붕대와 통증완화제가 떨어져 정글복으로 압박붕대를 대처하는 안타까운 현실에서 2소대장 이 중위도 어느 날 갑자기없어져 위생병으로써 참담한 심정이었다.

최승철 중령, 제3대대 조승옥 중대장, 박용재 M60 사수

안케작전 개시 일주일이 지난 4월 18일이 되었다.

1대대에서 실시하던 작전을 기갑연대 작전으로 전환함에 따라 최승철 3대대장은 본부와 9중대가 안케패스로 이동했다.

9중대가 주둔 중인 꽝히엔(Quang Hien) 전술기지에서 소대 단위로 헬리콥터에 분승해 10시 45분경에 안케패스 정상으로 공수 되었으며 뒤이어 대대 전술 지휘소가 지리산 기지로 이동해 오후 1시에 지휘소를 개소했다. 최승철 중령은 지리산에 도착하자마자 제1대대에 배속되었던 10중대와 제11중대의 작전 지휘권을 인수하고 이미 작전지역에 투입된 제8중대를 배속받음으로서 총 4개 중대로 안케패스 19번 도로로 개통작전을 개시했다.

서쪽 강점 탈취작전

서쪽 강점은 안케 험로 553고지에서 우측으로 800m 떨어진 곳에 위치하고 있으며 제1중대 600고지와 지리산 기지의 중간지점에 해당된다. 이강점 부근의 지형은 19번 도로 위로는 표고 250m의 능선이 가로놓여 있고 도로 아래쪽으로는 넓은 계곡이 남북으로 펼쳐져 있다.

적은 이 도로 밑에 매설된 큰 암거 속에 은거하고 있는 것으로 판단되었으나 그들의 동정은 목격되지 않았다.

최승철 중령은 이 서쪽 강점을 탈취하기 위해서는 지형을 고려해 하향식 공격을 감행하는 것이 적절하다고 판단하고, 제10중대를 좌로 제11중대를 우로 해 양방향으로 병력을 투입했다. 이에 따라 제11중대 조승옥 대위가 18일 09시 25분에 중대를 지휘해 임시기지인 응옥안(NgocAn) 마을 북쪽의 구릉을 출발해 강점을 향해 내려가던 중 5부 능선에서 적 82mm 박격포 사격을 받고 제2소대 김형구 상병과 이종윤 병장이 전사하고 3명은 부상했다. 이로 인해 적의 위치를 대략적으로 파악한 11중대장은 사상자를 수습한 후 다음 날 다시 공격하기 위해 북쪽으로 약 300m 철수시켜 이곳에서 야간 매복을 실시했다.

4월 19일 최승철 대대장은 11중대의 교전 상황을 분석한 결과 적은 사전에 유리한 지형에서 아군의 접근을 유인한 후 기습사격을 가하고는 곧 침묵을 지키는 전술을 사용하고 있음을 알게 되었다.

최승철 대대장은 조승옥 11중대장과 이들을 격멸하기 위해 여명 공격을 감행하기로 결심하고 제10, 제11중대를 자정이 지난 03시 00분에 다시 투입했다.

조승옥 대위는 천병소대인 이상호 중위를 비롯해 특공대를 조직했다. 이상호 중위, 전계근 하사, 양희권 하사, 이광우 병장, 최영일 하사, 차천일 병장, 송홍식 병장, 고홍림 상병, M60 사수 박용재 병장 외 28명이 투입되었다.

특공 천병 1소대는 이상호 소대장과 M60 사수 박용재 병장은 우측에서 능선을 따라 내려오던 제11중대 1소대장 이상호 중위는 06시 15분경 적의 강점에서 약 150m 떨어진 도로 상단의 능선에 도착했다.

이곳은 정글이 우거지고 시야를 가리었을 뿐 아니라 짙은 안개로 인해 적의 동태를 파악할 수 없었다. 제1분대를 우측으로 우회시키려 할 때 고요한 적막감이 감돌 때 적의 B-40 척탄통 20여 발이 낙하해 소대장을 비롯해 8명이 전사하고 9명이 부상을 당하는 적의 역 매복에 걸려 끔찍한 참상이 순식간에 벌어졌다. 생존자 11명도 사방으로 분산되었다. 심각한 부상을 입은 ① 박용재 병장, ② 송안홍, ③ 신명환, ④ 김광복, ⑤ 임재근, ⑥ 임현권, ⑦ 은영수 병장은 적이 숨었던 암거에 들어가 피신하고 있었다. 이때 후속하던 제2소대장 박무현 중위는 재빨리 소대원을 분산시켜 적의 사격 방향에 집중사격을 가하도록 했다. 박무현 중위는 1개 분대를 지휘하고 08시 30분에 제1소대가 교전한 장소로 이동해 생존자 11명과 부상자 9명을 구출했으나 8명의 전사자 시체는 남겨둔 채 3부 능선으로 철수하도록 했다.

최승철 대대장은 지리산 기지에서 11중대의 전투 상황을 지켜보다가 좌측에서 공격하는 10중대의 위치를 확인한 결과 병행공격을 실패했음을 알고 11중대를 5부 능선까지 철수하도록 했다.

박용재 병장의 사명과 증언

1972년 4월 18일 해가 저물어가는 시간에 이상호 소대장을 중심으로 19명의 특공대를 조직했다. 확인된 명단은 이상호 중위, 이상수 중사, 선임하사 전계현 하사, 양희권 하사, 최영일 하사, 이광우 병장, 고홍림 병장, 송홍식 병장, 차천일 병장(이상 9명 전사), 송안홍, 신명환, 김광복, 임재근, 임헌권, 소대 M60 사수 박용재 병장이 서쪽 적의 강점을 격멸하기 위해 M-60 사수로서 수천 발의 실탄을 허리와 어깨에 걸치고 M72 대전차포와 유탄발사기, M16 탄창과 수류탄 조명타식, 방독면, 물과 전투식량 등 무거운 군장을 완료하고 매복지점까지 침투해 19번 도로 옆 언덕에서 주위 정찰 중에 도로 위에 월남군 장갑차가 피습된 현장을 보고 M-60 기관총 부사수인 이광우 일병과 함께 박용재 병장은 사수로서 총열을 교체하면서 사격해 적의 기세를 꺾었다.

이러한 진입과정을 거쳐 소대 특공조 18명은 투입계곡 입구에 도착했다. 밤새 정글을 헤집고 자갈밭 도랑을 건널 때 주위의 정글 속에서 월남말로 수군거리는 소리가 들리며 적이 안케계곡에 잠입해 선점하고 있음을 암시하고 있었다.

밤은 깊어가고 산닭 울음소리, 월남 정글 속 이름 모를 풀벌레 소리, 산짐승의 울음소리가 뒤엉켜 짙은 안개까지 계곡을 덮어 옆 전우를 분간할 수 없어 특공조원들은 크레모아 줄을 펴 서로 연락 신호줄로 활용하며 목표지점에 비로소 도착한 것은 4월 19일 다음 날 새벽이었다. 2소대와 3소대도 적의 기습사격을 받아 전진을 못하고 있다는 것이다. 안케패스 깊숙한 계곡에는 적막함과 고요함이 소름끼치게 하는 긴장감으로 무거운 장비와 군장을 푸는 순간! 우리 특공조를 적의 깊숙한 유효사격권에 유인해 AK 소총과 B-40 척탄통과 적의 로켓포가 집중 포화함으로써 이상호 소대장과 선임하사, 분대장 2명, 천병과 통신병, M-60 부사수 등 8명이 전사하고 10명의 부상자가 발생하는 사태가 벌어졌다.

천병으로 앞장섰던 손 상병은 심각한 부상으로 "소대장님!"과 전우들의 이름을 부르며 구원을 요청했다. 아비규환의 참상이 일순간에 일어났다.

M-60 사수 박용재 병장의 왼쪽 손에 총상과 철모에 B-40 척탄통 포탄 파편과 적포 낙하로 발생하는 무수한 파편들이 박용재 병장의 철모와 머리를 직격탄을 맞아 철모는 어디론가 날아가고 그의 충격으로 기절 직전에서 조수인 이광우 일병이 전사한 참혹한 현실을 보고 하늘땅이 무너져버린 충격에서 심각한 위기의식과 이제는 살인계곡이 된 안케패스 깊숙한 계곡에서 죽어간 소대장과 지휘부 8명이 전사한 현

장에서, 그리고 적의 집중사격으로 중경상을 입은 송안홍 전우, 신명환 전우, 김광복 전우, 임재근 전우, 임헌권 전우, 박용재 병장은 적의 집중사격을 피해 가까운 19번 도로 암거로 전우들이 들어가 적의 직사화기로부터 보호를 받기 위해 피신했다. 6명 모두 중상자들이었다. 아우성과 울부짖는 함성을 들으며 자유와 평화를 수호하는 것은 그냥 되는 것이 아니고 교묘한 적의 전략과 전술을 사전에 알아야 한다는 것을 알았다. 전쟁은 전략과 전술 그리고 나라를 지키겠다는 투철한 애국심을 가진 소총병과 지휘관이 있어야 하고 적의 화력을 제압할 힘이 있어야 한다는 것을 실감하는 순간이었다.

박용재 병장은 자신의 앞날과 우리 민족이 아름다운 삼천리 금수강산을 끊임없이 노리는 위험한 총구 앞에 생존해왔고 앞으로도 그러한 세파에 시달림을 극복해야 하는 삶은 마치 기러기가 짧은 북극의 여름 동안에 가족이 안주할 둥우리를 짓고 부화해 새끼를 낳아 다가올 가을 이전에 수만 리 거친 하늘을 날아 위험을 무릅쓰고 어미 따라 비행에 동참하기 위해선 시련과 역경을 훈련과 연단의 축복과정으로 생각하고 단 4개월 안에 천년을 이어온 혈통을 천년을 이어가는 기러기의 존재 가치를 스스로 자율성과 창의성으로 그리고 본성으로 작동해 삶을 지탱해온 고달픈 인생길이 떠올랐다.

5명의 중경상을 입은 11중대 전우들은 전우들의 시체를 남긴채 19번 도로 계곡 구거지 하수구에 몸을 숨기기 위해 좁은 공간에 몸을 숨겼다. 이러는 사이 아침이 돌아왔다. 햇볕에 노출되어 위험한데 중상 전우 한 명이 상처의 통증으로 소리를 질러 아우성과 몸부림을 쳐 그나마 위치가 적으로부터 노출이 걱정되어 전우의 고통을 함께할 여유도 없이 살기 위해서는 통증을 호소하는 전우의 주둥이에 재갈을 물리며 쫓기는 전우들을 적으로부터 보호했다. 이러한 위기를 극복해 구출

병력이 와 5명의 병력을 구출했다. 박용재 전우는 구거지 안에서 부상당한 5명의 전우과 구조를 기다리던 중 11중대 2소대장 박무현 중위가 1개 분대를 직접 지휘하여 08시 30분에 1소대가 교전한 장소로 이동하여 생존자 11명과 부상자 9명을 구출하였으나, 8명의 전사자 시체는 남겨둔 채 3부 능선으로 철수하였다. 구거지 안에 있던 5명은 구출되어 보급헬기로 연대 의무대로 후송되었다.

동쪽 강점 탈환작전에 투입된 이종윤, 정정상 두 중대장의 투혼*

월맹군이 쁠래이꾸와 꼰뚬에 투입되어 월남군 2군단과 기갑사단과 공정여단과 치열한 공방전이 계속된 1972년 4월 2일부터 4월 12일까지 전투상황은 최전방 전초기지인 꼰뚬성이 함락되는 절체절명의 위기에서 유일한 병참선인 19번 도로의 험로인 안케패스 7.5km 동쪽과 서쪽을 결정적 시기에 적으로부터 차단되자 김창열 연대장은 연대 직할 수색중대 3개 소대를 긴급 출동해 서쪽 강점 지점에 공중 투하 진입과정에서 적이 치밀하게 계획된 협곡으로 유인해 안케패스 계곡의 깊숙한 커브 길을 통과시켜놓고 공격해 수색중대 1소대장 임진우 중위와 중대본부 중앙을 강타해 2명의 소대장 등 7명이 쓰러졌다.

이 사건으로 기갑연대와 맹호사단과 주월사령부는 충격에 빠졌다. 김창열 기갑연대장은 한영수 2대대장을 불러 독립중대로 콩산 기슭에 2개의 OP를 거느린 이종윤 8중대장에게 기지를 방어할 최소 인

---

* 이 수기는 8중대 통신병이었던 박원배 전우의 증언과 중대 서무병으로 지원업무를 수행한 김진국 병장 증언, 파월 전사의 안케작전 후 상황일지 등 7~8명의 전우들의 증언과 당시 춘계작전 참여한 월맹군 응우옌반홍(Nguyen Van Hong) 대령 수기를 참조해 작성함.

원만 남기고 총 출동하라는 명령을 하달했다. 낙타 소대기지와 코끼리 소대기지에 사단에서 헬기를 보내 2대대 연병장에 집결시켰다.

낙타 OP 소대장 홍성재 중위와 무전병이었던 박원배 상병을 비롯한 전우들이 예상이라도 한 듯 대대 연병장에 집결해 안케패스 관문인 16교량까지 자동차로 이동했다.

16교량에서 임동춘 2중대 3소대장으로부터 안케패스에서 벌어지고 있는 심상치 않은 상황을 브리핑 받고 적이 병력 이동을 알아차리지 못하도록 도로 옆 하수로에 은폐하며 은밀하게 도로를 강점하고 있는 동쪽 강점을 향해 사주경계를 하며 진입했다. 이종윤 중대장과 천병소대장 홍성재 중위와 무전병인 박원배 상병 등이 월맹군 도로 강점 근방까지 접근해 대치했다.

이종윤 중대장이 현장에 도착해 지형을 살펴보니 동쪽 강점 150m 북쪽에 봉우리가 있고 남쪽으로는 도로와 병행해 낮은 능선이 있어 이종윤 대위가 볼 때 무주공산(無主空山)인 호랑이 고지 북쪽에서 뻗어내린 능선을 타고 위에서 밑으로 하향식 공격을 할 수밖에 없다고 판단했다. 박원배 무전병이 호랑이 고지 5부 능선에 적이 금방 식사를 하고 떠난 흔적이 보였다. 먹다 남은 안남미 쌀밥을 만져보니 조금 전에 적이 이동한 것 같았다.

월맹군은 강점(19번 도로 커브길 주변 정글) 부근에 은거하고 있을 것으로 추측할 뿐 적이 확인되지 않았다. 적진 속에서 밀습에 의한 탐색전은 폭풍전야의 고요한 적막 속에 긴장하며 숨을 죽이며 전우들은 탐색전을 시도하고 있었다.

이종윤 중대장과 천병소대장 홍성재 소대장은 전략적으로 유리한 호랑이 고지를 먼저 점령해야 된다는 판단으로 월맹군이 AK 소총으로 선제공격을 해왔던 고지를 총공격을 감행해 점령했다. 날이 어두워지자 고지 정상을 중심으로 매복 야전기지를 편성했다. 그날 밤 2인 1조로 참호 속에서 근무 중에 월남 신병인 초병이 같은 참호 근무자인 박원배 무전병을 깨웠다. 고지를 향해 사람 소리가 들리며 적이 밀습해 공격해오는 소리가 들린다는 것이다. 홍성재 중위에게 박원배 무전병이 보고해 소대원들이 일제히 크레모아의 격발기를 누르고 수류탄을 던지며 M16 소총 사격을 해 월맹군을 격퇴시켰다.

다음날 사단에서 헬기 지원으로 마대와 강판과 철조망의 지원을 받아 급하게 호랑이 고지에 기지를 편성했다. 호랑이 고지에서 월맹군이 은거하면서 19번 도로를 폭파하고 어디론가 이동한 곳이다.

8중대와 사단 APC 장갑중대장 권혁원 대위와 협동작전

1972년 4월 15일 8중대가 동쪽 강점 전선을 확보한 후에 사단장갑차 APC 4대를 투입해 중대장 권혁원 대위를 비롯한 12명으로 구성된 장갑차 공격부대가 위용을 과시하며 M60 명사수 장갑차 소대장들이 선글라스를 착용하고 19번 도로변에 적이 매복할 예상지점을 향해 산발적으로 사격하면서 도로 주변에 경계를 서고 있는 8중대 전우들 앞을 지나 호랑이 기지 앞 동쪽 강점 지점에 선도차가 이르렀을 때 장갑차의 요란한 사격에 조용하기만 했던 침묵의 순간에 장갑차를 B-40 척탄통 사정거리로 유인한 월맹군은 반격하기 시작했다. 8중대 김영수 상병 증언에 의하면 소총소대가 보유하지 못한 막강한 화력을 보유한 장갑차 4대가 진격해올 때 한국군의 뜨거운 맛을 볼 월맹군의 초라함을 지켜보는 상상을 하고 있었는데 선도차 소대장의 선글라스를 낀 위용을 향해 중공제 B-40 척탄통 수십 발이 한꺼번에 발사되어 APC 몸통 및 수레바퀴에 명중해 계곡으로 굴러떨어진 참담함은 뒤따르던

APC 2대도 함께 침몰하고 맨 뒤를 따르던 APC 한 대만이 급히 뒤돌아 16번 교량 쪽으로 후퇴해야 했다. 월맹군의 B-40 척탄통과 로켓포에 허무하게 쓰러진 한국군의 자존심이었던 APC 장갑차들을 월맹군 명사수들에게는 굴러다니는 쇳덩이에 불과했다.

김재한 전우에 의하면 꾸이넌 쪽에서 사단장갑중대 권혁원 중대장이 인솔한 APC 장갑차 4대에 기관총 명사수 등 12명이 공격 중에 중대장 권혁원 대위가 적의 B-40 척탄통을 맞아 중상을 입었고 5명이 전사하고 7명이 부상을 입고 마지막 APC 1대만 후진해 16교량으로 퇴각했다.

적의 로켓포 사격을 받고 계곡으로 추락한 APC 장갑차의 사상자를 구출하기 위해 박원배 상병이 자세히 살펴보니 장갑중대 선두 소대장인 것으로 보이는 철모에 B-40 척탄통 파편에 철모가 구멍 나 있고 AK 소총 자국이 월맹군 전사들의 사격 실력을 보여주는 것만 같아 소름이 끼쳤다.

박원배 무전병은 굴러떨어진 장갑차가 계곡에 처박혀 손목이 절단된 전우를 도로 위로 끌어올려 후송시키기 위해 준비하고 정밀수색하며 보니 계곡에 내려가다가 좌측 방탄복이 관통한 전우도 함께 끌어올려 헬기로 구조요청을 했다.

열대 건기의 4월 안케패스 19번 도로는 열기를 이기지 못하고 발자국이 생길 정도로 달아 있었고 무더위에 지칠대로 지친 전우들은 적에게 노출되어 사방에서 공격받으며 갈증으로 인한 고통 속에서 물과 전투식량이 고갈된 상태에서 월맹군에 둘러싸여 적에게 쫓기면서 타는 갈증에 의해 무전병인 박원배 상병도 쓰러지고 말았다.

홍성재 소대장은 어디서 구했는지 모르나 과일캔 C-레이션 B1, 음료수를 주고 목을 축여주어 기사회생했다. 시련과 역경 속에 적에 쫓기면서 전우를 생각하는 전우애란 군신만이 할 수 있다. 정글의 가시덩굴에 찢겨진 정글복과 떨어진 정글화를 끈으로 동여매고 싸워야 했다.

사상자의 후송을 담당한 무전병으로 헬기 지원이 턱없이 부족해 위급상황이 벌어져 부상당한 전우들이 적의 파편을 맞아 붉은 피를 쏟아내며 통증에 시달리며 아우성을 치며 소대장님! 무전병! 위생병을 부르는 장면은 차마 눈뜨고 볼 수가 없었다.

전우의 상처를 손바닥으로 막고 정글복을 찢어서 응급처치를 하면서 SOS를 타전하며 기다림의 시간이 길어질 땐 자극적으로 반사적으로 느껴지는 아픔은 차라리 외면하며 고개를 돌리고 싶었다.

8중대 본부 서무계를 맡고 있던 김진국 병장은 8중대의 피해는 전사 5명, 부상 15명을 포함해 중대장과 소대장 2명의 중상자를 포함해 25명의 사상자가 발생했으나 물러서지 않고 싸웠다.

월맹군이 쓴 19번 도로 차단 수기

춘계 대공세에 분단된 남베트남을 또 다시 두 동강 내는 작전의 일환으로 쁠래이꾸와 꼰뚬에서 치열한 공방전이 계속되는 1972년 4월 2일부터 월남군 2군단 3개 사단과 기갑사단 및 공정여단의 보급로를 차단해 B3 전선을 유리한 여건을 만들기 위해 안케령의 동쪽에 있는 꽁항저이(Cong Hang Doi, 수로를 뜻함)로부터 15~20km나 이어지는 꺼이루산(Cay Rui 山)까지 교통을 차단하고 규정한 시간 내에 고보이 평야지대로부터 떠이응우옌(Tay Nguyen)으로 올라가는 모든 병참선을 차단한다.

19번 도로의 남쪽 강점과 서쪽 강점 차단은 월맹군 12연대 제5대대 350명은 제6대대 350명은 주력부대장 제63대대장 응우옌비엣찌(Nguyen Viet Tri), 정치원 황씬뚱(Hoang Sinh Tung), 중대장 념쑤언따이와 응우엔딘떤의 지휘 아래 동쪽 방향에서 공격해 올라가는 적의 보병과 전차 부대의 반격을 물리쳤다. 4대의 전차 및 장갑차와 1대의 헬리콥터에 사격을 가해 소실시켰다. 연락병 응우옌프엉남(ANguyen Phuong Nam)은 자동소총 2발로 수로(水路) 앞 3m에 있던 남조선 병사 2명을 사살했다.

B41 사수인 소대장 하찌하(Hasyha)는 지금까지 많은 교통로 매복공격전에서 명사수로서 500~1,000m 사거리에 있는 모든 목표물을 명중시켰다고 기술했다.*

안케패스 19번 도로 동쪽 강점 탈환작전에 투입된 8중대

결정적 시기에 19번 도로를 차단하고 철통방어하고 있는 보응우옌잡이 가장 아끼는 월맹군 싸오방 사단은 그의 전술대로 "작은 것이 큰 것을 이기고, 적음으로 많은 군대와 맞서 싸우고, 적이 원하는 시간과 적이 원하는 장소에서 싸우지 않는다는 전략으로 적의 약점과 강점을 파악한 뒤 기회를 적시에 활용해 싸운다"는 치밀한 전술에 의해 정글 전체가 월맹군의 기지 활용무대로 사용해 정글을 보호색으로 하는 정글 사이사이를 원숭이같이 날으면서 한국군을 교란했다.

그들은 7년 동안 한국군의 작전방법을 숙지하고 철저히 준비했다. 최승철 3대대장은 금방 앞에 있는 듯하다가 뒤에서 공격하고 화력발사 강점이 되었다가 사라지는 등 보고자들의 보고가 뒤죽박죽이어서 작전 수행에 어려움이 있었다고 실토할 정도다. 월맹군에 의해 안케패스

---

* 필자의 견해는 군의 경직된 지휘체제 속에 사병의 전투력을 활용하기 위해서는 창의성과 자율성을 활용해 지혜를 공유하고 함께 의논하고 커뮤니케이션을 해야 강한 전투력이 나온다.

동서 강점에서 보여준 그들의 은폐전술은 탐복할 수준이었다.

우리 한국군은 예전에 경험하지 못했던 디엔비엔푸에서 막강한 화력과 현대무기를 보유한 프랑스군이 참패해 인도차이나 삼국 지배를 종결할 수밖에 없는 힘과 무력만으로서 전쟁을 종식할 수 없는 약자들이 새로운 전법을 개발한 보응우옌잡에 의해 한국군을 대상으로 실전으로 실험한 셈이 되었다.

그동안 안케패스 험로에서 베트콩들과 게릴라 등은 시도 때도 없이 통로를 지나는 군용 차량이나 민간인 차량을 습격해 약탈을 일삼았다. 그럴 때마다 우리 한국군은 헬기로 긴급 출동해 공중과 지상병력을 소탕했다.

이러한 작전방법을 보응우옌잡은 기억하고 각인시켜놓고 투입하는 통로나 헬기의 착륙지점에 밀습에 의한 참호를 구축해놓고 결정적 시기를 기다려왔다. 프랑스 식민시절 보응우옌잡은 안케 통로를 활용해 프랑스군 1개 대대 병력을 전멸시킨 경험이 있었다.

지금도 그들은 지형적 우세한 여건을 활용해 참호 앞에서 적을 섬멸할 역량을 지니고 산 중턱을 공격할 수 있는 기동부대를 보유함으로써 적의 대형을 혼란시킬 수 있었다. 백병전에서도 적은 우리 간부와 전사들의 놀라울 정도의 용감한 전투정신으로 인해 압도당했다. 빈딘성 제5공구 제12보병중단인 싸오방(Sao Vang, 金星) 사단의 군인과 인민의 자부심이 되었다고 술회했다.

산벽에 새겨진 응오머이(Ngo May)의 형상과 같이 꺼이루이 전사들은 여전히 총알의 태풍 속에서 자신을 희생하고 있다며 프랑스와의 항쟁기인 1947년 빈딘성 안케패스에서 적군과의 전투에서 산화한 영웅적인 이들을 노래하며 16일간의 안케 통로를 차단한 1954년 3월 그들의 불굴의 정신은 높이 평가한다. 그러나 디엔비엔푸에서는 프랑스군

1만 2천 명을 생포하고 승리했으나 한국군에게는 더 이상 버티지 못하고 괴멸되었다. 안케패스는 한국군의 전승비가 세워져 그들의 자존심에 비수를 꽂았다.

언제나 선봉에 선 이종윤 중대장 정찰 중 저격받고 후송

4월 19일 14시 20분경 3부 능선에서 위치 불명의 적으로부터 기지 주변 탐색과 정찰 중이었던 이종윤 중대장이 허벅지에 AK 소총으로 저격을 받아 중상을 입었다. 함께 정찰을 나갔던 소총수 이만수 일병은 중대장의 원수를 갚겠다면서 박원배 상병에게 수류탄 몇 개를 달라고 했다. 위험하니 혼자 가면 안 된다고 소대원들이 만류했으나 정글 속을 헤치며 내려갔다. 노파심에서 소대원들은 엄호사격을 해주었으나 그 뒤 그는 돌아오지 않고 행방불명이 되었다.

파월전사 P212의 전사한 이만수은 유종철 전우를 구출하러 가다가 적의 사격을 받고 전사했고, 당시 1소대장 정종호 중위도 유종철 전우를 구출하려다 가슴에 총탄을 맞았으나 철판이 든 방탄복을 착용해 부사했다. 박원배 중대 무전병은 박씨 성을 가진 병사 한 명은 행방불명되었다고 기억했다. 부상을 입은 중대장은 사격량으로 보아 적의 규모가 약 2개 소대로 추산하고 적진을 계속 공격하려 했으나 사방에서 공격하는 월맹군을 방어하기 위해 야간 매복에 들어갔다. 부상당한 이종윤 중대장은 박원배 무전병이 헬리콥터를 불러 후송시켰다.

사면초가의 위기에서 정정상 신임 8중대장 부임

1972년 4월 20일 9시에 19번 도로 개통작전이 치열하게 전개되는 상황에 정정상 신임 중대장은 부임하자마자 주변 적정을 파악하면서 오후부터 동쪽 강점을 공격하라는 최승철 대대장(8중대는 3대대에 작전권이 배속됨)의 작전계획에 서둘러 전열을 가다듬고 있었다. 소총병이 공격 전에는 언제나 적을 제압하기 위해 13시 10분부터 약 15분간 인근에 있는 백두산 및 지리산 기지에 배치된 4.2인치 및 81mm 박격포 4문에 의해 138발의 공격준비 사격을 실시한 후 13시 25분에 공격을 개시했다.

천병소대로 홍성재 2소대장을 선두로 박원배 무전병 등이 동쪽 강점된 적진을 향해 2부 능선에 진입했을 때 월맹군으로부터 소나기 같은 사격을 가해왔다.

홍성재 중위가 판단할 때 적의 저항이 전일보다 약한 것을 감안해 조별 약진하고 엄호조는 사격해주고 19번 도로 쪽으로 과감한 돌격을 실시한 끝에 동쪽 강점을 비로소 점령했다. 점령한 고지를 살펴보니 월맹군 기관총 진지 2개소와 B-40 척탄통 발사 흔적만 남기고 도주해버렸다. 정정상 중대장은 박원배 무전병을 통해 목표 강점을 점령했다고 최승철 대대장에게 보고하면서 이미 고갈되어가는 전투식량과 물과 탄약 보급을 요청했다.

8중대의 강력한 공격에 월맹군은 더 이상 버티지 못하고 다른 곳으로 이동해 언제 공격해올지 불안한 상황이었다.

4월 13일 서쪽 강점 공격에 실패하고 지리산 기지에 피신해온 월남 특공대 찐산중대 APC에 보급품을 탑재한 다음 1개 분대 병력과 오후 17시에 기지를 출발해 400m 전진했을 때 어디선가 월맹군으로부터 B-40 척탄통과 AK 소총 사격이 집중해 불의의 기습으로 8중대 보급은 실패했다.

대대장은 새로운 적의 거점으로 확인된 도로 남쪽의 계곡에 4.2인치와 81mm 추격포 사격을 집중한 다음 제61포병대대에 제압사격을 요청해 118발의 포탄을 투하시켜 적을 제압했다.

중대장은 1소대를 강점에, 제3소대를 호랑이 기지에, 그리고 중대본부와 제2소대를 호랑이 기지에서 서쪽으로 500m 떨어진 무명고지에 각각 이동시켜 임시기지를 편성하고 안케패스 작전이 종료될 때까지 적의 재침투를 제압하기 위한 도로 경계를 강화했다. 정정상 중대장은 월남 신병을 위해 직접 부비트랩을 수거한 노획물로 실전교육을 시키다가 뇌관이 터져 수십 발의 파편에 의해 중상을 입고 결국 후송가게 되었다.

작전 중 이종윤 중대장 전령 박00 행방불명

북한 공작원들은 전단을 만들어 안케패스 계곡에 살포했는데 당시 2소대 무전병인 박원배 상병이 주어온 삐라에는 '19번 도로 지원사령부'에서 발행했다고 쓰여 있었다. 이종윤 중대장과 함께 호랑이 기지 주변에 정찰 나갔다가 중대장은 허벅지에 관통상을 입고 후송 간 직후 중대장 원수를 갚겠다고 수류탄을 가지고 계곡으로 내려간 전령은 행방불명되었는데 전사한 것으로 보고된 것 같다는 것이다. 8중대에 배속되어 위생병으로 처음부터 끝까지 참전한 충남 금산 출신 김기배 전우는 증강된 1개 중대 150여 명의 병력이 출동해 제 발로 중대로 복귀한 병력은 42명에 불과했다 전사자가 7~8명 보고되었으나 중대본부 서무병, 김진국 병장은 한 사람의 시체가 없어 사단 영헌 소대장과 심한 질책을 받고 의무중대장이 시체가 없는 검안서를 작성해 통과시켰다는 것이다. 결과적으로 8중대는 두 명의 중대장을 비롯해 100여 명의 사상자를 내면서 물러서지 않고 임전무퇴의 화랑의 후예답게 싸웠던 것이다.

자신을 희생물로 소대원을 구한 이만수 병장(정종호 소대장 증언)

유종철 일병이 적의 기습공격을 받고 쓰러지자 무전병인 이만수 병장은 총상을 입은 유종철 일병의 상처를 정글복을 찢어 묶어 피를 지혈시킨 후 적의 사격권에 있는 자신의 무릎에 적의 AK 소총과 B-40의 포격을 받아 절단 난 참혹함을 인식하고 위기에 처한 정종호 소대장과 소대원들이 후퇴할 수 있는 시간적 여유를 벌어주기 위해 죽음을 각오하고 소대원들이 피신할 때까지 최후의 일각까지 적진을 향해 엄호사격을 하다가 애석하게도 전사하고 말았다.

정종호 소대장은 이만수 병장이 엄호사격을 함으로 적의 공격이 주춤할 때 소대장과 다수의 소대원들이 위기에서 벗어날 수 있었다.

8중대 선임소대장 정종호 중위는 이종윤 중대장이 외각 매복중 적의 저격을 받고 후송 간 후 전장에서 중대장 직무대행을 수행하면서 1소대와 2소대의 전사자 시체를 영현 백에 넣어 19명의 유골을 담아 후송시켰다.

홍성재 2소대장과 3소대 이복남 소대장, 중대장 후임자로 부임한 정정상 대위도 안케작전에 사석작전으로 투입되어 한 시대의 역사를 쓴 분들이다.

세계적 전략가 보응우옌잡은 춘계 대공세의 전쟁목표인 분단된 자유 월남을 또다시 양분시키는 전략으로 결정적 시기에 19번 도로를 안케패스 7.5km를 동쪽 강점과 서쪽 강점을 차단하고 철통방어하고 있는 동쪽 강점에 투입된 8중대 전우들의 적진 투입은 난공불락의 철옹성 정글 속이라 어디에 적의 참호와 벙커가 노출된 곳이 보이지 않은 유령의 전장에서 금방 공격하고 금방 사라지며 적과 직접 싸울 때는 적이 원하는 시간과 장소에서 싸우지 않는다는 전술과 적의 약점과 강점을 파악한 뒤 최소의 피해로 최대의 효과를 낸다는 전략을 일관되게 적용하고 있었다. 보응우옌잡은 한국군의 월남전 방법을 숙지하고 있었고 사전에 베트콩들을 출현시켜 착륙지점, 병력 이동지점까지 각인해 이미 그러한 지점과 루트에 거점을 확보하고 매복하고 철저한 대비를 했다. 감제고지인 638고지가 그들에겐 최후의 보루가 된 이유이다. 638고지에서 내려다보면 7.5km의 안케 통로가 바둑판같이 내려다보였다. 8중대는 11중대와 함께 안케작전을 마무리한 품격을 세웠다. 8중대 작전지역에서 북한 공작원이 뿌린 전단이 발견되었고 전단에는 박○○라는 그의 이름도 소개되었고 그 후 북한 방송에 인민들의 환영을 받는 그림이 떴다는 것이다. 박원배 전우(당시 8중대 무전병) 당시 월맹군의 수기엔 2명을 생포해 그중 1명은 자결했다는 것이다. 8중대 소속 유종철 전우는 미국 포로 교환 시 송환되었고 중대장을 수행한 전령은 전사자로 처리했다.

강석호 상병이 습득한 북한 공작원의 전단 내용

> 남조선 국군장병들에게.
> 미국은 미 대통령 닉슨의 명령에 따라 남부월남에서 계속 철수하고 있다. 당신들의 정부도 당신들을 모두 철수시키겠다고 선포했다. 우리는 당신들에게 알려준다. 당신들은 남부월남 인민을 학살하지 말고 소탕작전에도 참가하지 말아야 하며, 월남공화국의 군대를 지원하지도 말라. 위의 명령에 불복종하면 반드시 죽거나 부상을 당해 부모 처자에게 슬픔을 주게 될 것이다.
>
> – 월남중부지원해방군 사령부

이 전단은 북괴로부터 월맹에 파견된 심리전 요원에 의해 살포된 것으로 추정되었다. 월맹군 응우옌반홍의 참전수기(김종욱 교수 번역)에 의하면 안케패스 19번 도로를 차단한 월맹군 싸오방 사단 12중단 2,400여 명 외에 빈딘성 잘라이현 인민위원회와 빈케현 인민위원회는 모든 역량을 동원해 12중단 전투를 지원했다. 반격하거나 도로를 차단하는 적 보병과 포탄, 포격 등에 가리지 않고 농민들의 단체가 돌격대들의 화선을 지원했다.

당시 국방장관이었던 보응우옌잡 대장은 전보를 보내 동지들이 반석과 같이 흔들림 없이 대적해 안케패스 전 지역과 19번 도로를 차단하는 초기 단계의 임무를 훌륭하게 완수했다. 당시 B3 전선 황민타오 사령관도 용감하게 19번 도로를 차단한 제12보병사단 전사에게 감사한다는 전문*을 보냈다.

---

* 이 전문은 16일간 19번 도로 차단 기간 중에 3사단 12중단장에게 격려 차원에서 그리고 독

서쪽 강점 지점 탈환작전 10중대와 조승옥 11중대장과 최승철 대대장

4월 18일, 19번 도로 서쪽 차단 강점을 탈취하기 위해 10중대, 11중대를 좌우로 해 병력을 투입했다. 4월 19일 전일 11중대가 공격받은 상황을 분석해 작전계획을 수립하고 11중대 1소대는 새벽 5시경에 적의 서쪽 강점에서 150m 떨어진 도로 상단에 도착해 공격하다가 적의 B-40 척탄통 20여 발이 낙하해 이상호 소대장을 비롯해 8명이 전사하고 9명이 부상을 당했다.

1소대는 28명 중 17명의 사상자가 발생함으로 전투능력을 상실하고 생존자 11명도 사방으로 분산되었다. 이때 뒤따르던 제2소대 박무현 중위는 재빨리 소대원을 분산시켜 적의 사격방향에 집중사격 하도록 대응시켰다.

최승철 대대장은 지리산 기지에서 11중대 전투상황을 지켜보았다. 11중대 1소대장이 생존자 11명을 구출했으나 전사자 시체는 남겨둔 채 3부 능선으로 철수했다. 4월 20일 2일간에 걸쳐 실시한 서쪽 강점 공격에 난관에 봉착하자 공격 중인 10중대와 11중대를 현 위치에서 재정비하도록 지시하고 대대장은 연대에 105mm 곡사포 지원사격을 요청했다.

4월 21일 공격계획을 재수립해 오전에 적이 강점한 지역에 182발의 포탄 공격을 감행했다. 2회에 걸쳐 건십(Gun Ship) 사격지원도 받았다.

이와 같이 공중과 지상에서 폭격과 공격이 진행되는 동안 안케령에 있던 9중대를 9시 30분에 기동해 19번 도로 적의 강점 지점을 안영식 대위는 제1소대와 2소대로 해금 병입 공격하도록 하고 제3소대는 현 위치에서 화력지원을 하도록 조치했다.

려하기 위해 보낸 전문으로 보인다.

오후 13시 50분에 공격을 개시한 좌측의 2소대가 먼저 19번 도로에 오르는 순간 적의 B-40 척탄통과 AK 소총 사격을 받고 더 이상 공격을 못 하고 돈좌되었으며 조범호 하사 외 2명이 전사하고 9명이 부상당했다. 이때 화력지원에 배치된 3소대가 지원을 했으나 적의 위치를 정확히 확인하지 못하고 엄호사격만 해서 별 효과가 없었다. 11중대장 조승옥 대위는 553고지에서 남동쪽으로 뻗은 능선을 따라 진출하던 중 4부 능선에서 두 개의 비선으로 갈라진 것을 보고 2소대를 좌측 접선으로, 3소대를 우측 능선으로 나누어 전진시켰다. 두 개 소대는 10시 25분 2부 능선까지 진출해 19번 도로변에 위치한 적의 강점 상태를 살피던 중 적으로부터 B-40 척탄통 5발과 AK 소총 사격을 받았으나 B-40 로켓포와 AK 소총에 면역이 된 소대원들이 신속하게 엎드려 피해를 차단했다. 11중대 조승옥 대위는 적의 위치를 정확하게 파악해 화력지원을 요청해 4.2인치 81mm 박격포탄 42발을 사격하면서 이 지역에 공격했다.

제3소대가 우측 능선을 타고 전진을 계속하던 중 10시 55분경 서쪽 강점이 180m 근방까지 접근했을 때 적 포 82mm 박격포 3발이 낙하해 제1분대장 정남덕 하사가 전사하고 소대장 이대호 중위 외 5명이 부상했다.

11중대가 작전하면서 전우 11명과 소대장 1명이 전사하고 27명의 전우들이 부상을 당했다는 것이다.

한편 좌측 능선으로 진출하던 제2소대는 적의 저항 없이 19번 도로에 도착했으나 강점까지는 약 600m의 기리였다. 최승철 대대장은 현 위치에서 임시기지를 편성하게 함으로써 제2소대는 2개 조로 나누어 도로 상단과 하단에 임시기지를 구축했다. 그 뒤 11중대는 해가 질 때까지 현지에서 기다렸다가 18시 20분에 적의 강점에 대한 공격을 재개했다. 이에 따라 제2소대 선임하사 김형식 중사, 양기완 상병과 함께 19번 도로의 우측변을 따라 강점 쪽으로 접근하던 중 강점 170m 앞에서 도로의 하단부로 이동하는 적 2명을 발견해 M16 소총 사격을 가해 사살하고 AK 소총 2정을 노획했다.

뒤따르던 소대장 박무현 중위는 강점에 있던 적이 도주하는 것으로 판단하고 소대원이 일제히 강점 주변의 봉우리를 점령했다.

한편 좌측에서 공격하던 제10중대도 적과 접촉 없이 18시 05분에 강점 좌측변의 19번 도로를 확보했다. 이곳에서 권영복 중위가 지휘하는 제2소대는 브언쏘아이 계곡 능선으로 이동하던 중 18시 30분에 매복해 있던 월맹군으로부터 사격을 받아 이승용 병장 외 4명이 부상을 당했다.

적이 사격한 방향에 응사하면서 공격을 계속한 끝에 18시 50분에 능선을 확보함에 따라 적은 정글 속으로 자취를 감추었다. 이로써 10중대, 11중대가 동시에 서쪽 강점 공격은 7일 만에 점령했다.*

---

* 도로 개통작전이 종료된 것은 1972년 4월 24일 638고지를 점령한 후 19번 도로 서쪽 동쪽 강점한 적의 세력이 약화된 4월 25일임.

제5부

수색중대와 1연대 8중대 638고지 탈환작전

선택받은 김용강 총각 중대장

1972년 4월 18일.

정득만 사단장은 1연대 5중대에게 기갑연대 작전지역인 안케패스로 출동 명령을 내렸다. 1연대 5중대는 전년도에 적 사살과 적 무기 노획의 실적이 많았기에 출동 명령을 받았으나 이미 자체 작전계획에 의해 주변에 작전 중이었고 적의 요새지에 매복을 서고 있다는 중대장의 보고에 따라, 긴박하게 촌음을 다투는 상황에서 5중대의 출동을 취소하고 독립중대로 작전 임무를 수행하고 있는 8중대가 대신 출동 명령을 받은 것이다. 김용강 대위가 이끄는 1연대 8중대는 긴급출동 명령을 받고 4월 18일 오후 시누크(대형 헬리콥터) 2대에 장교 4명과 사병 등 96명이 나누어 탑승했다. 1연대 8중대 중대기지에서 안케패스와의 거리는 약 50km로, 시누크로 30분 안에 안케패스 정상의 19번 도로 갈대밭에 착륙했다.

김용강 중대장이 이끄는 1연대 8중대가 시누크 2대에 분승해 95명이 1중대 기지 북쪽 19번 도로 주변에 착륙해 600고지인 1중대 OP

에 도착했다.

맹호사단에서는 1971년도에 가장 큰 전과를 올렸다는 1연대 8중대 전우들이 활기 넘치는 모습으로 1중대 OP에 긴급 출동되었다. 이때만 하더라도 기갑연대의 거의 모든 중대가 출동하고 있었기 때문에 전황이 심각해진 638고지로 투입할 병력이 모자라 다른 연대 병력의 지원이 필요했던 것이다.

그렇지 않아도 복잡한 1중대 OP가 1연대 8중대원들이 출동되어 보급품을 받고 작전 준비를 하고 있었기에 더욱 복잡하기만 했다. 1연대 8중대 전우들의 활기 넘치는 사기충천한 모습을 보니 638고지를 점령하고도 남는 전략이 그들 모습 속에서 보이는 것만 같아 638고지 점령이 기대되었다. 사실 그들이 우리가 못한 638고지를 대신 점령해주기를 바랐다. 그래서 속히 이 얄궂은 작전이 끝나주기만을 빌 뿐이었다.

4월 19일 아침부터 서둘러 장비를 점검하고 완전군장을 꾸려 대기하고 있었다. 1중대 OP에는 638고지를 향해 높은 관망대가 있었으며, 이 관망대에는 M60 기관총이 설치되어 638고지까지 엄호사격이 가능했다. 지휘관들의 지시에 따라 1연대 8중대와 수색중대는 638고지로 향하는 후문과 연결되어 있는 교통호에 숨어 대기하고 있었다. 후방에서는 638고지에 155mm 곡사포와 105mm 곡사포로 엄호사격을 해주었고 1중대 OP 관망대에서도 M60 기관총 2정을 놓고 교대하며 638을 향해 엄호사격을 시작하는 것을 신호로 OP의 철조망을 뚫고 비호같이 기지를 빠져나갔다. 먼저 빠져나간 전우들이 갈대 속에 몸을 숨기며 638고지로 향했으며 뒤따라 계속적으로 꼬리를 이었다.

OP에서 내리막길을 굴러 미끄러지며 쏜살같이 빠져나가는 전우들의 동작은 매우 민첩했다. 계속되는 패배를 거듭한 수색중대였지만 비장한 각오와 결의에 찬 모습으로 적 진지를 향하는 모습은 자랑스럽

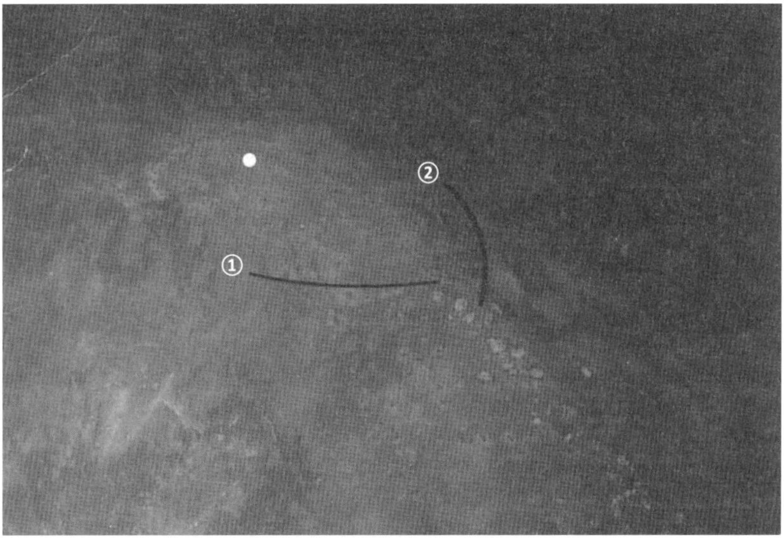

수색중대와 1연대 8중대의 합동동격
① 수색중대 공격지점 ② 1연대 8중대 공격지점

기만 했다. 이러한 모습은 영화의 한 장면보다도 더 활기찬 액션 실전 스타들 같았다. 고국의 국민들에게 보일 수만 있으면 보이고 싶은 참으로 잊혀지지 않는 자랑스러운 한 장면이었다.

전날 밤에 638고지에 한 명의 아군도 없이 철수해놓고 1대대 포진지에서 장거리 포 사격을 밤새도록 퍼부었기 때문에 월맹군도 심한 타격을 받아 전투력이 약화되었을 것이라고 생각했다. 수색중대는 며칠 전 공격했던 638고지의 동북쪽에서, 1연대 8중대는 14일 3중대가 공격하면서 피를 본 고지의 북쪽에서 작전하기로 계획되어 있었다. 고지 정상에서 관측이 잘되지 않은 곳에 바짝 붙어서 야전삽으로 참호를 파며 은폐할 곳을 만들었다. 이 참호는 적 포가 낙하할 때 몸을 숨기고 배낭과 기타 장비를 숨기는 곳이며 작전 대기선이기도 했다. 이때의 시간은 벌써 오후 3시가 넘었다. OP에서 출동한 것은 오전 9시였으니까 상당한 시간이 경과되었지만 작전 중에는 도저히 시간관념을 가질 수가 없다. 전심전력의 정력이 모두 작전에 집중되기 때문이다.

참호는 일렬횡대로 몇 미터 간격으로 늘어서게 팠는데 자세를 최대한으로 낮추어 파야 되기 때문에 야전삽을 위에서 밑으로 휘둘러 반동의 힘으로 파야 되겠지만 상황이 그렇지 못하니 엎드려 대검으로 땅을 쪼았다. 참호를 파며 나온 흙들은 마대에 넣어 방벽을 만들었으며 주변의 철모를 주워서 바가지로 활용했다.

탄창에는 모두 총알을 장전하고 수류탄도 투척하기에 좋게 안전핀을 정돈했다. 총과 총알은 군인에게는 매우 소중한 보급품이다. 안전점검이 모두 끝났을 무렵에 잠시 휴식할 수 있는 시간이 주어졌다. 휴식이라고는 하지만 전방의 고지를 관찰하며 조금도 마음 놓을 수 없는 긴장된 상태의 연속이었다.

조국의 임이 된 총각 중대장

1차 공격을 시도해 부하들 8명이 전사하자 김용강 대위는 한규원 대대장에게 상황을 보고했다. 병사들은 생때같은 전우들이 쓰러지는 비참한 광경을 지켜보면서 작전 대기 공간에서 최대한 몸을 낮추고 적의 B-40 사격과 AK 사격을 피해 기회를 노리고 있었는데, 대대장은 무조건 올라가라고 거듭된 명령을 했다.

중대장과 대대장의 대화는 당시 일방적이었다. 638고지 후사면에 아군의 포 사격에 움푹 파인 곳에 엎드려 무전을 받고 있던 김용강 대위는 대대장의 강력한 명령에 더 이상 버티지 못하고, 무조건 "알겠습니다" 하고 638고지를 보면서 "이놈 새끼들 저기 있네" 하면서 용감하

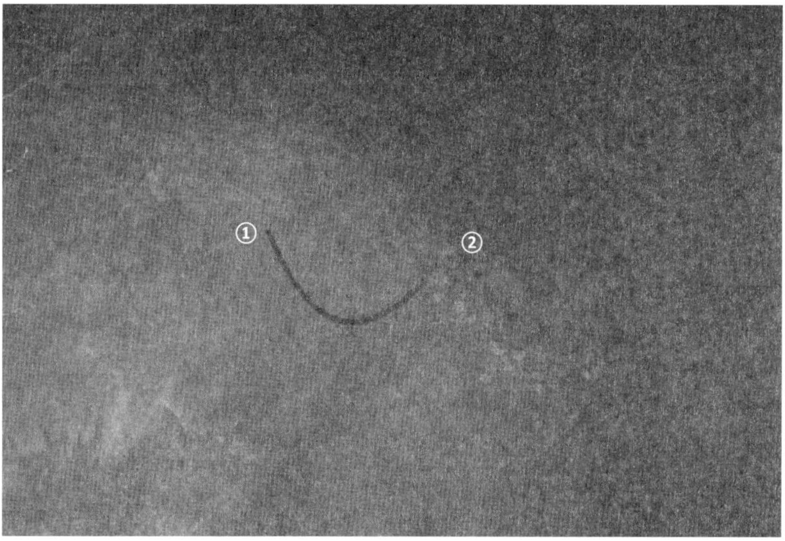

638고지 9부 능선
① 수색중대가 파 올라간 참호 ② 김용강 대위가 전사한 곳

게 앞장섰다. 장기 하사와 사병 4명이 9부 능선까지 올라갔으나 아무도 따라오지 않고 모두 자기가 있는 처소에서 소총으로 사격하면서 응시하고 있었다. 중대장 당번인 김익환 병장은 김용강 대위의 배낭과 물과 보급품을 짊어지고 약간 후방에 있었다.

638고지를 향해 앞장서 공격하던 김용강 대위는 비 오듯 쏟아지는 적탄 속에 월맹군이 정조준해 쏜 AK 소총을 머리에 관통해 현장에서 장렬하게 전사하고 말았다. 중대 무전병이었던 김진현 병장이 김익환을 불러댔다. 피아 간 쏘아대는 소총 소리에 그러한 소리는 들리지 않았지만 조금 후에 나타난 김익환 병장은 중대장을 끌어내어 등에 업고 큰 바위 뒤의 직사화기로부터 안전한 곳으로 후퇴했다.

수색중대의 모든 병사들은 이날 M16 소총이 불을 뿜고 총열이 벌겋게 달아올라 총알이 제대로 나가지 않을 정도로 사격을 많이 했다. 그 와중에 실탄을 가지러 바위 밑에 간 필자는 김익환과 마주쳤다. 김익환은 51사단 9356부대 연대 통신병으로 있을 때 부대에 함께 근무한 같은 부대 소속이었으나 그가 먼저 파월되었고 그 뒤 필자가 파월되었다. 피아 간 참담한 피해를 보면서 아비규환의 참상 속에서 반가운 사람을 만난 것이다. 그러나 비극적인 상황에서 함께 비통함에 침묵했다.

그가 중대장을 등에 업고 나오는데 뒤통수에 흰 골이 빠져나온 흔적이 보였다. 아직 체온이 따뜻한 김용강 대위를 업고 있는 김익환은 한마디로 청천벽력 같은 당혹감에 혼이 떠난 사람 같았다. 더 이상의 말은 필요 없었다. 김용강 대위를 목격한 필자도 혼이 나갈 것만 같았다.

필자는 치열한 전선으로 올라와 소대원들과 보조를 맞추면서 아군보다 적군의 총소리가 요란한 638고지의 작전이 언제나 끝날 것인가보다는 '내가 죽는 날이 언제가 될지'를 엄숙하고 숙연하게 생각했다. 공포심을 갖기보다는 숙명적인 삶을 그냥 지탱하면서 버티었다.

수색중대와 1연대 8중대는 그날 밤 그곳에서 밤늦게까지 싸웠다. 사단장과 주월사령관 이세호 중장은 여러 방법으로 병력을 투입했으나 638고지 점령에 실패하자 L-19기에 의한 격려방송을 하며 작전을 독려했다.

결국 1연대 8중대는 장교는 유일하게 3소대장만 살아남고 모두 전사했으며 100명의 출동병력 가운데 부상자와 전사자를 빼고 제 발로 부대에 복귀한 중대원은 중대 무전병 김진현 병장 외 16명에 불과했다. 그 후 어미 닭을 잃은 병아리처럼 처음 출동했던 사기는 온데간데없고 중대장을 잃고 슬픔에 잠겼다. 3소대 선임하사 박홍수 중사도 소대원이 다 쓰러지고 박 중사 자신도 중상을 입고 다른 병사에 의해 업혀 후송되었다.

부대에 복귀한 1연대 8중대 17명은 텅 빈 내무반의 전우들의 유품과 관물대와 중대장실의 유품을 보며 서로 얼싸안고 울어버렸다. 문제는 총각 중대장으로 최후의 일각까지 최선을 다해 조국에 생명을 바친 중대장이 전사기록에는 상관 명령에 불복종한 것으로 기록되었다고 김용강 대위의 보병학교 동기생이 귀국 후 국립묘지에서 만나 필자에게 귀띔했던 것이다. 현장에서 마지막 상황을 지켜본 필자로서는 의아스러운 대목이다.

김용강 중대장은 당시 전투로 화랑 무공훈장과 1계급 특진으로 소령으로 추서돼 국립서울현충원에 안장됐다.

중대장 당번이었던 김익환 병장은 귀국해 중대장이 묻혀 있는 국립묘지 앞에서 자결을 함으로써 김용강 대위의 영원한 조국에 대한 사랑에 동참하며 생을 마감했다.

1연대 8중대장 김용강의 전사기록은 매우 잘못되었고 보고자에 의해 조작되었으므로 바로잡아야 하고 1연대 8중대원들의 감투정신도 재조명되어야 한다.

1972년 4월 19일 15시.

철모를 깊숙이 눌러쓰고 고지의 능선에 엎드려 수색중대와 1연대 8중대가 좌우측에서 공격을 시도했다. 200여 명의 전우들이 일제히 M16 소총의 자물쇠를 풀고 위협사격을 하며 조별 약진으로 공격하는 위력에는 월맹군도 당황했으리라….

고지의 정상과 가까워질수록 전우와 전우 사이의 개인거리가 좁아지고 더러는 겹치고 더러는 상하에 엎드리게 되었다. 이때 월맹군의 반격이 시작되어 AK 소총 소리와 B-40 로켓포의 폭음이 공격하는 우리 전우들의 철모를 스치기 시작했다. 안케패스 638고지에서 작전하면서 철모의 덕을 본 전우들도 많았지만 이를 믿고 적과 교전한 일부 전우들은 AK 소총의 관통력에 철모에 구멍이 뚫려 피해를 보았으며, 구멍 뚫린 전우의 철모들이 여기저기서 뒹굴고 있었다.

적과 아군의 거리는 불과 20~30m 간격으로 좁혀져 사생결단의 공격과 저항이 한동안 계속되었다. 월맹군이 고지의 벙커 안에서 내려다보는 가운데 은폐·엄폐할 곳 없이 소총 한 자루와 수류탄을 들고 오직 용기 하나만을 방패로 한 맹호 용사들의 전투 게임은, 아군이 백방으로 불리한 조건 속에 있었으므로 아군 희생자가 발생하고 늘어만 가기 시작했다. 1연대 8중대 각 소대의 전우들은 638고지의 정북에서 공격하고 있었는데, 적 벙커의 3m 전방까지 공격해 올라가 적진을 향해 수류탄을 투척하기 시작했다. 그곳까지 올라가기 위해서 여러 명의 전우들이 희생되었다. 최전방에 진입해간 용감한 한 전우는 갈대숲에 숨어서 전우들이 뒤에 엎드려 수류탄을 전달해주는 것을 받아 638고지에 계속 투척했다. 수류탄 전달이 늦어지니까 고함을 지르며 속히 전달되기를 재촉했다. 이 작전 중에는 모두 엎드려 행동을 하고 있으므로 모든 운반과 전달이 늦어질 수밖에 없었던 것이다.

한참 동안 계속된 공격 끝에 완벽한 반격을 하고 있던 월맹군이 후퇴를 계산하게 하는 순간이 왔다. 1연대 8중대의 일렬로 누워 전달체계를 갖춘 매체가 전방에 던진 수류탄이 폭발하면서, 갈대에 불이 붙어 몸을 숨긴 곳으로 타들어왔다. 적 벙커 앞에 있던 전우의 옷이 타들어가므로 뒹굴며 후퇴했다. 이 순간에 수류탄 투척이 뜸해지자 전열을 가다듬은 월맹군에서는 산 너머 대정글 지대의 적의 야포부대가 지원사격을 했고, 이와 함께 638고지에서는 화약고가 폭발하는 것 같은 양

맹호 포병(155mm, 105mm)들이 638고지의 대정글을 쑥대밭으로 만드는 총공세를 감행했다.

군의 사격이 맹렬했다.

세계 전쟁사상 이처럼 가장 가까운 거리에서 양측이 막강한 화력을 보유하고 격전한 경우는 그리 흔하지 않았을 것이다. 미군이나 월남군 같으면 감히 지상군이 완벽한 적의 벙커를 불리한 조건하에서 638고지를 공격하는 한국군같이 공격할 것인가를 생각해보면 상상도 할 수 없는 일이다. 미군들이야 본래 한국군에 비하면 겁이 많은 것은 월남전에 함께 참전하면서 확인한 것이지만, 자기 나라를 지키는 월남군도 조금만 불리해도 줄행랑을 잘 치는 약체들이었기 때문이다. 이런 여러 가지 실례를 통해 자유세계의 지상의 주인은 한국군이 아닌가도 유추해서 생각해보기도 했다.

몇 시간 동안 맹호 전우들과 월맹군과의 교전은 치열하게 진행되고 있었다. 20~30m 간격으로 압축되어 극한적인 대결을 하고 있더라도 잠시 탐색하는 시간은 있기 마련이다. 이런 순간을 이용해 개인화기를 점검하고 탄창에 실탄을 채워 넣기도 했다.

나는 투입된 지 일주일이 지나 지칠 대로 지쳐 있었고 생생한 모습으로 투입된 전우들이 생기가 있어 보였다.

638고지의 정상과 정상으로 이어지는 봉우리의 능선은 동북쪽은 타원형으로 되어 있고 북쪽은 급경사이다. 수색중대 공격지점과 고지 정상의 능선은 타원형으로 형성되었기 때문에 약간의 거리에도 자세만 낮추면 적의 직사화기로부터 위험은 덜 받게 돼 있다. 그러나 고개를 약간만 들거나 엉덩이를 들고 일어서면 어김없이 AK 소총 탄알이 날아와 명중시키기 때문에 한손 한손 움직이기가 여간 어렵고 조심스러운 것이 아니었다. 수류탄 투척이 가능한 거리이나 고지의 밑에서 위로 던져야 하고 일어서서 반동의 힘으로 던져야 되기 때문에, 수색중대의 작전지역에서는 수류탄 사용이 어려웠다.

우리가 엎드려 있던 곳은 참호에서 나와 방어가 아닌 공격을 시도하기 때문에 적 포나 아군 포에 움푹 파인 낮은 곳에서 대부분 자리를 잡고 총을 겨누고 있었다. 많은 전우들 가운데 어느 누구 하나가 무의식 중 고개를 들었다가는 월맹군이 정조준해 어김없이 총알이 날아왔다. 적은 높은 고지에서 한눈에 많은 지역을 감시할 수 있지만 아군은 적의 위치나 적을 전혀 관측할 수 없다는 입지조건 때문에 한꺼번에 산발적으로 공격을 하므로 적의 허점과 틈이 보일 때만 집중공격할 수 있었다. 그러므로 전면적으로 공격을 시도할 때마다 아군의 희생을 항상 각오해야만 했다.

638고지 전투에서는 유효하게 활용한 화기가 있었다. 그것은 M72 대전차포로서 전기 발화식으로 발사하면 300m까지 날아가는 무서운 무기인데 1회 단발용으로 돼 있다. 이 M72 대전차포를 유효적절

638고지 9부 능선의 불에 탄 고목나무

안케패스 638고지를 점령한 4월 24일 이른 아침 기자들이 찍은 사진으로, 왼쪽부터 필자(철모 쓴 병사), 선정원 병장, 위생병이다.

하게 잘 활용한 분이 있다. 그분은 3소대의 선임하사 정 중사인데 이 선임하사는 638고지를 공격하는 데 또한 적의 심장부를 강타해 월맹군을 휘청거리게 만든 장본인이다.

우리가 엎드려 공격하고 있는 위치에서 20m 뒤에 불에 타 죽은 고목나무가 있었는데, 그 고목나무에 몸을 숨기며 M72 대전차포로 적의 토치카에 3~4발을 명중시켰다. 사격 도중 정 선임하사의 허리에 차고 있는 탄창이 AK 소총을 맞아 구멍이 뚫리기도 했다.

AK 소총의 성능은 가까운 30~40m 거리에서는 철모와 화이바를 관통하는 위력을 지녔으며, 전사한 전우들의 철모에는 깊은 총구가 뚫려 있다. 어느 전우는 철모를 두 개씩 포개 쓰고 작전을 했다. 평소 훈련 시에는 철모가 무겁다고 벗어 손에 들고 다녔는데 자기의 생명을 스스로 보호하기 위해 작전 시 취한 행동이다. 더 이상 접근할 수 없는 최전방까지 기어 올라가 나무에 붙어 있는 매미같이 고지에 붙어 있는 적의 저항 때문에 소강상태가 계속되니, 정종태 소대장은 다급하게 유남수 일병을 불렀다. 이유는 유탄발사기를 소대장 앞으로 빨리 가져오라는 것이었다.

유남수 일병의 전사와 아비규환 치열한 전투

유남수 일병이 약간 안전하다고 생각되는 고지의 9부 능선에서 전방을 향해 계속 유탄을 쏘아대다가, 소대장의 명령에 따라 엉거주춤한 자세로 소대장 앞으로 엎드려 올라가면서 사격을 하며 잠시 일어서는 순간이었다. 이때 그는 어김없이 날아온 월맹군이 쏜 AK 소총에 맞았다. 비명 한마디 지르지 못하고 총알이 명중한 머리와 배를 움켜잡고 고통스러워하는 사이에 몇 발의 사격을 더 받고 소대장의 우측 1m 지점에서 쓰러졌다. 적의 총을 맞고 유 일병이 쓰러지는 전 과정을 소대원 다수가 목격했다.

그러나 모든 전우들의 위치가 적의 사격권에 들어 있기 때문에 한 전우가 전사하는 과정을 지켜보면서도 속수무책으로 자신들의 자세를 가다듬고 위험으로부터 자신의 생명을 본능적으로 보호하기 위해 전력투구를 해야 했다. 전투상황이 가속적으로 치열해지므로 유남수 일병의 시체를 끌어내릴 여유와 시간조차 없이 얼굴을 땅에 대고 자세를 최대한 낮추어 적과 치열한 교전을 계속해야만 했다. 남수가 쓰러지자 정 소대장은 모두에게 자세를 더 낮추라는 위험 신호를 보냈다.

적을 두려워할 줄 모르고 작전에 앞장서 매사에 솔선수범하던 유남수 일병이 비명 한마디 남기지 못한 채 젊음의 한을 풀지 못하고 영원히 돌아올 수 없는 영혼의 세계로 가버린 것이다. 638고지를 점령해 승리의 깃발을 꽂고 휘날리는 깃발도 보지 못하고 싸늘해져가는 그의 시체만 8부 능선에서 6종으로 변해버렸다. 전우의 처절한 시체를 보면서도 슬퍼하거나 고통스러워할 여유조차 잃어버리고 기진맥진한 모습으로 피를 본 전우들은 사나워진 모습으로 변해, 눈초리를 번뜩이며 M16 소총의 방아쇠를 당기며 적진을 향해 분노하며 쏘아댔다.

나는 남수의 시체로부터 2m 떨어진 곳에서 자세를 낮추어 포복하며 사격 중이었다. 4번 소총수인 유탄발사기 사수인 유 일병이 전사하자 소대장이 사수가 되어 계속 쏘아댔다.

성병(聖兵)이 되어 공격한 전우들

한자리에 엎드려 오랜 시간 같은 방법으로 사격을 하지 말아야 한다. 왜냐하면 적이 불을 뿜는 사격 장소에 정조준의 기회를 주기 때문이다. 연발로 총을 쏘면 탄창을 갈아 끼우고 실탄을 자주 장전해야 하기 때문에 화기의 자물쇠를 단발에 놓고 꼭 필요한 사격만을 해야 적에게 아군의 허점을 보이지 않는다.

나의 좌측에서 공격해 올라가는 장기하사 전용만 하사의 팔에 피가 줄줄 흐르고 있었지만 본인은 총을 맞은 사실을 모르고 있었다. 옆에 있던 어떤 전우가 전 하사의 팔에 피가 낭자하다고 소리치며 알려주니까 그때서야 그는 벌떡 일어서며 소총을 놓고 피가 흐르는 팔뚝을 잡았다. 고지의 8부 능선 적의 벙커 앞에서는 낮은 포복 자세를 하고 있었지만 고개를 약간만 들어도 적의 총알이 날아온다는 사실을 잊어버렸는지 전 하사가 일어서는 순간 전 하사의 허리에 적의 AK 총알이 맞았다. 서너 발의 적 탄의 사격을 받고 자기 통제력을 상실한 전 하사는 빨리 자세를 낮추고 엎드리라는 고함 소리에 물구나무서기를 하듯 하다가 주저앉아버렸다.

이렇게 동료 전우가 총에 맞아 쓰러져도 총에 맞은 그 위치와 자리에 달려가 부상당한 전우를 부축할 수가 없었다. 왜냐하면 적으로부터 사격을 받아 함께 부상당하든가 전사하든가 하기 때문이다. 638고지의 상황에서는 고함을 질러 전선으로부터 스스로 안전지역으로 후퇴해 나오게 해야만 손을 쓸 수 있었다. 전선을 형성한 대열에서 5m 정도 굴러 내려오게 한 뒤 위생병을 불러 급한 대로 지혈케 했다. 이 상황에서 부상당한 전우에게 응급조치를 한답시고 대열에서 빠져나간 전우도 있어 다른 전우들로부터 얌체라는 눈총을 받았다. 죽으나 사나 대열을 지킨다는 것이 전선의 전우들의 작전윤리이기 때문이다.

전 하사 우측에서 맞붙어 공격하던 정 병장은 전 하사의 부상을 알려 준 장본인인데 그 자신도 얼굴에 콩알만 한 파편을 맞아 피가 흐르고 있었다. 이와 같이 3소대원들도 한명 한명 부상자가 늘어가면서 소대원 숫자가 줄어들기 시작했다. 작전에 참전한 모든 전우들도 부상자가 생길 때마다 다음은 내 차례라는 운명의 임박함을 예고하는 신호로 알았다. 이러한 상황에서 군인으로서 참으로 어리석은 생각이지만 작은 부상으로 후송 가는 전우가 부러웠다.

작전 중이 아닌 평상시 같으면 명지털 하나만 뽑아도 제법 따끔해 가까운 친구 사이라도 털 세 개만 뽑으면 싸운다는 말이 있다. 그런데 작전 중에는 자기의 팔과 얼굴에 총탄과 파편을 맞았어도 그 아픔을 의식하지 못했다. 아픔도 고통도 그 자체가 절대적인 것이 아니고 상대적인 모양이다. 자기의 몸에서 살점이 떨어져 나가더라도 그 순간을 모르는 치열한 전투상황이 강한 정신적인 자극을 주기 때문이다. 638고지의 전투상황에서는 고통을 의식하지 못할 정도로 상황에 취해 교전을 한 것이다. 과연 그럴 수 있을까 하는 의심을 한 번쯤 해볼 것이다. 이것은 성인(聖人)의 경지를 통해서나 볼 수 있는 정신세계의 일부분인 것 같다.

성인 예수 그리스도는 바리새인들이나 서기관들에 의해 이단자로 몰려 십자가에 못박혀 억울한 죽음을 당하게 되었을 때 얼굴을 땅에 대시고 엎드려 기도했다. "내 아버지여 할 만하시거든 이 잔을 내게서 지나가게 하옵소서. 그러나 나의 원대로 마옵시고 아버지의 원대로 하옵소서."(마 26:39) 그리스도의 기도 가운데 나와 나의 아버지, 그리고 나의 원과 아버지의 원대로라는 말씀으로 봐서 예수와 하나님과의 무언의 약속을 한 원하는 바가 있었던 것 같다. 그리스도가 아버지의 뜻을 더 소중히 하고 그 뜻을 걱정하시느라고 자기의 사리사욕을 모두 저버리고 아버지의 뜻을 걱정할 때, 그 자신의 아픔과 고통과 슬픔을 모두 잊어버리고 주체자(主體者)의 사정에 취했을 것이다.

주체자의 사정과 심정에 취하다 보면 대상(對象)인 자신의 마음과 사정은 주체자의 사정에 흡수 · 융해되는 것이다. 모시고 있는 주체자의 심정과 사정을 빌려 사랑으로 적과 원수를 사랑했던 그리스도가 아니었던가? 극한 상황의 638고지의 전투도 마치 그와 같이 성병(聖兵)의 경지에서 싸웠던 것과 같았다.

OP 탄약고의 폭발

1972년 4월 15일 새벽 02시.

그날 밤 1중대 기지 안에서도 탄약고에 타들어가던 불이 확산되어 한꺼번에 폭발했다. 기지 둘레에 교통호와 유개호에서 근무하던 경계초병들이 폭발하는 포탄의 후폭풍에 10~20m까지 날아가버렸다. 병커 안에서 잠을 자고 있던 많은 전우들도 적의 포탄이 한꺼번에 수백 발이 날아와 터져 기지가 날아가버리는 줄로 생각하고, 모두 벙커가 무너져 내리는 흙더미를 피해 밖으로 뛰어나오는 소동이 벌어졌다. 탄약고가 폭발하는 밤 1시경에 근무하던 모든 전우들이 상당한 화상을 입어 얼굴의 형체를 알 수 없도록 물집이 크게 잡혀 있었고 아픔에 괴로워하는 병사가 늘어났다. 그 뒤 잠 한숨을 자지 못하고 뜬눈으로 밤을 새워야 했다.

그토록 어렵고 힘든 작업으로 헬기장에서 4.2인치 포탄을 운반해 왔으나, 그로부터 며칠 안 되어 불운하게 적이 아닌 아군에게 피해를 주며 한꺼번에 폭발한 것이다. 포탄의 폭음과 화염은 기지 안의 모든 전우들을 그을리게 하고, 산이 무너지는 엄청난 진동에 의한 충격은 오래도록 공포와 비애에 구속받게 했다.

탄약고 쪽의 벙커에서는 흙더미가 많이 무너져 그 속에 묻혀 흙을 털고 벙커 밖으로 뛰어나온 전우의 모습들은 생명이 살아 있다고 보기에는 너무나 가련해 보였다. 이때 다른 벙커에 잠자고 있던 전우 4명이 전사했다. 필자도 흙과 먼지를 몽땅 뒤집어쓴 모습으로 밖으로 뛰어나왔다.

다행히 수색중대 3소대가 머물던 벙커의 골격은 치명적인 손상을 입지 않았기 때문에 전체가 무너지지는 않았다. 나중에 아군의 탄약고가 폭발한 사실을 알고 약간의 안심을 했지만, 모든 전우들은 신경이 예민할 대로 예민해져 C-레이션 깡통 하나만 땅에 떨어져도 민감한 반응을 보이며 신경질적으로 반작용을 하게 되었다.

탄약고 폭발 이후의 1중대 기지 참상

1중대 기지는 폐허로 변해

1중대 OP에 돌아와 보니 기지 안에도 많은 적탄이 떨어졌다. 4.2인치 지원중대 파견소대의 탄약고에 불이 붙었다. 아군의 포 진지에는 적 포탄이 명중되어 지하통로로 연결된 탄약고에까지 불길이 붙어 가열되는 대로 한 발씩 터지기 때문에 접근하기가 매우 어려웠다. 적의 근거지에 집중포격을 가해주던 4.2인치 포 진지도 박살 나버려 모든 포문이 찌그러진 깡통으로 변해 아무 쓸모없는 쇳덩이가 되어 저 멀리 내팽개쳐져버렸다.

적의 포탄이 끊임없이 계속 낙하되고 우리 기지의 탄약고의 포탄이 화재에 의해 폭발하므로 이중으로 위험한 상황이 되었다. 기지 안의 분위기도 전보다도 불길한 예감을 감돌게 하는 분위기가 팽배해 있었다. 수색중대가 첫날 4월 12일 밤에 출동하자마자 월맹군의 전술에 걸려 7명의 전사자를 내고 1중대 OP에 귀환했을 때는, 귀국특명을 받았다는 지원중대 월남 고참 하사와 다른 포병 4명이 적 포에 맞아 포 진지 안에서 전사하고 보이지 않았다.

수색중대와 1연대 8중대가 638고지에서 철수하고 저 멀리에 있는 1대대 기지 안에서는 수백 발의 곡사포를 638고지 정상에 퍼부었다. 생물체라곤 모조리 부서져버리도록 고지의 주변 대정글 지대에 이르는 곳까지 적이 은거할 만한 곳에 무한정 사격을 했다. 고지에 보병으로서 공격해 올라가다가 당하기만 한 원한이 약간은 시원하게 풀릴 것만 같은 공격이었지만, 월맹군이 어떻게 되었는지는 아무도 모른다.

기도로 조국의 제물 되길

나는 그날 밤 오랜만에 본능적으로 기도했다.

하나님 아버지!

안케패스 전황을 예상할 때 도저히 살아서는 안케패스를 빠져나갈 수 없다는 것을 보고드립니다. 이러한 격전지로 보내주신 것을 먼저 감사하게 생각합니다. 비 오듯 쏟아지는 총성과 포성에 의해 나의 전우들은 많은 피를 흘리며 용감히 싸우다가 죽어갔습니다.

이제는 남은 전우들이 그 뒤를 따라 전사할 차례가 한발 한발 다가오고 있습니다. 이렇게 살벌한 전투지역에서 전사하는 길이 조국을 위하는 일이라면 조국의 명령에 따르겠습니다.

인명(人命)은 재천(在天)이요, 병신 되고 안 되는 것은 숙명으로 믿으며 질경이같이 질긴 생존 전우들을 보살펴주십시오!

오랜 역사의 뿌리 깊은 조상을 가진 민족으로서 오늘까지 강대국의 침략을 극복하고 건재할 수 있었던 것은 우연이 아니고, 선열들이 피와 땀과 눈물을 적의 화살의 방패로 삼아 제물이 되었기에 가능했다는 것을 이제야 알았습니다.

안케패스에 참전하고 있는 모든 전우들은 상관의 명령엔 순한 양 같았고 적 앞에는 용감했습니다. 그러나 저 자신은 불안과 공포와 초조함에서 벗어나지 못하고 피동적인 작전을 하는 어리석은 모습을 하며 죽음을 두려워하고 있습니다. 현실적으로 이 한 생명을 638고지에 던져 고지가 점령될 것 같지도 않고 값없이 희생만 될 것 같습니다.

현실을 초월해 입체적으로 임하시는 신의 섭리에 따라 행동할 수 있는 용기를 주십시오. 안케패스 작전에서 전우들의 뒤를 따라 쓰러진다면 조국을 위한 제물로 삼아주십시오. 살아남는다면 용감하고 충성스러운 전우들의 장한 모습을 조국의 모든 국민에게 전하겠습니다.

이러한 요지의 기도를 묵상하며 드리고 난 후에 나의 마음 가운데에서 끈질기게 꿈틀거리던 두려움과 공포심이 서서히 사라지고 두 주먹이 힘껏 쥐어졌다. 기도의 힘이 무엇인가를 안케패스 1중대 OP의 폭음과 화염에 휩싸인 폭풍우가 지나간 폐허 속에서 체험하게 되었다. 내가 조국의 명령에 죽음을 각오해 순종하며 충성해봐야만 조국의 진짜 주인들인 선열들의 애국심을 느껴볼 수 있다는 사실도 이때 알게 되었다.

하사한테 거수경례한 신임 소대장들

안케패스 작전이 가장 치열했던 4월 18일을 전후해서 수색중대 1소대장과 2소대장이 새로 부임해왔다.

병력의 여백이 심해 충원할 병력을 찾았으나 기지를 방어할 최소한의 병력만 남긴 채 모두 안케패스로 출동했기 때문에 사상자가 발생해도 보충시키지를 못하고 있던 차, 병력 충원의 묘안을 생각해낸 것이 부산항을 출발한 백마부대 파월 특명 장병들을 태운 배에서 신병들을 맹호부대로 끌어내리는 일이었다. 이때 수십 명의 신병과 장교들을 차출했으나 특명받은 사병들은 미리 겁을 먹고 나오지 않으려고 배 안에 숨어 숨바꼭질을 했다.

신병들은 대부분 기지 방어를 시켜 비교적 안전한 지대에 배치했으나 장교들은 연대에서 보충교육을 받을 여유도 없이 병력수송 헬기로 안케패스 638고지로 급파시켰다. 새로 부임한 신임 소대장들은 짬밥살이 뿌연 귀동자들이었다. 반면 이미 투입된 전우들의 모습은 황토흙에 구르며 땀과 이슬에 범벅이 되고 정글복은 갑옷이 되어 모두들 신라시대 장군들 같았다.

계급장과 군번줄이 달아난 지 오래였고 철모에 씌운 위장망은 참호 팔 때 바가지로 사용하며 벗겨져버렸기 때문에 군 복장으로 봐서는 누가 하사이고 사병인지 장교인지 구분하기가 어려웠다. 그 때문에 신임 소대장들은 육감으로 장교인 듯한 느낌만 들면 부동자세를 하고 거수경례를 했다. 이때 복장이 약간 단정해 보이는 3소대 김 하사에게 "맹호!"라는 구령과 함께 거수경례를 했다. 신임 소대장들은 김 하사를 중대장으로 잘못 알고 인사를 한 것 같았다. 신임 소대장으로부터 거수경례를 받은 김 하사는 기분이 매우 좋았던지 내가 파놓은 양호한 벙커에 찾아와 간간이 떨어지는 적의 포탄을 피해 4~5명이 모여 있는데 자랑 삼아 이야기했다.

그러나 신임 소대장은 638고지에 널려 잠자고 있던 전우들의 비참한 모습을 보며 이미 전선에 투입된 병사들의 위엄과 그들에게서 비쳐오는 분위기에 계급을 초월해 인사한 것인지도 모른다.

전날 밤 638고지에서 맹호 전우들을 모두 철수시키고 고지 정상에 밤새도록 포탄세례를 주었다. 이 정도면 아무리 두더지 같은 놈들이라고는 하지만 기가 꺾였을 것이라고 생각했다. 고지를 향하면서도 이번만은 638고지를 점령할 수 있을 것이라고 확신할 수 있었다. 어제까지 파놓았던 한국군의 참호들은 아군의 집중사격에 의해 거의 부서지고 다시 적의 관망을 피해 고지의 7부 능선에 붙었다. 밤새도록 딱따구리 나무 쪼아대듯 야전삽과 대검 등으로 고지의 허리를 쪼아댔다.

참호는 2인이나 3인이 들어갈 수 있도록 팠고 파낸 흙은 마대에 담아 거총할 수 있는 방벽도 다시 만들었다. 2차 공격 시에 진격했던 곳에서 15m 후방지역에 진을 치고 참호를 구축하고 있던 것은 적의 반격에 대비하기 위한 작업이며 포탄 낙하로 인한 피해를 줄이기 위한 것이었다. 참호를 파는 데 있어 모든 전우들은 처음보다 굴을 파는 솜씨들이 세련되어져 제법 양호하게 만들었다. 그러나 월맹군이나 베트콩의 땅굴 파는 실력에는 따라가지 못했다. 게릴라전이 그들의 주특기이기 때문에 땅굴 파는 수법이 매우 다양하고 능숙했기 때문이다.

638고지 8부 능선에 붙어 고지에서 밤을 새우며 참호를 구축하고 교대로 눈을 붙이며 새 아침을 맞이했다.

그동안 사단장과 연대장이 1중대 OP를 다녀간 후 물을 제외한 모든 보급품이 원만하게 수송되었다. 적의 대공사격에도 불구하고 위험함을 무릅쓰고 헬기와 시누크를 통해 C-레이션과 탄약들이 안케패스로 낙하되었다. 그러나 무더운 온종일을 태양에 시달려 목과 입술이 타

1중대 600고지에서 본 638고지
작전 당시는 길이 없었다.

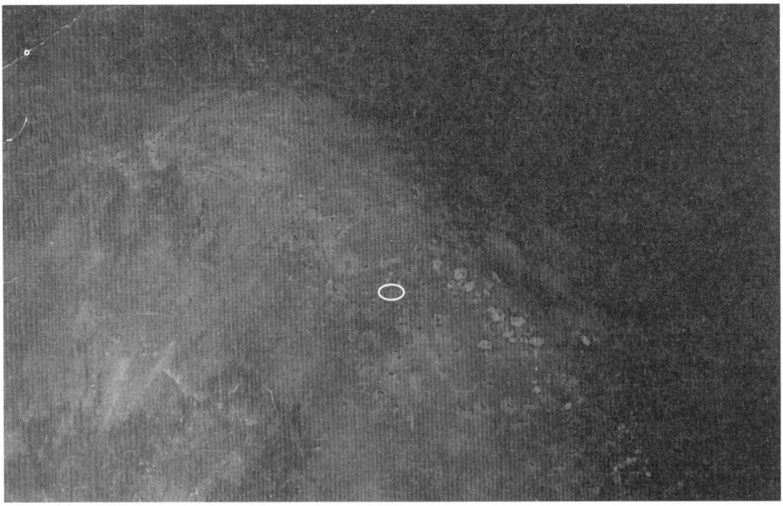

고지를 향해 공격했던 벌집 같은 참호들
◯ 표시된 곳은 필자가 길고 넓게 판 참호 자리

견뎌내기가 힘들기 때문에 새 아침의 이슬이라도 받아 마시고 판초우의에 방울진 이슬방울을 핥아먹으며 갈증을 조금이나마 해소하곤 했다. 그래서 모두들 아침이 기다려지곤 했다.

전날 밤에는 이상한 꿈을 꾸었다. 동생 정오가 어디에선가 큰 구렁이와 싸우고 있었는데 정오가 구렁이의 머리를 물고 삼키려고 몸부림치며 오랜 시간 공방전이 벌어졌다. 살아 있는 구렁이를 비늘도 벗기지 않고 그냥 삼키려는 동생과 입에 물려 발버둥치는 구렁이 사이에 몸싸움이 한동안 막상막하로 치열하게 계속되었다. 정오는 구렁이를 입에 물고 꿀떡 삼키려고 시도하다가 네 번째에 몸집이 크고 긴 검은 구렁이를 어렵게 삼켜버렸다. 지난밤에 이렇게 이상하고 희귀한 꿈을 꾸고 나서 안케작전에 대해 상징적으로 보여주는 꿈이 아닌가 하고 생각해보았다.

맹호 용사들과 월맹군 사이 DMZ와 같은 지역에는 전사한 전우들의 시체가 태양에 녹아내리며 고약한 냄새가 바람이 불 때마다 풍겨왔다. 이미 전사한 지 오래된 전우들의 시신은 쇠파리가 까놓은 구더기가 우글거리며 형체를 알아볼 수 없는 골격만 앙상하게 남아 있었다. 그 고지의 8부 능선에 붙어 적과 대치하며 또 다시 공격준비를 하고 있었다.

생명을 구한 참호 구축

638고지의 8부 능선에는 불에 타 죽은 고목나무가 한 그루 있었는데 월맹군의 사격에 의한 많은 총탄 흔적이 있었으며 포탄에 맞아 가지들이 모조리 잘려 볼품 흉하게 생겼다. 이 고목나무에는 전투 중에 배낭과 기타 휴대품을 걸어놓은 전우들도 있었기에 그곳을 향해 월맹군은 많은 사격을 하게 되었다. 전우들과 지역을 맡아 참호를 파는데 나는 고목나무로부터 3~4m 밑에 자리를 잡고 참호를 파기 시작했다. 이 고목나무는 작전 대기선의 기준점이 되어 활동반경에 큰 도움을 주었다.

이 지역은 허리를 펴고 작업을 해도 직사화기로부터 몸을 보호할 수 있는 곳이다. 나는 5~6명이 들어가 적의 포탄 낙하를 피할 수 있을 만큼의 크기로 참호를 파놓았는데, 주위에 쓰러져 있는 나무토막들을 구해 덮고 그 위에 마대에 흙을 넣고 제법 그럴싸한 유개호를 만든 것이다. 분대장들은 여러 전우들이 만든 참호와 내가 만든 참호와 비교하며 내가 판 참호가 아주 훌륭하다고 칭찬해주었다. 고참이나 분대장들이 땅굴 파는 실력을 인정해주니까 나의 존재 위치가 상승이라도 된듯 마음이 편했고 참호 파는 데 자신감을 더할 수 있었다.

참호를 구축하는 작업이 끝나고 잠시 휴식을 하고 있을 때다. 따이한들이 밀집해 있는 638고지의 허리 부분부터 참호를 구축하고 있는 지역에 월맹군의 포 사격이 개시되었다. 모든 전우들은 자기가 파놓은 참호 속에 들어가 포탄 세례를 피했다. 1중대 OP를 집중적으로 공격하던 것과 비슷하던 수법으로 적의 로켓포와 박격포 사격이 50~60발 정도 떨어져 불바다가 되었다. 나는 참호의 설계자요 시공자로서 가장 밑에 엎드렸고, 주위에서 휴식하던 동료와 분대장들이 나의 참호로 뛰어들어와 서로 엉켜 본능적으로 자기가 더 밑으로 파고 들어가려는 몸부림이 벙커 안에서 벌어졌다. 참호 주변 1m 전후에는 많은 포탄이 떨어졌으나 7~8명이 들어와 공포의 포탄으로부터 피신을 하고 있는 참호 안에는 다행히도 떨어지지 않았다.

한 사람이 파 놓은 참호는 소대의 여러 전우들의 생명을 구하게 되었다. 포탄 낙하가 계속되는 가운데 한 발만 잘못 떨어지면 내가 파 놓은 참호가 무덤이 되어 무명용사의 묘지가 될 뻔한 위기를 맞이했다.

이때 절박한 포 사격을 받으면서도 어린 시절 배실 아주머니가 “태평양전쟁 때 괌도에서 어느 토굴 속에 여러 사람이 숨어 있는데, 미군이 던진 수류탄에 바짝 엎드린 사람은 살고 앉아 있던 사람들은 죽었다”라고 하신 말씀이 생각나 포탄 사격이 끝난 후까지 머리를 땅에 맞대고 일어설 줄을 몰랐다. 이처럼 어려움에 처할 때 성장과정에서 있었던 크고 작은 사건들이 위기를 극복하는 데 많은 도움을 주었다.

작전 중에 떠오르는 과거의 추억들

나는 농촌 출신이기 때문에 흙과 물과 대자연과 더불어 살아왔다. 나이에 비해 몇 년이나 늦게 꿈에 부풀던 고등학교에 진학했다. 당시 모든 사람들이 어렵게 살아왔듯이, 우리 집도 전주에 유학해 고등학교에 진학할 만한 형편이 되지 못했다. 그래서 스스로 학비를 마련해 학비와자취생활에 필요한 생활비를 조달할 수밖에 없었다.

당시에는 일터를 구하기도 힘들고 해서 나는 1학년 초기에 사촌형 집을 비집고 살았다. 큰어머니께서 사촌 형님의 사정도 모르고 조카를 위해 하시는 말씀이 “큰어머니가 전주에 솥단지를 걸고 생활을 하는데 우리 먹는 대로 먹고살면 되지 않겠느냐”는 것이었다. 올데갈데없어 하는 수 없이 물어물어 찾아갔는데 큰어머니께서 따뜻이 어루만져주시는 고마운 말씀은 영원히 잊지 못할 것 같았다.

당시 말단 공무원 생활을 하며 신혼생활을 하고 있던 사촌형은 2칸 전세방 생활을 하며 어렵게 생활하고 있는 터였다. 박봉을 쪼개어 살림하시는 사촌 형수님께서는 부잣집 딸이었으나 모든 어려움을 극복하고 시동생인 홍석이와 사촌 시동생인 나를, 그리고 큰어머니를 참으로 알뜰하게 보살펴주셨기 때문에 ‘혈육이란 이처럼 뜨겁고 고마운

51사단 신병교육대 교육 중 사촌 동생 홍석과 함께

인연이구나' 하는 것을 체험하게 되었다.

이때 한 살 아래의 사촌 동생인 홍석이는 전주상고를 졸업했으나 나는 고등학교 1학년으로 홍석이의 후배가 되었다. 사촌 동생은 반말로 "ㅇㅇ야" 하고 나를 불렀다. 그러자 옳은 일이라면 대쪽 같은 사촌 형님은 홍석이와 나를 불러 세워놓고 "너희들 둘 중에 누가 형이야." 하고 홍석이에게 다그쳤다. 한 살 차이밖에 안 되는 사촌 동생으로부터 형의 대접을 받지 못하는 것은 가난에 시달려 늦게 학교에 다니는 죄 때문이라고 평소 생각했는데, 사촌 형이 나의 마음이라도 읽었는지 나의 편이 되어 홍석이를 나무랄 때 얼마나 고마웠는지 모른다. 역시 세상을 많이 사신 형님께서 동생들의 위계질서를 세워주시니, 형으로서의 이미지가 나로서는 만점이었다.

내가 큰집에 들어간 지 3개월 만에 그 집이 팔려 사촌 형은 방 하나짜리로 이사를 가게 되었다. 신혼부부가 어머니와 남동생까지 부양하고 있는데 큰방 가운데에 커튼을 치고 살아야 할 형편을 알게 된 나는 이불 봇짐과 책가방을 둘러메고 찾아간 곳이 전주농고 앞 조씨네 과수원 집이었다. 숙식을 해결받고 매월 1,500원씩의 노임을 받기로 하고 취직을 하게 된 것이다. 이 과수원은 복숭아나무와 사과나무가 반반으로 심긴 곳인데, 이 과수원에서 과수 둘레를 파고 거름을 넣고 덮는 일과 잡초를 제거하기 위한 삽질과 소독기를 압축하는 일은 장정에게라도 중노동이었다. 입학한 학교에 성실하게 다녀야겠다는 신념으로 어려움을 극복했다. 공부를 계속하겠다는 배움의 욕망은 한나절에 한두 번을 쉬고 소독기를 누르며 압축했다.

주인 조씨 아저씨가 "쉬어가면서 하게"라는 말을 하루에도 몇 번 할 정도로 몸을 아끼지 않고 일을 했기 때문에, 일이 끝나면 녹초가 되듯 퍼져 일어서기 힘들 정도로 일을 했다. 이 일을 해내지 못하면 학교도 다닐 수 없고 올데갈데없었다. 그곳을 유일하게 내가 공부할 수 있는 곳으로 생각했다. 이때 4개월 동안 땅을 파며 땀 흘린 보람은 전 생애에 운명을 바꾼 의지가 생성한 안케패스 작전에 연결되어 난리의 위기에서 살아남을 수 있는 기반이 되었던 것이다.

어린 시절의 성장과정에서 어른이 될 때까지의 경험은 참다운 삶을 영위하는 데 금싸라기 같은 귀한 보배의 보고이다. 현재의 위기는 미래의 평화에 더욱 값진 가치를 발휘하게 하는 배경이 된다는 평범한 진리를 이때 체험하게 되었다. 노동 치고는 중노동에 시달리던 학생 시절 과수원의 땅 파기는 안케패스 638고지를 공격할 때 참호를 파는 데 훈련과 연단의 과정이었던가 보다. 그러나 당시엔 편안하게 공부만 하며 학교에 다니는 친우들을 얼마나 부러운 눈초리로 바라보았던가. 그때의 땅 파는 의지와 실력이 나를 구하고 3소대 1개 분대를 털끝 하나

상하지 않도록 보호하고 생명을 구하는 훈련을 시켜준 것이었다는 확신을 뒤늦게 하게 되었다.

갈증의 한계

인간의 삶의 무대는 크게 나누어 물과 흙과 공기로 이루어져 있다. 그 중에 생명의 원천은 물로 보고 물에 대한 소중함과 가치를 되새겨보고 싶다.

물은 언제나 제자리에 있는 것 같지만 항상 움직이고 이동해 운동을 하면서 수평을 향해 낮은 곳으로 흘러간다. 바닥에 도달하면 그곳에서 수증기로 변해 하늘로 올라간다. 그리고 하늘을 떠다니다가 결국은 비로 변해 지상의 높은 곳에서 낮은 곳으로 흐르면서 모든 생명체에게 생명의 원천이 되어준다. 또 물은 지하로 들어가서 땅의 기운을 만드는 정맥과 동맥을 만들고 끊임없이 흙에 생명을 불어넣어 준다.

우리의 생명이 시작될 때 물로부터 출발해 물속에서 10개월을 지내다가 물속에서 벗어나는 것이 탄생의 신비이다. 인생도 물과 같이 끊임없이 순환하며 산다. 탄생 이후 물속에서 벗어나면서부터는 엄마 젖을 먹고 목욕을 하고 물을 먹으면서 살아가기 시작한다. 갈증은 생명을 유지하고 지탱하기 위한 본능의 명령이자 간절한 욕구이기도 하다. 오랫동안 비가 오지 않을 때는 땅이 거북 등같이 벌어지고, 우기 철에는 벌어진 대지에 물이 채워지면서 파란 생명이 솟아난다.

갈증 하면 적도의 무더위에 시달리는 아프리카를 떠오르게 하고 나라를 지키는 군인들의 수통을 생각하게 된다. 작전하는 군인들의 소지품에는 개인화기와 실탄 그리고 수통의 물이 있다. 특히 베트남전쟁에서 용맹을 떨쳤던 따이한들은 작전 나갈 때 수통을 평균 4~5개 이상

옆구리 혁대에 차고 나갔다. 군장 무게의 1/3은 물의 무게로 채워진 셈이다.

파월 사상 최대의 격전지에서 갈증으로 인한 고통을 참아내는 것도 자기관리의 작전이었다. 물이 이처럼 귀하고 값진 것이라는 것은 안케작전이 아니었더라면 일생 동안 모르고 살았을 것이다. 638고지 8부능선에서 동쪽을 바라보면 날씨가 좋은 날이면 태평양 바닷물이 출렁이는 모습이 보였다. 갈증으로 허덕이는 처절한 극한 상황에서는 태평양 바닷물을 모두 마셔도 부족할 것 같은 비정상적인 물 생각에 치우쳐 갈증에 구속되는 현상이 벌어졌다. 전우의 고통이나 전우애 그리고 사명감까지도 물 생각에서 벗어나지 못하고 허우적거렸다. 생존 본능을 자극하고 그 본능을 실현할 기회가 삶의 원천이고, 그 과정에서 극한 갈증의 한계 속에서 가치의 철학이 고통으로 인해 각인되어 본질을 벗어나는 때가 있다.

우리의 몸은 70%가 수분으로 이루어져 40도가 오르내리는 정도에 가까운 작열하는 태양 아래에서 완전군장 장비 40kg 이상의 짐을 지고 작전을 하면서, 정글복은 소낙비에 맞아 젖은 것같이 땀에 젖어 있고 그 땀은 정글화 속으로 흘러내려 정글화가 흠뻑 젖어 있는 것이다.

체온 조절기능의 한계를 맞이하면서 작전 중에 그 많은 작업과 활동량은 세포 하나에 배어 있는 수분을 땀으로 배출했다. 그늘 하나 없는 대머리가 된 638고지의 능선에서 땀으로 체온을 조절하는 한계를 느꼈다. 물을 요구하는 생리적 욕구로 소변을 본 지가 며칠이 지났어도 나오지 않고, 목이 타는 갈증으로 입술이 마르고 침이 말라 건조해졌다. 체온 조절기능을 하지 못하는 몸은 빈혈이 생기고 자기통제 기능마저 상실해 쓰러지고 만다.

이런 생리적 극한 위기 속에서 물 한 모금의 가치를 새삼 느끼게 된다. 어떤 전우는 전사한 전우의 허리띠에서 물통을 꺼내어 남겨두었던 한 모금의 물을 마시며 갈증을 해소했다. 어떤 전우는 며칠 만에 나오는 오줌을 커피나 코코아 가루를 섞어서 먹어보았지만 금방 구역질이 나서 토해냈다. 평상시의 오줌은 이 작전에 참전한 전우라면 모두가 잘 마실 수 있었을 것이다. 그러나 체온조절을 위해 짤 수 있는 모든 수분은 체내에서 모두 빠진 상태에서의 오줌은 노랗다 못해 검붉은 색이 감도는 기름기가 둥둥 뜨는 탁한 오줌이기 때문에 먹을 수가 없는 것이다. 그러나 생존의 위기를 극복하기 위해 모든 처방을 다해 갈증을 해소하려 했다.

전우들의 입술에 소금기에 절어 있는 포물선을 형성한 자국은 보는 이로 하여금 안타까운 심정을 금할 길 없게 했다. 고지에서 적과의 전투가 목적이지만 눈에 보이지 않는 갈증과의 싸움이 오히려 더 치열했다. 월맹군을 격퇴시켜야 물이 있는 지역을 향해 갈 수 있는 공간을 확보할 수 있었다.

우기에는 그토록 흔한 물이지만, 베트남 중부고원지대의 안케패스 작전 시기에는 비 한 방울 오지 않았다. 새벽에 수통 위에, 철모 위에 맺힌 이슬방울이 보이면 이슬을 혀로 핥아보고 순간이나마 갈증을 해소하려 했다. 하루 중에 오전 11시에서 오후 6시 정도까지 목마름, 갈증으로 인한 참기 어려운 고통이 심했다. 목마름과 갈증으로 인한 고통은 작열하는 태양 아래 그늘 하나 없는 고지에서 극한적인 삶의 현장에서 자신의 존재를 확인할 수 있게 했다. 물 한 방울의 가치에 전쟁에 부상당해 피 흘리는 전상자의 간절한 목소리는 아우성으로 물, 물을 찾는다. 피를 흘리면 목이 마르고 갈증을 더 느낀다. 출혈이 심한 부상병에게는 물을 주어서는 안 된다. 왜냐하면 물을 먹은 만큼 피를 흘리기 때문이다. 겨우 입술을 적시며 입을 축이는 정도의 물을 주어야 했다.

돈을 물 쓰듯 한다는 말, 물 쓰듯 돈을 쓴다는 말들이 있다. 이와 함께 물 한 방울의 가치 속에 세상의 삶의 근본이 시작되는 태초의 창조가 펼쳐지기 시작한다. 물 한 방울 속에는 생명의 설계도가 그려져 있고 그 속에서 생명이 태동한다. 외로움과 고독과 쓸쓸함 속의 한 방울의 갈증에서부터 사랑도 행복도 삶도 시작되는 것이다. 갈증의 한계가 오면 그때 새 생명과 사랑과 솟아오르는 태양과 새봄의 파릇파릇한 새싹같이 넉넉하고 따사로운 시간이 온다는 신호이다. 어서 갈증과 목마름이 우리 모두에게 찾아오소서.

L-19 경비행기 격려방송

안케패스 작전에서는 처음부터 적의 전술에 말려들어 파월 전투 상황에서 유례를 찾아볼 수 없는 참패를 거듭하며 아군의 사상자가 끊임없이 늘어만 가고 있었으며, 전황보고를 받는 지휘관들의 사기조차도 무기력해진 채 뚜렷한 전술이 떠오르지 않았다. 막강한 화력을 보유하고 있는 월맹군의 최강 특수부대라는 것을 사전에 알지 못하고, 허약하기만 했던 지방 게릴라 베트콩의 출현으로 가소롭게 생각하고 쉽게 작전에 성공할 것이라고 예상한 것이 아군의 피해를 불러일으킨 원인이었다.

4월 12일 수색중대가 안케패스 계곡 허리를 지나는 19번 도로에서의 치명적인 타격에 이어, 기갑연대 모든 중대가 출동한 작전지역마다 피비린내 나는 아비규환의 수라장이 벌어졌다. 여기에 가미해 월남군은 한국군들이 안케패스 19번 도로를 어서 속히 개통해주기를 바라는 월남군의 재촉으로 성급한 작전을 시도해 한번 싸워보지도 못하고 역습을 당해 고전을 면치 못한 것이다. 그리고 며칠 만에 끝날 것 같은 작전이 장기간 계속되면서 보급로가 차단되어 유일한 교통수단인 헬기에 보급품의 수송을 의존하다 보니, 최소한의 보급에 의존해야 했다.

지상의 전략 보급로가 봉쇄되어 사실상 포위된 상태에서 1대대전 지역의 기지마다 적이 맹렬히 포격하자, 아무리 용감무쌍한 화랑의 후예들인 맹호부대라 하더라도 살아갈 수 없다고 단념할 수밖에 없었다. 그 속에서 지도자들의 작전방법은 전근대적인 전술이었기에 이미 구축한 적 벙커에 도전한다는 것이 힘든 전투였다.

여기에다 물의 보급이 거의 중단된 상태에 말라리아에 쓰러지는 전우들이 속출해 군의 사기는 말할 수 없는 치명타를 입고 있을 때였다. 4월 19일 오후 1시경 이후부터 몇 차례 L-19 비행기에 마이크 설치해, 전우들이 참호 속에서 적과 대치해 있는 638고지 상공에서 군가를 부르고 맹호부대 노래를 불러주며 끝까지 잘 싸워달라는 격려의 방송을 해주었다. 그 누구도, 봐주는 청중도 없이 물 한 모금 마실 수 없는 천덕꾸러기들에게 맹호사령부에서 깊은 관심을 가지고 사기를 북돋아주기 위해 이처럼 노력해준 사실이 고마웠다.

모두들 빙그레 웃어 보이며 위안을 받았다. 진도 출신 김 상병은 "저런 방송 하지 말고 물이라도 한 통 작전지역으로 보낼 것이지, 낮게 비행하는 것도 아니고 구름과 함께 동행하듯 높은 하늘에서 쓸데없는 소리만 지껄인다"고 한마디 했다. 노여움 중에 기쁨이 함께 동반하며 그래도 관심 갖고 전우들의 사기를 북돋아준다는 의미에서 고마워서 하는 푸념이었다.

그런 방법이 아니고서는 사단사령부의 격려의 뜻을 작전지역의 깊숙한 곳에 전달할 다른 방법이 없었기 때문에, 경비행기에 확성기를 달아 전장의 전우들의 사기를 북돋아준 것이다. 그런 아이디어를 창출한 지도자는 맹호사단 항공참모 전재석 중령이었으나 그 일을 시행한 자랑스러운 전우는 이름도 얼굴도 모른다. 그러나 조국의 아들임은 틀림없는 사실이다.

기발한 아이디어 드럼통을 굴리며

1972년 4월 22일.

638고지를 하루속히 점령해야 된다는 신념과 의지는 지휘관들의 골머리를 아프게만 했다. 지금까지 수차례 여러 가지 방법으로 작전을 시도해보았지만 결과는 아군의 사상자만 늘어가는 것이었다. 특공대를 조직해 적이 잠든 틈을 이용해 공격했으나 전원 전사한 충격을 맛보았고, 조별 약진을 하며 잘 훈련된 전우들이 공격해보았으나 그런 방법도 아무 소용이 없었다. 완전무장을 하고 몇 개 중대병력이 한꺼번에 "와!" 하며 전면적으로 인해 전술을 써봤어도 월맹군의 완강한 저항에 실패하고 말았다.

기타 여러 방법으로 소수의 병력이 희생을 치르더라도 고지 점령을 하는 것이 희생을 줄이는 것이라고 판단하고 사생결단 공격해본 결과 9부 능선까지 공격해 올라갔으나, 몸을 숨기고 대항할 장애물이 없기 때문에 결국 당하고 말았다. 수색중대로서는 638고지 정상 탈환작전 3차 공격에 진무웅 대위가 이끄는 2중대와 임동춘 중위의 소대원들이 1연대 8중대 병력이 공격하던 638고지의 북쪽 기슭에서 만반의 공격 준비를 하고, 수색중대와 함께 대열을 정비하고 공격 명령만 기다리고 있었다.

수색중대 공격지점의 경사가 완만하기 때문에 드럼통 3개에 흙을 가득 넣고 그것을 굴리며 공격을 함으로써, 장애물이 없어 희생이 많았던 단점을 보완하고 고지 정상까지 올라가 고지 탈환의 방패로 삼아보자는 것이었다. 빈 드럼통에 흙을 담는 작업을 하면서도 석연치 않은 예감이 들었지만 별다른 방법이 없으니 실천해보겠다는 마음이었다. 드럼통에 흙을 가득 넣고 피아 간 포격으로 굴곡이 심한 경사진 고지를 향해 네 명이 한 조가 되어 굴리면서 올라갔다. 그런데 1m도 못 올라가서 드럼통은 적의 표적이 되었을 뿐 생각대로 굴러가지 못하고 오히려 작전의 장애가 되어 포기하고 말았다.

정창화 선임하사의 전투력과 M72 사격 솜씨

3소대 정 중사는 평소에 매사를 솔선수범하는 모범적인 분이다. 소대원들의 신뢰와 존경을 한 몸에 받고 있는 분으로서 3소대 B조의 리더로서 손색이 없는 분이다. 3월 중에 안충산 장거리 정찰 시부터 나는 선임하사 조였기에 그분의 인품을 경험할 기회가 있었으므로, 병들에게 마음을 편하게 해주는 분이라는 사실도 알고 있는 터였다.

소대장과 선임하사의 인격, 계급과의 능력의 차이가 무엇인지와 계급과 인격과는 정비례하지도 않는다는 것도 생활 중에 간접적으로 인식했다. 큰소리치며 "공격, 앞으로 가라"는 소대장의 목소리는 요란한 데 비해 작전 중 조용하게 행동으로 몸소 앞장서 실천하는 정 중사는, 안케 638고지에서도 8부 능선에 위치한 고목나무에 기대어 M72 대전차 로켓포 사격을 적의 벙커에 여러 발 명중시켰다. 이때 M72 대전차포 화기가 직사화기이기 때문에 적의 정조준 사격권에 들어가게 하려면 일어서야만 사격이 가능했다. 그래서 휴대만 하고 다니고 사격에 사용하지 않는 것들을 모아 몇 발을 고목나무에 걸치고 사격에 성공하자 고지 정상의 월맹군이 휘청거리기 시작했다. 조금도 틈을 주지 않고 완벽한 저항을 하던 월맹군도 틈이 보이기 시작한 것이다. 정 중사께서 적의 눈을 강타한 화기는 당시에는 최신무기였다.

M72 대전차포는 모든 소총수에게 1문씩 지급되었다. 전기발화식으로 격발이 되며 PVC 재료로 만들어져 휴대하기가 간편하고 한 번 사용하고 버림으로써 작전에 부담감이 없다. 화력은 강철 11인치의 전차를 파괴할 수 있는 무서운 무기이다. 후폭풍은 10m까지 강한 불길이 치솟기 때문에 후폭풍의 위력으로 사망하는 경우가 있으므로 조심스럽게 다루어야 했다. 638고지 정복을 위해 정 선임하사가 이 M72 대전차포를 유용하게 활용해 적의 일부 초소와 벙커를 격파하는 데 결정적인 역할을 했다.

2소대장의 전사로 말미암아 그동안 소대장의 공백 상태에도 분대장들과 고참 병장들이 원만한 리드를 함으로써 전투력을 재생시켜, 638고지에 투입된 2소대 병력들도 불운의 고비를 군인정신으로 극복하며 작전에 참가했다. 제주도 출신으로 알려진 송 하사는 전우들이 악에 받친 공격을 하며 사격을 하고 있을 때 대열에서 벗어나, 638고지가 포에 맞아 황토 흙만 보이는 대머리 같은 위험한 지역에 낮은 포복으로 진입해 사각지대의 위험을 무릅쓰고 수류탄을 까 직접 적의 교통호와 벙커 안에 투하했다. 각 중대의 여러 전우들도 송 하사와 같은 정신으로 고지 정상까지 공격해 올라갔으나 거의 모두 사살되어 뜻을 이루지 못했다. 그러나 송 하사는 그 한을 푼 셈이 되었다. 이때부터 적의 기세는 조금씩 꺾이기 시작했다. 송 하사의 공격을 성공시키기 위한 소대원들의 세련된 엄호사격 등이 성공을 도운 것이다.

모든 전우들이 결사적으로 공격을 하며 고지의 쟁탈전이 몇 시간 벌어지고 있는 동안 공격의 명수였던 선임하사가 적탄을 맞고 쓰러졌다. 맹호 전우들이 밀집해 있는 지역에 또다시 적의 로켓포와 박격포 사격이 개시되었지만, 희생을 각오한 마지막 공격이라는 결단으로 임

638고지에서 내려다본 문제의 안케패스 격전지
철모 쓴 이가 필자

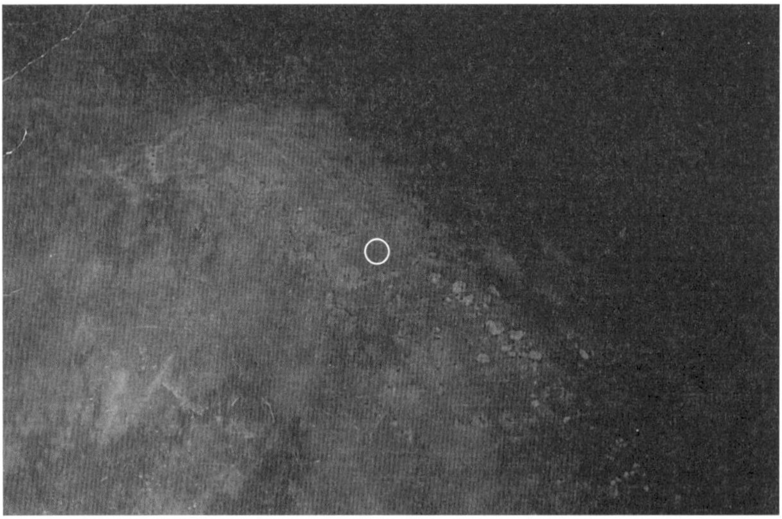

선임하사 정창화 중사가 쓰러진 곳

전무퇴의 화랑도 정신의 후예로서 부끄러움이 없는 공격을 계속했다.

날은 어두워져서 주위가 캄캄해졌다. 날이 점차 더 어두워진 틈을 이용해 월맹군은 고지에서 전우들이 공격하는 방향으로 수류탄을 던져댔다. 이때 2소대 공격대열에 굴러오던 수류탄이 터져 김영걸 병장의 발목에 걸려 정지하면서 폭발해 김 병장이 그 자리에서 전사하고 말았다. 김영걸 병장이 전사할 무렵은 가까운 전우의 얼굴도 분별하기 어려워 아군이 아군을 향해 수류탄을 던지고 소총을 난사할 가능성도 있었기 때문에, 그날 밤에는 638고지 점령도 하지 못하고 몇 m 후퇴했다. 월맹군이 전열을 가다듬을 시간적 여유를 주지 않아야 되는데 참으로 아쉬운 시간이었다.

수색중대 3소대는 고지의 9부 능선에까지 공격해 올라갔다가 다른 소대 중대원들과 함께 50m까지 후퇴했다. 그리고 적으로부터 직사화기의 위험을 피할 만한 8부 능선의 고목나무 밑 지형 쪽 산허리에 참호를 구축해놓았던 곳으로 돌아와 야간경계 임무에 돌입했다.

선임하사의 아픔의 밤에

중상자가 된 선임하사는 여러 발의 사격을 받고 상처의 골이 깊게 파여 피가 많이 흘렀으며 참기 어려운 통증에 시달리고 있었다. 적과 대치해 있는 상황에서 그는 선임하사 당번인 조홍환 병장을 불러댔다. 이유는 무장을 해제해놓았기 때문에 수류탄을 가지고 오라는 것이다. 고통에 시달리며 살아남는다 하더라도 두 다리가 절단되어 불구의 몸으로 고국의 처자식 앞에 나타날 수 없다는 생각이었을 것이다. 당번인 조홍환 병장조차 응급처치 그 이상의 치료를 할 수 없기 때문에 선임하사의 곁에서 멀리 있어야 했다. 피를 많이 흘린 부상자들은 한결같이 수분의 절대부족으로 목청을 돋우어 물을 달라고 졸라대지만, 부상자에게 물을 먹이면 먹인 만큼의 피를 더 쏟기 때문에 절대로 물을 줘서는 안 된다.

그는 부상 초기에는 의식불명 상태였으나 오랜 시간 작전지역에 머물면서 의식은 회복되었다. 그러나 회복된 의식에 의해 통증과 아픔이 동반되어, 포탄과 총알에 무자비하게 사지를 망쳐버린 비참한 현실에 정신적으로 절망 상태가 된 것이다. 옆에서 모든 대원들이 함께 아파하고 위로와 격려를 할 수 없이, 다른 전우들은 적정을 살피며 경계 임무에 전념해야 했다.

선임하사는 통증이 주기적으로 오는지 몇 분마다 한 번씩 조 병장을 부르며 물을 주든지 나를 죽여주든지 하라며 비명을 지른다. 전쟁터에서 자기통제를 할 수 없는 부상을 당하게 되면 아무 쓸모 없는 무기력한 존재가 되어버리는 것이다. 현실의 매정함 또한 이러한 상황에 대처하기 위해 어쩔 수 없는지도 모른다.

평소 3소대원들은 선임하사의 인품에 가정적인 분위기에서 내무반 생활을 할 수 있었다. 그러나 그의 은혜를 입고 살았던 전우들도 선임하사를 위하는 방법으로 물을 드릴 수도 없고, 일시적인 고통에서 해방되려는 자폭을 위해 선임하사가 원하는 대로 수류탄을 던져줄 수도 없었다. 그렇다고 더 이상은 손수 치료를 할 수 없는 능력의 한계 때문에 누구도 선임하사에게 갈 수도 없는 형편이었다. 더 이상의 피를 흘리지 않도록 지혈시켜놓고 깊은 밤이 새기만을 기다려야 하는 안타까운 심정뿐이었다.

이날 공격 중에 여러 명의 전우들이 부상을 당했으나 그중에 가장 치명적인 부상을 입은 분이 3소대의 선임하사였다. 전날 잠시 휴식시간에 몇 전우들이 모인 자리에서, 가스 화염방사기와 M72 대전차포로 적의 심장부를 강타하면서 옆구리에 찬 탄창에 AK 소총의 총알이 관통해 아슬아슬한 위기를 잘 모면했다고 자랑 삼아 이야기하던 선임하사가 눈 뜨고 못 볼 정도의 처참한 부상자가 되었다는 것은 믿어지지 않는 현실이었다.

소대장님! 옥석아!

치열한 전투가 계속되고 있는 638고지엔 어둠이 깔리기 시작했다. 드럼통을 뒤로 제쳐버리고 일어서 공격하다가 적의 완강한 저항에 부딪쳐 모두 엎드려 낮은 포복을 하며 조별 약진을 하며 공격하고 있었다. 선임하사가 앞장서 최전방에서 적을 향해 용감하게 전진하다가 적의 집중사격에 의해 중상을 입었다. 수색중대 옆에서 공격하던 타 중대 전우들 역시 맹공격을 감행하면서 여러 명의 전상자가 발생했다. 그러나 부상자 몇 명 정도 생겼다고 해서 공격을 중단할 자세들이 아니었다.

날이 어두워져 옆 전우의 얼굴을 겨우 분간할 정도까지 되었을 때였다. 나보다 앞서 공격해 올라가 9부 능선에 있던 전옥석 병장 주변에 적 포가 떨어져 턱에 치명타를 맞았다. 포탄에 맞아 피가 줄줄 흐르는 것을 확인한 전 병장은 "소대장님!" 하고 불러댔다. 공격에 앞장서고 있던 정종태 소대장은 부하의 중상을 확인하고 "옥석아!" 하면서 울음 섞인 음성으로 불러대며 얼싸안았다.

부모보다도 더 의지하고 싶은 전장의 소대장이다. 그런 소대장이 만약 사명을 조금이라도 못다 한다면 소대원 앞에 중대한 타격을 줄 것이었다. 정종태 소대장은 많은 부하를 거느리고 있기에 약간은 소대장의 손때가 미치지 못할 수도 있었다. 그러나 3차 공격 때까지 수색중대에 없어서는 안 될 역할을 하면서 소총병과 함께 땀을 흘리고 생사고락을 함께하며 소대원들의 마음에 의지가 되었던 것은 부인할 수가 없다. 또한 임동춘 중위(대위로 추서)나 이무표 중위(대위로 특진)보다도 작전 지역에서 길고 긴 공포의 밤을 더 많이 지새운 것은 부인할 길이 없다.

소대장과 옥석이가 포탄 낙하의 순간 터지는 폭음 후 얼싸안고 우는 모습은 조국이 건재하는 한 잊을 수 없는 음성으로 남아야 할 비통한 역사이다. 과연 그것이 가능할 것인가?

전옥석 병장이 1차 공격에 실패하고 중상자인 박영수 하사를 후송시키며 적의 포탄 사격을 받으며 지칠 대로 지쳐 쓰러질 것 같은 모습으로 하던 말이 생각난다. "물이나 실컷 먹고 죽었으면 소원이 없겠다." 목이 타는 갈증으로 삶의 한계를 느끼며 고통스러워하던 그의 모습과 음성이 전장의 옆 전우의 마음 가운데 지울 수 없는 심정적 전설로 남아 있는 것은, 그 전황에 시달리는 모든 전우들의 진실한 모습을 대변해주는 말이었기 때문일 것이다.

전 병장이 깊은 상처를 안고 밤을 지새울 때 예산이 고향인 조홍환 병장이 수통 마개를 열어 입에 물을 조금씩 적셔주며 간호해준 알뜰한 보살핌은, 혼미한 상태에 피를 흘리며 무서움과 두려움조차 엄습해오는 정신적 연약함도 포근함으로 안정시켜주는 데 큰 도움이 되었을 것이다. 적과 대치해 있는 30여m 안팎의 전선에서 다른 전우를 대신해 잊을 수 없는 간호를 해준 것이다.

전옥석 병장은 맹호32 제대로서 나와 월남 파병 따블백 동기였다. 전 병장이 나보다 군대 서열로는 고참이었지만 따블백 동기라는 동기의식 때문에 심리적으로 상하 관계를 떠나 부담감이 없는 사이였다. 그토록 고지 정복을 갈망하며 매사에 적극적인 작전을 하던 믿음직스런 전 병장이었다. 부상으로 말미암아 638고지의 정상을 밟아보지 못하고 만신창이가 된 피투성이의 처절한 모습으로 작전지역을 떠날 수밖에 없었던 그의 심정은 괴롭기만 했을 것이다.

이런 것은 모두 개연성 있는 허구로 꾸며진 소설의 내용이 아니다. 치열한 실전 배우가 되어 연기가 아닌 실전에서 조국의 이름으로 파병되어, 부끄러움이 없이 마음과 몸이 하나가 되어 싸운 표본이 된 하루였다.

수색중대 3소대의 전투력과 피해상황

이날 전투에서 3소대 요원으로 유일한 전사자는 전북 부안에 살고 있다가 군에 입대한 유남수 일병이다. 그는 안케작전 출동 시까지 정종태 소대장의 당번병이었다. 어느 날 소대장의 옷을 손으로 빨면서 그는 나에게 이렇게 말했다. 휴일도 없이 피곤한 소대장 당번이나 하는 것은 월남에서 살아남아 돌아가기 위해 여러 인간적인 어려움을 극복하면서 임무를 수행하고 있다는 것이라고 말이다. 고향도 같은 전북이고 계급도 당시에는 같은 일등병으로 이심전심으로 마음이 통했다.

유남수 일병은 맹호26 제대로서 맹호32 제대인 나보다는 사실 월남 고참이었다. 연약한 나의 파월 초기의 두려운 심정으로 볼 때는 유남수 일병의 자리가 부러웠다. 아무래도 소대장 당번을 하면 덜 위험할 것이니까 택했을 것이라고 판단했다. 운명을 하늘에 맡기고 온 이상 현실에 적응하면서 최선을 다해보자는 심정이었을 게다. 그러나 정종태 소대장은 동작이 느리다는 이유로 당번병인 유남수 일병을 4번 소총수 유탄병으로 보냈다.

4월 16일 정오에 적과 매우 치열한 교전이 벌어져 수색중대 전체가 638고지를 공격하고 바위를 기준으로 북쪽엔 다른 중대(2중대)가 공격할 때였다. 정종태 소대장이 소대원 앞에 낮은 포복을 하면서 사격을 하다가 수류탄을 던졌으나, 멀리 가지 못하니까 유탄이 필요하게 되었다. 소대장은 유남수 일병을 향해 유탄발사기와 유탄을 가지고 빨리 오라고 소리쳤다.

당시 적의 B-40과 AK 소총이 비 오듯 떨어지는 상황에서 유 일병은 소대장보다 2m 밑에 엎드려 있다가 소대장의 명령에 몸을 일으켜 적의 사격을 은폐하면서 움직였는데, 소대장이 큰 소리로 성질을 내면서 급히 가져오라고 소리치자 조금만 고개를 들어도 어김없이 AK 총알이 날아오는 상황에 잠시 그 위험을 잊고 일어서다가 가슴에 적탄이 명중되었다. 몇 초간 총을 맞고 정신을 잃고 서 있다가 연속적으로 날아오는 월맹군의 AK 소총 사격을 받고 아무 말 없이 쓰러졌다. 유남수 일병이 쓰러질 때는 아무도 그를 부축하거나 도와줄 수 있는 상황이 아니라서 모두 그런 모습을 보고만 있어야 했다. 그는 나와 평소 친했지만 그를 붙잡고 울고불고할 마음의 여유도 없었다.

그날 밤 늦게까지 공격하면서 장기복무 전 하사가 왼쪽 팔에 파편을 맞은 줄도 모르고 피가 줄줄 흐르는 모습을 본 3소대 정 병장이 전 하사 팔에 피가 난다고 하니, 그는 고개를 돌려 피가 나는 팔을 보면서 순간적으로 일어섰다. 일어선 전 하사도 월맹군 AK 소총을 맞았다. 전 하사는 전쟁을 더 이상 할 수 없는 치명상을 입고 후송되었다.

이날 크고 작은 전상자가 많이 생겼다. 이름과 성도 기억할 수 없는 월남 고참병 한 명은 어깨에 적 포탄 파편을 맞고 견딜 만한데도 상처의 피를 압박붕대로 크게 묶고 전장을 빠져나갔다. 당시엔 어느 정도의 상처 가지고는 후송을 보내지 않았기에 잔머리를 쓴 것이다.

전옥석 병장은 이날 B-40 파편을 맞고 얼굴이 피투성이가 되었다. 이날 그가 전상자가 되어 첫 번째로 찾은 이름은 "소대장님!"이었다. 정종태 소대장은 "옥석아" 하면서 그의 상처를 감싸 주고 뒤로 밀쳐놓고 계속 적과 교전했다.

40m 거리에서 교전을 하다 보니 약간 638고지에서 엄폐된 곳에 병력이 집중되어 참호 속에서는 야전삽으로 흙을 파서 마대에 담아 방벽을 만들었다. 그러나 다져진 흙이 아니라 마대를 뚫고 마대를 엄폐해 사격하던 3중대 전우들이 전사한 경우가 여럿이 있었지만, 최후의 방법이란 것을 다 동원하면서 자신의 생명을 지키면서 공격명령을 따랐다.

4월 14일 아침 7시에 수색중대가 공격할 때 짙은 안개 속에서 AK 소총이 불빛을 내면서 날아온 총탄에 얻어맞은 박영수 하사가 쓰러졌다. 그날 한 고향 진주 출신 허 병장은 김영두 상병이 쓰러진 줄 알고 더욱 괴로웠다며 전투 후에 술회했다. 4월 16일, 17일, 18일은 최악의 작전 상황이라서 작전 진행과정에 약간은 시간적 편차가 있을 것으로 여긴다. 그 뒤 주월사령관 이세호 중장의 요청에 의해 날아온 B52 중형 폭격기의 맹폭격은 19일, 20일 엄청난 화염으로 폭발하면서 그토록 치열했던 안케패스의 요란한 교전을 일시적으로 잠재웠다.

월남 사람들은 특유의 냄새가 나는데 마그네슘 성분이 많아 오윤기라는 작은 비행기가 정글 위를 날면서 적정을 알 수 있었다. 항공폭격 중에는 안케패스가 평온해 미군의 공군과 7함대 함포 사격으로 끝장이 난 것으로 알고 4월 22일부터 또다시 수색중대가 638고지 8부 능선에 공격해 올라갔다. 그런데 항공폭격에 20여 년간 버틴 경험이 있는 하노이 군대는 그 기간을 재정비하는 시간으로 활용해 전열을 가다듬고 638고지를 굳건히 지키고 있었던 것이다.

이날 21일, 22일에도 항공폭격이 전과 다름없이 치열한 가운데서도 완강하게 저항하고 있는 월맹군과 수색중대 3소대가 맞붙었다. 이때 정창화 선임하사가 M72 대전차포 사격 솜씨를 발휘해 9부 능선에

안케패스 작전에 참전한 3소대원

이 중 전사 1명, 부상 10여 명, 중상 6명
① 유남수 ② 전 하사 ③ 허 병장 ④ 선저원 ⑤ 전옥석

서 불에 탄 고목나무에 걸쳐놓고 소대원이 가지고 있는 휴대용 전기 발화식 대전차포로 몇 차례 명중시키고, AK 소총과 B-40을 맞고 쓰러졌다. 최강의 전력을 가진 수색중대인데도 명사수들이 하나하나 쓰러져 갔다. 그때 월맹군도 후퇴를 결정하고 떠날 준비를 한 것 같았다. 선임하사의 공격을 받은 이후 그들의 반격은 잠잠했다.

4월 24일 638고지를 점령한 후 그곳에 기지를 편성하기 위한 참호와 교통호를 파고 난 후 수색중대 3소대는 638고지를 떠나 고지와 남쪽으로 길게 뻗어 있는 등고선을 따라 수색정찰에 나섰다. 그리고 5월 5일까지 월맹군이 구축해놓은 포 진지 등을 무수히 찾아냈다. 그러나 전혀 자연을 훼손하지 않고 파낸 흙을 어떻게 처리했는지, 항공사진에서도 식별하기 어려울 만큼 위장전술이 능함에 놀라지 않을 수 없었다.

전상 전사자가 아니더라도 열대 말라리아에 걸려 치명적 타격을 입고 몇 명이 후송을 갔다. 638고지를 점령한 후 나도 노파심에서 휴대한 말라리아 예방약을 먹었다. 그런데 아무렇지도 않던 내가 약을 먹고 난 2~3일 후에 말라리아에 걸려 40도를 오르내리는 고열에 시달리게 되었다. 정종태 소대장은 그렇지 않아도 병력이 줄어들어 작전에 어려움이 있어 가능한 한 후송을 보내지 않으려 했다. 그러기에 나도 가급적 견뎌보려고 했으나 워낙 심한 고열에 혼수상태에 이르자 보급품을 싣고 날아온 헬기로 죽음 직전의 김영두 상병의 후송 결정이 내려졌다. 출동 전에 4개 분대 10여 명이 크고 작은 전상자와 전사자 등으로 후송을 가야 하는 상처를 보면서 전장을 떠나온 것이 김영두 상병으로서는 안케작전의 끝이 된 것이다.

정말 작전 과정에서 불만족스럽고 아쉬웠던 점은 많았지만 장교 중에 유일한 생존자인 정종태 소대장이 안케 참전 어떤 사병과 장교보다 가장 힘들고 고생이 많았다고 생각하며 마음으로나마 감사드리고 싶을 뿐이다. 그리고 내 자신이 처음부터 끝까지 638고지를 지키면서 지켜본 1등 공신은 우리 3소대 선임하사 정창화 중사이다. 말없이 충성하시며 묵묵히 자기 맡은 바 임무에 심혈을 기울여 싸우던 정신을 후세에 길이 알리고 싶은 마음 간절하다. 정 중사는 임규섭 중대장의 증언에 의하면 106후송병원에서 두 다리, 두 팔이 모두 잘리었다고 한다. 그러나 삶에 대한 의지는 강했다는데 지금 어디에 계신가 그리울 뿐이다.

안케패스 638고지와 그 밖의 지역에서 펼쳐지는 전투에서 피를 흘리며 죽어가는 전우의 모습을 직접 목격할 수 있는 증인은 옆에서 싸우던 전우밖에 없다. 피의 능선 안케패스 638고지에서 일어났던 모든 사건들은 함께 참전한 전우에 의해서만이 세상에 그 진실을 밝힐 수 있을 것이다. 전사자와 전상자가 된 전우의 처절한 모습을 부둥켜안고 서로 얼싸안고 울었던 상황은 고통과 아픔을 함께 겪었던 자들만이 체휼할 수 있다.

정 선임하사는 638고지의 참호 속에서 어제의 막강했던 전투력을 상실한 채 자기관리와 자기 자신을 통제하고 운신할 수 없는 환자가 되어 무기력하게 사병들에게 구원을 요청하는 신세가 되었다. 누가 선임하사의 그 아픔을 알 수 있을까. 선임하사의 신음 소리와 몸부림치는 비참한 모습은 안케작전에서 희생된 모든 전우들의 아픔의 대표로 남아서 전쟁의 아픈 상처를 참호 속에 있는 모든 전우들에게 체험하게 하는 기회를 준 것인지도 모른다. 너무 크게 부상당한 만큼 신음 소리 또한 강하게 상대적으로 자극돼 심정적 고통에 참으로 듣기 힘들었다. 남자는 아기를 직접 낳을 수 없지만 사랑하는 아내가 산고에 시달리며 괴로워하는 모습은 보는 이로 하여금 아픔이 심정적으로 공명되어 오게 하는 것과 마찬가지가 아닐까.

몇 시간의 울부짖는 통증의 고통 소리가 새벽 2시쯤에는 작아졌다. 지칠 대로 지쳐버려 실신해버렸기 때문에 조용한 것이다. 3소대 전술지역이 조용해졌다. 각 참호마다 2교대로 근무해야 하기 때문에 B번 근무자들이 임무교대를 하는 시간에 고국의 선임하사의 사모님과 자녀들이 떠올랐다. 그 가족에게는 아빠가 건강하게 귀국해주기를 바라는 꿈이 산산이 깨져버린 이 밤의 몸부림은 너무나 희망과 거리가 멀어진 현실이 되어버린 것이다. 현실로 연출된 한 가정의 비극은 우리 민족과 조국이 국제사회에서 살아남기 위해 아픔을 지닌 도약의 출발이라고… 생각하기에는 너무 큰 상처이다. 선임하사의 상처와 아픔은 선임하사의 개인과 가정만의 것이 아니고 우리 모두의 상처요 아픔이 되었다. 나는 그가 상처의 통증으로 인해 괴로워하는 표정을 더 이상 지켜볼 수 없었다. 상대적으로 전도되는 자극된 아픔 때문에 선임하사 곁을 떠나 고통의 현장으로부터 피신해 갔다.

우리 모든 전우들은 선임하사의 괴로워하는 아픔과 상처를 통해 조국이 흘러온 5천 년 역사 노정의 아픔과 상처를 보았다. 우리 세대에 경험한 치욕의 일제 침략 40년간의 고역과 동족 간에 치른 6.25 전란을 통해 조국을 지키기 위해 싸웠던 독립투사나 6.25 참전 선배 용사들의 상처와 고통을 본 것이다. 민족의 용광로 속에서 엉켜 용해된 민족성이 유유히 흘러온 역사의 고난 가운데에 다져진 결실들이 민족의 구성원들의 성격일 것이다. 조국에서는 철없이 부모의 성격을 싫어하기도 하고 비판하기도 했으나 먼저 그렇게 된 성장과정을 이해하고 현대교육의 영향권에서 배운 아량으로 품고 대화로써 풀어나가야 함도 함께 체휼하며 철이 들어가는 것이리라.

철이 든다는 뜻에 대한 작전지역에서의 이해는 주체자(主體者)들과 상대의 아픔과 고충을 탐지한 것이다. 계속하며 경계임무만을 하고 있는 조용한 밤에 전우의 피와 앙상한 해골을 통해 역사의 현장을 보고, 박물관의 귀중한 자료를 보는 견학생이 되어본다.

성경에는 신약 마태복음에 38년 된 혈우병 환자가 길거리에 쫓겨난 것을 본 그리스도가 "네가 누구냐, 일어나라!"고 외쳤다고 한다. 세상에서 아무 가치 없다고 버림받은 그 환자까지도 소중하게 생각한 예수가 38년 된 혈우병 환자 한 사람을 보는 시각은 병든 이스라엘의 서

기관과 바리새파 교인들, 그리고 이스라엘에 팽배해 있는 불신과 죄악의 축소된 상징적인 존재로 그를 본 것일 것이다.

전장에서 전우의 아픔과 상처까지도 하나도 소중하지 않은 것이 없이 모두 아름답게 느껴지는 것은 조국에 대한 철이 든 사상이 잉태했기 때문일까….

슬픈 소설이나 민요 그리고 슬픈 영화를 좋아하게 된 눈물 많은 우리 민족의 공통된 심정을, 감히 그 깊이 있는 심정세계에서 아름다움을 찾아온 수준 높은 정서를 어찌 웃음과 해학으로 일회용 정서를 즐기는 서구 문명과 비교할 수 있단 말인가. 이러한 고난의 길이 아니고서야 조국의 진정한 실체를 만나볼 수 없는 것은 철칙인가 보다.

선임하사의 상처와 고통을 지켜보며 피가 마르도록 괴로운 표정을 짓던 나의 전우들의 심성은 비단결 같은 마음씨였다. 착하게 살기를 바라며 어느 산골에서 소를 몰고 쟁기질을 하며 가난하게 살았지만, 자식 낳았다고 아껴둔 쌈짓돈을 꺼내어 미역국을 끓여 먹으며 기뻐한 소박한 농부들의 아들들이 아닌가. 건강하게 장성해 밥이나 굶지 않고 생명이 위험하지 않은, 난리가 없는 세상에 살았으면 했던 전우들의 부모들이 아니었던가.

그런데 638고지의 전우들의 생명은 안녕하지 못한 채 타는 갈증에도 물 한 모금 먹지 못하는 신세로 생명이 위험한 전선에서 총을 겨누며 638고지를 탈환하기 위해 악전고투하며 아비규환의 수라장 속에서 숨을 쉬고 있다는 사실은 아무도 모를 것이다. 638고지 격전장에서 우리 민족 하나하나가 얼마나 소중하고 귀한 존재인가를 공부하고 있는 이 밤, 안케패스의 밤하늘의 별들은 유난히도 반짝이며 동쪽에서 불어오는 계절풍은 먹구름을 뒤척이며 어디론가 흘러가고 있었다.

638고지의 소대장들… 이 사람아!

638고지에 도전했던 수색중대 1중대, 2중대, 3중대, 4중대 1연대 8중대, 그 밖의 병력들은 조국의 부모형제와 전체 국민들 앞에 한 점 부끄러움이 없이 잘 싸웠으나 많은 사상자를 내고 말았다.

전상자는 대부분 후방으로 빼내어 후송시켰으나 전사자는 후송시키지 못했다. 전사자의 일부는 고지 정상에 가깝게 쓰러져 있었다. 전우의 시체라도 적의 노획물이 되지 않도록 구조를 시도했지만, 오히려 사상자만 늘어갔기 때문에 시체에 대한 구조는 할 수 없는 상황이었다. 또한 아직 생명이 붙어 있는 부상자의 후송을 위해 위생병 1명으로 1개 소대에서 발생한 모든 환자를 보살피기란 역부족이었다. 그러므로 전투병력의 일부가 동료의 부상을 응급처치하고 등에 업어 1중대 기지로 후송시켜야 했다. 작전 중에 소대장들이 안케작전 638고지에서 많이 희생되었는데, 사병보다도 장교들이 책임감이 강해 사병을 아꼈던 소대장이나 중대장들이 앞장서 공격해 올라가다가 전사한 경우가 많았다.

평소에 권위주의적이고 카리스마 있는 성격을 소유한 소대장들은 목소리가 크고 부하들을 볶았다. 적진에 앞장서기보다 항상 뒤에서 명령하는 습관이 있었다. 그러한 지휘자는 소대원들의 창의성과 자발적인 의사를 존중하기보다 오히려 무시하고 매사에 자기중심적이며, 상관에게는 매우 온유하고 겸손한 체를 하는 것 같았다.

작전 중에 사병들은 소대장이나 분대장과의 관계가 매우 중요한 것을 알았다. 전장(戰場)에서 소대장은 그 자체가 국가의 인격이기 때문이다. 중대원들의 희생을 줄이고 중대장 스스로 적진에 앞장섰던 1연대 8중대원들은 중대장의 원수를 갚겠다고 중대장이 공석이었음에도 힘을 합쳐 싸웠다. 중대장의 시체를 등에 업고 창백해진 얼굴로 정신나간 사람처럼 멍하니 하늘만 쳐다보는 어느 사병의 허탈감은 하늘과 땅이 텅 비어버린 고독을 체험한 것이다.

나 자신은 고도의 전술전략을 연마한 고급 장교들이 희생된다는 것은 참을 수 없는 한국군의 치욕으로 생각한다. 내 생각 같아서는 사병 몇 명이 희생되더라도 전체 중대원이나 소대원을 위해 중대장이 무모하게 전선에 앞장설 필요까지 없지 않은가 싶다. 하지만 왠지 사병들보다 앞장서 싸우다 전사한 1연대 8중대장의 전사로 인해 오랜만에 훌륭한 군인의 영혼을 만난 것 같아 조국이 매우 자랑스럽게 생각되는 것은 어쩔 수가 없다. 김용강 대위를 출생시킨, 그리고 길러준 조국에 대해서 감사할 뿐이다. 우리는 부정적인 사람보다도 긍정적인 수많은 사람들을 크게 보며 살아가면 좁은 국토 안에서 넓게 살아가는 마음의 밭을 갈 수 있을 것 같다.

기갑연대 3중대의 어느 소대장은 작전 중 귀에 총을 맞아 찢어졌다. 그러나 그의 인내는 한여름 대낮에도 찬물을 끼얹은 듯한 아찔한 위기를 적은 부상으로 잘 넘긴 것이다. 물론 동료 소대장이나 사병들이 작전상 타격을 입어 작전을 계속할 수 없는 처지였다. 사병들 중 많은 사상자들이 눈앞에 여기저기 쓰러져 신음하고 있었다. 자기 귀에 총을 맞은 소대장은 작전을 지휘하고 있는 1대대장에게 부상으로 작전을 계속할 수 없다는 취지의 보고를 했다. 이때 "이 사람아! 너의 소대원들이 네가 보다시피 많이 희생되었는데 귀 하나 떨어져 나갔다고 감히 후송 갈 생각을 할 수 있느냐"는 대대장의 호령은 안케패스 638고지의 작전이 얼마나 치열했던가 하는 것을 단편적으로 보여주는 좋은 예가 아닌가 싶다.

물론 이 소대장은 후송 가지 않고 아픈 상처를 동반하고 계속 공격을 했다. 수색중대 3소대의 이름을 기억할 수 없는 전우 한 사람도 허벅지에 총을 맞아 피를 흘리면서도 그 다리를 끌고 포복하며 적 병커를 향해 공격했다. 기타 다른 중대의 모든 전우들도 작전을 할 수 없을 만큼 중상을 입고도 후송을 마다하고 작전을 계속한 것이다. 부상자가 아닌 갈증에 허덕이다가 쓰러진 말라리아를 앓고 있는 전우들도 아픔을 동반하고 작전 대열에서 싸워야 했다.

미국을 비롯해 자유세계의 평화가 안케작전의 승패에 따라 직접 · 간접적으로 연결되어, 638고지로 집중된 세계의 시선은 가슴 졸이며 맹호사단이 승리하기를 빌고 있었다.

주월 한국군의 명예와 자존심이 걸려 있는 무거운 책임을 짊어지고 있는 기갑연대 지휘관들은 그동안 부하들이 흘린 피의 현장을 보며, 희생 없이 작전에 성공하기를 바라는 희망이 무너진 상황에서 이제는 희생을 최소한 줄이는 길을 택했다. 비장한 결심을 한 1대대장 한규원 중령은 638고지 8부 능선에 있는 바위 주변에 자신을 직접 투입해 작전을 지휘했다. 한규원 중령이 직접 적 벙커로부터 40~50m 앞에서 싸우고 있으니 중대장들과 소대장, 그리고 하사관과 사병들이 사기충천해 치열한 격전을 했다. 638고지에서 같은 장소에 같은 병력을 같은 방법으로 반복 투입시킨 것은, 적을 고지 위에 끌어내어 전력을 파악해 공중포격을 가함으로써 기선을 잡는 데 좋은 방법이었다.

전우들은 조국의 명예와 맹호의 전통을 실천하고 위기에 처한 우방을 돕기 위해 이미 각오하고 있었다. 그들이 아비규환의 수라장 속에서도 질서정연한 작전을 할 수 있었던 것은 함께 피 흘리는 훌륭한 지휘관들이 있었기 때문이다. 그 당시 지휘관이 무인정신에 투철했고 적의 전력이 638고지의 공간에서 움직이는 상황을 잘 알고 대처했기 때문에 나 같은 사병이 월맹군의 막강한 화력 앞에서 지금껏 살아남아 있는 것이다. 한규원 중령의 전술 방법이 아니었더라면 638고지가 아닌 다른 전술지역에 이동 투입되면서 많은 희생이 뒤따랐을 것이다.

항공폭격에 면역이 잘된 토굴 속의 월맹군

이세호 사령관은 안케 지역 전투가 심상치 않은 상황으로 전개되자 4월 13일 강원채 야전사령관, 정득만 맹호사단장을 기갑연대 전방 지휘소 1중대 OP로 현장답사를 보냈다. 영어에 능한 야전사 민사심리전 참모인 김성기 중령이 미군의 지휘단장 샌드스 중령을 설득, 헬기와 항공지원을 적극적으로 하도록 했다.

당시 한국군의 부대 이동과 작전 투입 헬기조종사는 모두 미군이었다. 한국군은 4월 20일 미군 에이브럼스 장군을 방문, 안케작전에서 치열한 전투 중인 맹호사단 교전지역에 미 해군 함재기의 폭격을 지원받았다. 또한 미군은 4월 22일 미기 B-52 전략 폭격기의 융단(Arc Light) 공중 폭격 등 맹폭격을 수십 차례 함으로써 적의 주요 요새지와 포 진지가 파괴되는 위력을 과시했다.

이때 수색중대 3소대에는 638고지와 50m 거리인 8부 능선의 참호 속에서 항공폭격이 있으니 입을 크게 벌리고 귀를 막고 있으라는 지시가 하달되었다. 미군의 B-52 폭격기가 안케 하늘을 비행하는 시점에 그토록 적의 포 사격과 AK 소총 소리가 요란하게 들리었으나 비행기만 뜨면 금방 고요해졌다. 미군의 B-52 중형 폭격기의 위력은 대단했다. 어디선가 날아와 90도 직각으로 포탄을 투하하고 공중으로 솟아오르는 비행술에 놀라움을 금치 못했다. 어떤 포탄은 주변 사방 500m가 불바다가 되고, 어떤 포탄은 지하 10m 속에 파고 들어가 폭발하는 위력이 가공할 만했다.

638고지를 점령한 후에 수색중대 3소대가 항공포격 지점을 정찰했는데, 적 포 진지 주변에 투하되어 위협을 주었으나 교묘하게 위장한 적 포 진지는 온전하게 건재해 있었다. 아무리 강하고 위력적인 항공폭격이 있다 하더라도 가공할 만한 힘을 과시할 수는 있어도 고지를 점령할 수는 없었다. 미 항공 함포사격 후에 1연대 8중대와 수색중대가 연합해 638고지를 공격했는데 그날 피아 간 격전이 매우 치열했다. 항공폭격을 받는 것이 이미 만성이 돼 있는 월맹군은 이를 피해 숨어 들어갈 수 있는 위장된 참호를 수십 수백 개 파놓고 이리저리 옮겨 다니면서 강한 저력을 변함없이 보여주는 작전을 했다. 한편 최후까지 638고지에서 전투를 한 월맹군 중좌는 한국군이 드럼통을 굴리며 마대에 흙을 넣어 쌓아올리면서 죽으면 또 오고 끊임없이 공격해와 혀를 찼다고 했다. 그는 이 증언을 1992년 〈베트남전쟁 그 후 17년〉 KBS 다큐멘터리 총감독 김태영 감독과의 인터뷰에서 토로한 바 있다.

전쟁에서 공군의 항공폭격이 기선을 제압하는 데는 절대적으로 필요하다. 그러나 소총을 들고 고지를 점령하는 것은 소총병의 몫이다. 미국이 베트남전쟁에서 물러날 수밖에 없었던 것은 원 없이 항공폭격으로 그 위력과 힘을 과시했으나 소총 든 병사들의 피해가 컸기 때문이다. 그 자리를 월남군으로 대신하려 했으나 그들은 무기를 유기한 채 도망가 오히려 적에게 무기를 빼앗기고 나라를 지킬 능력과 정신이 없었다. 그래서 제3국인 자유우방 한국군을 파병해 공백을 메우려 했던 것이다.

안케작전에서 춘계 대공세에 연합군 최초의 승리를 한 맹호전사들의 피와 땀과 눈물을 상속받았다면 절대로 월남은 적화되지 않았을 것이라고 확신한다.

정창화 선임하사와 정종태 소대장의 활약상

638고지를 처음부터 끝까지 끊임없이 공격한 부대는 수색중대였다. 유일하게 살아남아 가장 용감하고 힘들게 지휘했던 정종태 중위는 여러모로 잘 갖추어진 사람은 아니다. 너무 계급에 의존해 선임하사들을 통솔하고 명령하고 어려운 작전에는 그들을 앞장세운 것이 사실이다. 하지만 소대장으로서 책임과 사명을 다하기 위해 최선을 다했다.

638고지 8부 능선에서 2차 공격 중에 고지를 눈앞에 두고 수류탄을 던지는데, 수류탄 사정거리가 너무 멀다 보니 소대장 당번에서 밀려난 유탄발사기 사수인 유남수 일병을 불러댔다. 빨리 유탄발사기를 실탄과 함께 가져오라는 것이다. 그런데 당시 상황은 10cm만 고개를 들어도 높은 지형에서 총구를 내놓고 있는 월맹군의 AK 소총이 어김없이 날아오는 곳이었다. 유남수 일병은 소대장과 2m 거리에 있었는데 일어서서 소대장에게 유탄을 전달하는 과정에서 적의 사격을 받고 그 자리에서 전사하고 말았다. 정종태 소대장이 앞장섰던 확연한 기억중에 가장 확실하게 남아 있는 사건이다.

4월 14일 새벽에 특공조 5명을 선발할 때 왜 직접 하지 않고 고참하사들에게 시켰는지 지금도 궁금하다. 선발된 병사 5명은 사실 소대장의 지시를 받고 상황 설명을 듣고 출동해야 했다. 그런데 소대장은 보이지 않고 전혀 알지 못하는 새 중대장이라는 낯모르는 사람이 온 것이다. 그는 638고지의 구체적인 적의 위치나 숫자 등을 대충이라도 설명하며 함께 고심하고 커뮤니케이션을 했어야 했는데, 그런 말은 하지 않고 어디 가 있는지도 모르는 적을 찾아 수류탄을 까서 던지며 고지를 점령하면 본국 휴가와 훈장을 준다는 말만 한 뒤 어둠 속에 병력이 출동하도록 했다.

638고지와의 거리는 정확히는 알 수 없으나 200~300m 정도였다. 그 거리에서 선발된 5명의 요원들이 고지를 향해 잠입해 올라갔다. 선발된 5명은 갑작스런 차출과 황당한 명령을 받고 정글 속에서 간단한 의논을 했다. 우리는 이 상태로 올라가면 무가치한 희생 외엔 아무

것도 이룰 수 없으니, 적정을 파악하면서 시간적 여유를 통해 값 있는 충성 어린 공격을 해야 한다며 정글 속을 벗어나기 전에 수많은 고민을 했다. 이때 AK 소총 소리가 수없이 들렸다. 그때가 새벽 4시쯤 되었다. 요원들은 3중대 특공대 5명과 소대장 1명이 대기하고 있다는 지점에 올라갔다. 그러자 누군지도 모르는 그 소대장은 수색중대 특공대를 기다리다가 여명이 밝기 전에 공격하라는 명령을 받고 돌진하다가 3중대 특공대 5명이 전원 사망하고 자기 혼자 남았다는 것이다.

이때 수색중대 전체와 3중대가 638고지 좌우에 붙어 공격하라는 명령을 받고 대열을 갖추어서 "와" 하는 함성과 함께M 16 소총을 마구 쏘아 대며 고지를 향해 공격해 올라갔다. 이때 어디서 왔는지 638고지에는 안개가 짙게 끼어서 1m 전후방조차 분간할 수 없었다. 이때 우리 분대장인 박영수 하사가 적의 총탄을 맞고 "억" 하면서 쓰러졌다. 정종태 소대장은 더 이상은 공격이 무모하다고 생각했던지 후퇴 명령을 내렸다.

세이퍼로부터 1중대 OP를 지키지 못했다면 베트남전쟁에서 최악의 상황을 맞이했을 것이다. 거의 완벽한 전초기지인 안케패스 정상 600고지를 끝까지 지킨 것이 안케패스 승리의 관건이 아니었나 여겨진다. 수색중대가 638고지를 공격하다가 실패하면 1중대 기지로 돌아와 다시 출동 준비를 할 수 있었던 유일한 기지였기 때문이다. 모든 군수물자도 기간 중 2천여 발 이상의 적의 포가 끊임없이 떨어졌지만 이 기지를 통해 보급을 받았다.

월맹군의 사격 솜씨

주월 한국군의 보급품은 원만하게 지원되었지만 638고지 탈환작전에서는 실탄과 수류탄 등이 부족해 어려움을 겪었다. 그러나 월맹군에 비하면 풍족한 편이었다. 월맹군은 얼마나 많은 훈련과 교육을 받았는지 모르나 불필요한 사격을 거의 하지 않았다. AK 소총 한 발에 한 명의 따이한이 쓰러질 정도로 정확한 명중률을 보였다. 그들이 소유하고 있는 AK 소총이나 CK 소총은 아군이 소지하고 있는 M16에 비하면 성능 면이나 기능 면에서 보잘것없는 것들이지만 이렇게 빈약한 무기로 많은 훈련을 통해 숙달된 사격 솜씨를 발휘한 점은 칭찬해줄 만했다. 적의 정확한 명중률 때문에 그들의 총소리는 소름이 날 정도로 무서웠다. 적의 1차 사격 목표는 무전병이나 소대장이다. 보다 중요한 임무를 수행하고 있는 전우를 명중시키기 때문에 그들의 AK 소총 소리만 들어도 '또 한 명 죽었구나!' 하고 기가 꺾일 정도였다. 그러나 무한정 보급되는 보급품을 받으며 작전에 임하는 따이한들은 위협사격이나 연발사격을 많이 했으므로, 아무리 많은 총소리가 요란하게 나더라도 적은 놀라워하지도 않았다.

638고지에서의 치열한 전투는 권투선수의 전술전략과 공통점이 많았다. 권투선수가 적을 향해 불필요한 헛손질을 많이 하면 그만큼 지치기 쉽고 적으로부터 허점이 노출될 가능성이 크다. 주먹 한 번이 나가더라도 상대의 급소를 때린다면 적은 금방 겁에 질려 상대를 무서워할 것이다. 마찬가지로 월맹군은 정확한 조준과 명중률로 실탄 하나를 유효적절하게 허비함이 없이 사용한 것이다. 적이지만 칭찬해줄 만했으며 따이한들이 배워야 할 내용이 아니었나 싶다. 끈질기게 달라붙어 전우가 죽으면 뒤를 이어 올라가는 따이한들도 자랑스럽지만, 그 많은 아군이 전면적으로 공격해 올라가더라도 당황하지 않고 완강한 저항을 하고 있는 적도 대단한 놈들이라고 어느 한 전우가 격찬할 만했던 것이다.

따이한의 목표는 정상 탈환

4월 22일 밤 2개 중대가 638고지를 결사적으로 공격해 월맹군을 당황하게 했다. 수색중대에서는 정ㅇㅇ 선임하사의 중상, 전옥석 병장의 중상, 김영걸 병장의 전사 등으로 다수가 희생되었다. 중상자들은 뒤에 밀어놓고 결사적인 공격을 시도했으나 캄캄한 밤이 되어 아군과 적군을 분별할 수가 없는 상태가 되어버렸다. 이때 월맹군의 저항도 최악의 발악을 하는 데에는 변함이 없었으나 기세는 차츰 꺾이기 시작했다. 처음에 월맹군은 한국군이 수십 명만 쓰러지면 물러날 줄 알았으나 따이한들이 전우 몇 명의 희생에 개의치 않고 오직 고지의 완전 정복을 목표로 하고 있다는 사실을 그들도 분명히 알게 되었다.

적에게 치명적인 타격을 준 정 중사의 M72 대전차 로켓포의 사격과 송 하사 등 전우들의 수류탄 투척으로 적 벙커를 몇 개 정도 박살 내어 무덤으로 만들어놓았기 때문에, 적의 입장에서는 최전방의 중요한 벙커를 파괴당하고 작전상 기세가 기울어지기 시작했다. 월맹군들의 완벽한 벙커에 도전하는 따이한들의 임전 태세가 시간이 흐를수록 차분하고 의연한 자세로 세련되어지면서, 고지 점령은 시간문제가 되었다.

적의 기세가 한풀 꺾이어 성급하게 공격하지 않아도 고지 점령에는 성공할 수 있다는 자신감이 일어나기 시작한 아침이었다.

눈에 띄게 약화된 월맹군의 저항과 반격에 우리 전우들은 고지 점령의 희망을 느끼기 시작했다. 그러나 몇 명쯤은 항상 희생을 각오해야 되기 때문에 몸을 사리고 무모하게 공격하는 것을 자제하는 자세였다. 지금까지 수많은 고비를 무사히 넘긴 행운을 다 먹은 밥에 코 빠뜨리듯 할 수 없기 때문이었다.

선임하사와 전옥석 병장 등을 1중대 기지로 후송시키고, 더러는 제4차 공격준비를 위해 어제 종일 불을 뿜어댔던 개인화기를 수입하고 탄창에 실탄을 분배받아 장전시켜놓았다. 누군가는 적과 대치하고 있는 시간을 이용해 계곡 깊숙한 곳에 내려가 수통에 물을 떠오기 시작했다. 638고지에서 300~400m쯤 초목지대를 거쳐 중정글 지대에 내려가면 실개천이 흐르고 있었다. 갈증에 허덕이던 지난 2주일 동안에 많은 고생을 해본 경험 때문에 몇 명씩 시간 나는 대로 교대하며 몇 통씩의 물을 수통에 담아왔다.

전우애는 강했다고 하지만 물에 대한 욕심들은 이만저만이 아니다. 특별한 사이가 아니고서야 물 한 모금 인심 쓰지 않는다. 나는 기회를 포착해 급한 마음에 소총도 휴대하지 않고 수류탄만 두 발 주먹에 쥔 채, 수통 3~4개를 가지고 소로 길이 이미 나 있는 정글 지대를 거쳐 물을 찾아 나섰다. 한참 가다 보니 아찔한 생각이 들었다. 적도 이곳을 드나드는데 소총도 없이 나선 것이다. 겁을 먹고 조심스럽게 내려가는데 정글 지대에 흔해 빠진 도마뱀들이 풀잎을 스치고 지나가는 것에도 깜짝깜짝 놀랐다.

작전지역에서 밤낮 소총을 손에서 놓고 다닌 적이 없던 내가 물 생각에 총이 손에 없는 것도 모르고 떠났다. 다행히 아무 일 없이 물 몇 통을 떠온 나는 큰 부자가 된 기분이었다. 평화시절의 안정된 생활 속에서는 상상해볼 수도 없는 그 희한한 마음은 하늘을 날 것만 같았다.

오전 중에 한두 차례 교전을 했는데 안케패스의 산귀신이 된 수색중대 전우들은 그동안의 경험과 경력에 따라 불안과 공포심이 사라져 버렸다. 교전을 준비할 때가 약간 불안할 뿐 정작 맞붙어 서로 사격을 할 때에는 불안하지가 않았다. 수색중대 오른쪽에서는 2중대가 대치하고 공격준비를 하고 있었다.

제6부

수색중대 3소대 임동춘 소대와 638고지 합동공격

월맹군은 보이지 않고 AK 총소리와 싸운 전우들

638고지 점령을 위한 1차 공격은 수색중대와 3중대와, 2차 연합작전은 수색중대와 1연대 8중대 김용강 대위와, 3차 연합작전은 수색중대와 2중대 임동춘 중위 소대 등이 투입되었다.

수색중대는 638고지의 정동쪽에서 같은 지역에서만 공격했고 638고지 정북쪽은 3중대와 1연대 8중대가 공격했던 곳에 2중대 3소대 임동춘 중위 소대원들을 그곳에 계속해 투입되었다. 638고지의 정북쪽은 경사가 가파르고 1중대 OP 관망대에서 보면 직선거리 300여m 이므로 한규원 1대대장은 망원경으로 직접 보면서 작전을 지휘하고 있었다.

평소 교전을 하지 않고 있을 때는 매우 조용하고 고지 위에 아무것도 없는 민둥산이었다. 아무도 없으니 그냥 올라가면 고지 점령이 되는 것으로 착각하게 되었다.

638고지에 유일하게 보였던 드럼통으로 만든 초소도 한국군의 M72 대전차포로 박살내 보이지 않았고 고지 정상에는 아군과 적군의 시체들이 즐비해 40도가 오르내리는 고온에 거의 모든 전우와 적군의 시체가 구더기의 밥이 되어 부패할 대로 부패한 상태로 널려 있을 뿐이다. 그러나 우리가 공격해 올라가면 어김없이 AK 소총을 소나기처럼 퍼부었다. 정말 귀신에 홀린 듯한 기분이었다. 마치 악마의 분신들과 꿈속에서 허둥대면서 싸우는 것이다(것 같았다). 수색중대 3소대는 638고지 8부 능선에 있는 큰 바위가 겹쳐 있는데 그곳을 기준으로 좌측 능선부터 경사가 완만한 638고지 허리 50여m를 감싸며 2중 3중으로 참호를 파고 공격 대기지점에 있었다. 공격 앞으로 하면 아래 참호에서 위 참호로 이동하다가 최후의 참호 위에 전우들의 시체가 즐비한 곳에는 월맹군의 직사화기의 표적이 되는 곳이었다. 이곳에서 10cm만 노출되어도 어김없이 딱콩 소리에 한 사람의 전우가 쓰러졌다. 만약 638고지의 적이 참호에서 월맹군이 일어서 나온다면 수백 발의 M16 소총으로 공격당하므로 시종일관 매복작전으로 일관되어 있어 관측되지 않았다.

지금까지 공격하다 실패하면 일단 후퇴시켜놓고 수백 발 155mm와 105mm 포로 불바다를 만들었지만 월맹군은 흔들림 없이 638고지를 지켜내고 있었다. 일관성 있는 매복작전을 주도한 월맹군 전사들은 대단한 놈들이었다.

수색중대 3소대 전우들은 귀신이 곡할 노릇이라면서 그들의 몸짓과 신호 동태를 파악할 수 있는 유일한 방법은 월맹군의 직사화기로부터 보호를 받을 수 없는 곳에 올라가는 것이었다. 그리고 고목나무에 배낭이라도 높이 걸어놓아 사격을 유도하는 것이다. 월맹군은 오직 AK 소총 소리로만 말하고 그들의 의사를 전달했다. AK 소총 소리를 듣고 그들의 병력의 수를 짐작할 수밖에 없었다. 지금 현재 638고지의 우거졌던 숲도 없어지고 눈에 보이는 벙커를 찾을 수 없는 민둥산에서

튀어나오는 믿을 수 없는 총소리는 지금도 수수께끼로 남아 있다.

전선을 형성한 참호에서 시간만 있으면 참호를 깊게 파는 일이 필요했다. 월맹군은 이렇게 고지 8부 능선에 집결한 수색중대 3소대 지역에 진내 사격을 감행하고 가스탄을 투하해 638고지 산허리에서 내쫓아내려 해도 물러서지 않았다.

진내 사격으로 아무리 포탄을 퍼부어도 다 죽었을 것이라고 확인하러 일어섰다가는 따이한들의 사격에 절단난 때가 한두 번이 아니었기에 그들도 어설픈 짓을 하지도 못했다.

포탄 사격을 두려워 할 필요 없다. 1중대 600고지와 638고지 허리 부분에 월맹군이 쏜 포가 수천 수만 발이었지만 그 포화 속에서도 따이한 들은 건재했고 한국 포병이 무차별 퍼부었던 638고지와 주변 대정글 속에 투하된 포탄 수는 1만 발 이상 투하했지만 월맹군은 비웃듯 건재했다. 포탄은 위협과 공포의 대상은 될 수 있지만 흙을 파서 1m 안 참호 안에 있으면 안전했다. 간혹 참호 속에 직격탄을 맞았다면 어쩔 수 없는 일이지만 포병과 공중 항공포격으로는 고지를 점령할 수 없다는 사실이다. 연평도 북한군이 정사정포 173발을 주요시설에 투하했지만 2명의 전사자와 민간인 기술자 2명이 사망했다. 대부분 연평도 주민들은 무사했다.

소총병이 강해야 한다. 소총병은 그 자체가 나라의 보루이자 군인으로서 최고의 꽃이자 열매이다.

수색중대가 시종일관 638고지를 지킨 비결

긴급 출동한 작전 개시일부터 치명적인 타격을 입은 수색중대 전우들은 안케패스 638고지를 탈환할 때까지 사선을 지키면서 최후까지 남을 수 있었다. 이 행운은 신의 보이지 않는 섭리였을 것이라고 생각하고 싶다. 파월 8년 사상 처음이자 마지막으로 양측이 막강한 화력을 보유하고 월맹 정규군 특수부대와 치열한 격전을 치른 것은 6.25 이후 처음 겪어보는 전투 경험이었다. 이로써 조국의 금수강산을 절대 사수하기 위한 조국 방패의 원동력을 축적한 것이다.

638고지에 투입된 기갑연대의 3중대, 2중대가 막대한 인명의 손실을 입고 638고지를 떠났으며, 1연대 8중대도 중대장 이하 많은 전우들이 희생당하고 투입된 지 하루 만에 638고지를 떠났다. 그러나 수색중대는 투입된 모든 중대와 함께 공격을 시도했다. 수색중대는 한꺼번에 수십 명씩 전사자가 발생하지 않고 공격할 때마다 몇 명씩 혹은 10여 명씩 전상자가 발생했으므로, 전체 병력을 638고지로부터 철수시키지 않고 638고지 동쪽 전선을 버티게 했다. 경사가 완만하게 형성되어 있는 이 지역은 수색중대가 전세 낸 전술지역처럼 그 자리를 고수했다. 반면 투입된 다른 중대는 작전 투입 후 몇 시간 만에 많은 병력이 희생된 것이 문제를 제기할 수 있는 부분이다. 성급하게 고지를 점령하겠다는 과분한 욕심 때문에 단시간에 많은 피해를 본 원인 중에 하나이다.

비 오듯 쏟아지는 총탄과 포성 속에 가장 오랜 시간 견디고 버티어낼 수 있었던 수색중대의 비결은 638고지의 지형에 대한 정보와 월맹군의 정체를 얼마만큼은 파악했던 것이다. 어느 지점은 적의 직사화기로부터 보호받을 수 있고 어느 지점은 적의 직사화기의 보호를 받지 못하는 곳인가를 감지했기 때문이다. 또한 안케패스 통로를 개통하는 일도 중요하지만 한국 속담에 "아무리 바빠도 바늘허리에 실을 매고는 옷을 꿰맬 수 없다"는 말도 있다. 이를 실천 않고 성급하게 638고지의 적을 털도 뽑지 않고 먹어치우려는 지휘관들의 성미에도 영향력은 배제할 수 없을 것이다. 수색중대 전우들은 638고지를 거치면서 희생당한 각 중대의 문제점을 파악하고 적에게 많은 위협사격을 가해봄으로 적의 막강세가 어느 정도인가를 파악했고, 638고지의 산귀신이 되어 적에게 겁 없이 마구잡이로 달려들지 않았기 때문이다.

상관도 인간인지라 그의 상황 판단에도 문제점이 있을 수 있다. 상황 판단을 잘못하고 작전 명령을 내릴 수 있기 때문에 자기의 주관적 · 객관적 판단과 창의성을 활용해 공격도 하고 사격도 해야 한다. 사병의 행동반경의 100퍼센트를 상사의 명령 혹은 간섭으로 통제할 수는 없지 않은가. 자유 의지에 의한 사고와 판단, 그리고 행동이 무엇보다도 중요하다는 것을 직감적으로 알고 있었던 전우들이 많이 있었다. 사병들의 생각과 판단을 무시하고 중대장이나 소대장이 설쳐댐으로써 피동적으로 작전에 임해야 할 때는 소대원의 피해가 많았다.

수색중대 3소대원들은 한자리에서 많은 양의 사격을 하지 않았다. 한자리에서 연발 사격은 몇 차례 하다 보면 적으로부터 위치가 확인되어 정조준 사격을 받을 가능성이 많았다. 사격을 해야 될 필요성이 있을 때에는 단발로 여기저기서 산발적으로 쏘아대는 것이다. 또 M16 소총에 철모를 걸어 어느 정도의 높이를 세워두면 어김없이 적탄이 날아온다. 이때 그들의 사격의 높이 등도 측정해 자세를 정하는 데 많은 도움이 되었다.

이러한 방법은 기습 공격이나 조별 약진 시와 대치상황에서만 용이했다. 전면적으로 "와" 하면서 각 중대가 함께 공격할 때는 수색중대 공격지점이 몇 m 멀기 때문에 638고지에서 싸운 시간대별 피해의 통계를 낸다면 가장 적은 피해를 보았다. 그러나 638고지에서만도 장장 16일 동안에 반타작이라도 한 것은 타 중대에 비해 피해가 적었던 것이다. 타 중대의 투입된 시간과 인명피해를 수색중대에 적용한다면

638고지에서의 3일간이면 한 사람도 남지 않고 모두 전멸했어야 할 처지였다. 그래도 털 한 오라기 상하지 않고 638고지 작전의 전 과정을 피를 토하는 심정으로 지켜볼 수 있었던 유일한 중대였기에 거의 완벽한 안케패스 현장의 증언자가 될 수 있었던 것이다.

638고지 9부 능선의 상처 많은 고목나무

638고지 동쪽에 정상으로부터 50m 떨어진 9부 능선에 고목나무 한 그루가 있었다. 늙어서 고목이 된 것이 아니고 인간들이 만든 화염에 의해 젊은 나이에 나무의 작은 가지들이 모두 잘리고 불에 타 나무껍질이 벗겨졌다. 수십 발의 총탄 흔적으로 모든 부분에 구멍이 나 있었다. 수색중대 작전 전술지역이었으므로 작전 중에 이 나무에 크레모아 주머니와 배낭 기타 장비를 걸어놓기도 하고, 나무 뒤에 숨어 적을 향해 사격도 하고, 나무가 M72 대전차 로켓포의 사격 시에 받침대가 되어 주기도 했다. 고목나무를 가장 효율적으로 잘 활용해 사격을 하며 잘 싸운 분은 3소대 선임하사를 빼놓을 수 없다.

이 고목나무 주변에는 많은 참호가 사방으로 파져 있었는데 전우들이 물건을 이 주변에 보관하고 고목나무를 표시로 해 행동반경으로 삼고 있었다. 우리는 638고지를 점령하기 위해 벌집같이 참호를 파며 올라갔다. 약간 후방의 지역을 팔 때는 야전삽으로 파고 철모를 벗어 흙을 긁어내면 작업을 효과적으로 할 수 있다. 호를 파고 엉덩이라도 우선 밀어넣고 자세를 낮추면 얼마나 안심이 되는지 모른다. 몸을 일단 흙 속에 숨기는 일이 638고지에서의 가장 중요한 임무였다. 어떤 경우는 참호 속에 포가 떨어져 전우가 공중분해된 실례도 있다. 2명이 한 조가 되어 야간근무 중에 담뱃불을 빌리러 간 사이에 포가 떨어져 운

638고지 9부 능선의 고목나무
철모 쓴 이가 필자

맹호포병(155mm, 105mm)들이 638고지의 대정글을 쑥대밭으로 만드는 총공세를 감행했다.

좋게 죽음을 면한 전우도 있다.

이러한 많은 사연들이 담긴 참호들을 고목나무 주변에 수백 개 파 놓은 것이다. 이 고목나무는 안케패스 전 지역을 내려다볼 수 있는 곳에 있었으니 1중대 기지와 이곳을 거쳐 가면서 작전을 수행한 사실들을 정확하게 알고 있는 증인이기도 하다. 따이한들이 월맹군과 더불어 어떻게 싸웠는가를 알 뿐만 아니라 따이한들과 함께 괴로워하고 아파하기도 하고, 슬픔을 나눈 사이이다. 나무는 따이한들과 적의 사격을 함께 받아 상처투성이에 만신창이가 되어 있었다. 우리의 산 증거자요, 우리와 함께 수난을 함께 당한 나무이기 때문에 전우들의 머릿속에 오래도록 기억되는 것이다. 피의 능선 638고지의 참상의 주인공들에 대해 이 고마운 고목나무와 수색중대 전우들만이 잘 알고 있다.

임동춘 소대원 31명 638고지 투입과정

임동춘 중위는 꾸이년에서 안케패스에 이르는 45km 지점에 있는 16교량에 근무하고 있었다. 해외 파견근무를 거의 다 마치고 귀국 직전에 조국에 부모님과 사랑하는 약혼녀를 만나는 부푼 꿈을 꾸고 있었다. 출동 직전에 아들까지 낳아 이름을 '임진우'라고 지어놓고 있었다.

16교량은 안케패스로 진입하는 관문으로 전략적으로 중요한 교통의 요충지였다. 안케작전이 치열하게 전개되어 피해가 속출하는 가운데 임동춘 중위는 남다른 애국심이 불탔다.

김종석 1중대장과 대화에서 귀국하면 사랑하는 사람과 곧 결혼할 소박한 꿈과 이야기를 나누며 자랑스러워했다고 한다.

임동춘이 태어난 곳은 한반도의 최대 곡창지이자 식량안보의 심장부인 1,700여 년 전에 동양 최대 저수지인 벽골제가 있는 김제시 부

량면 금강리 후포마을에서 태어났다. 죽산고등학교를 졸업하고 사병으로 입대했으나 남북으로 분단된 아픔을 누구보다도 가슴 아프게 생각하고 6.25 남침 24일 만에 김제 만경평야를 빼앗겼던 사실을 너무나 잘 알고 있었기에 남북으로 분단된 베트남에서 최대 곡창지 고보이 평야를 수호하는 것은 조국의 고향을 수호한다는 것으로 판단했다.

638고지의 전략요충지를 몇 차례 총공격을 했으나 두 차례나 실패한 정득만 사단장은 3차 연합작전을 준비하는 과정에서 사단 수색중대 1개 소대를 꾸이년에서 자동차로 16교량까지 보냈다. 임동춘 중위는 안케패스 지역에 대한 정보가 밝은 자신이 특공대를 조직하고 사명감과 책임감을 느끼고 사단에서 급파된 사단 수색중대 소대장과 협의해 16교량을 지키게 하고 2중대 3소대가 출동할 것을 결정했다. 중요한 일이 있을 때마다 김학서 전령과 의논하고 전북 출신 고참병들 3명이 있어 함께 소대장을 도와 출전할 것을 결의했다.

안케패스 19번 도로 7.5km는 일주일째 월맹군 12연대가 차단해 갈 수 없으므로 정득만 사단장이 보내준 헬기를 타고 안케정상을 넘어 1중대 기지 밑에 착륙과정에서 월맹군이 쏜 82mm 박격포에 임동춘 중위 허벅지를 맞아 부상을 입었다. 그러나 압박붕대를 싸매고 600고지인 1중대 OP에 올라가 김종석 중대장으로부터 상황 보고를 받고 1중대 후문 철조망 사이로 엄호사격을 받으면서 31명의 특공대가 300m 앞 638고지에 도착했다. 정동쪽에는 수색중대가 적과 대치해 치열한 교전을 하고 있었다. 임무를 부여받은 임동춘 중위는 31명의 소대원을 이끌은 638고지에서는 좌측으로 1중대 기지 방향에서 보면 우측으로 이동해 적이 보이는 쪽 8부 능선까지 공격해 올라갔다. 공격 과정에서 왼쪽 팔에 AK 소총을 맞았다. 다른 소대장 같으면 명분이 없어 후송을 못가는 판에 임동춘은 8부 능선까지 수많은 희생을 치르며 점령해왔는데 군인으로서 물러설 수 없었다. 월맹군이 새까맣게 깔려 있는 것을 확인한 임동춘은 수류탄을 투척하면서 M16 소총으로 집중사격을 하면서 무서운 줄 모르고 공격해 수많은 적을 사살했다.

이러한 치열한 공방전이 계속되는 가운데 위치상 불리한 여건 속에서 적이 쏜 B-41 척탄통에 하반신을 맞아 피가 낭자한 상황에서도 굴하지 않고 소대원을 지휘하고 공격을 멈추지 않으며, 최후의 일각까지 마지막 수류탄을 던져 적을 휘청거리게 하며 큰 타격을 주었다.

임전무퇴의 군신 임동춘 영웅의 장열한 산화

하반신이 무너져 있는 상황에서 독실한 기독교 신자인 임동춘은 큰 소리로 소리치며 노래를 불렀다. 명재경각(命在頃刻) 운명직전까지….

"하늘 가는 밝은 길이 내 앞에 있으니 내 한 생명 재물되어 우리 조국 후손만대 지켜주소서. 동해물과 백두산이 마르고 닳도록"

마지막 유언을 남기고 현장에서 전사하고 말았다.

임동춘의 군인정신은 김종식 1중대장과 김창열 연대장, 정득만 사단장, 그리고 임동춘, 옆에서 지켜봤던 소대원들의 증언에 의해서 일거일동이 밝혀졌다. 낮에 하는 말은 새가 듣고 밤말은 쥐가 듣고 산천초목도 진실을 입력하고 각인된다는 사실이다.

소대원들을 통해 전투력도 나오고 지도력도 나온다는 신념으로 살았다. 함께 공격하다 전사한 김 하사와 김철주 병장도 소대원도 살신성인(殺身成仁) 정신으로 소대장을 따랐다.

안삼재 병장은 팔 하단부에 관통상을 입었으나 마침 AK 소총이 두 개의 뼈 사이를 관통하며 후송되어 치료 후 회복되었고 소대장 전령 김학서 병장은 122mm 포탄에 오른쪽 고막이 터져 일생 동안 장애

안케의 영웅 임동춘 소대장의 묘비 옆에서
왼쪽부터 필자, 정득만 사단장, 강수천 대령이다.

를 안고 살아가게 되었다. 임동춘 특공대의 무서운 돌진으로 월맹군의 발악도 쇠퇴하기 시작했다. 짧은 인생이었지만 선공후사(先公後私) 정신으로 삶을 마무리 했다.

김종식 1중대장에 의하면 임동춘이야 말로 대한민국의 자랑스러운 장교로서 군인으로서 명예를 실천한 대단한 분이라고 칭찬을 아끼지 않았다. 임동춘 소대장의 임전무퇴 정신이야말로 우리 조국을 수호하고 있는 후배들에게 귀감이 될 뿐 아니라 그 정신을 높이 받들어 한반도를 후손만대 지탱할 수 있도록 실천한 분이라고 격찬했다. 이러한 김종식 대위의 보고에 의해 최고의 태극 무공훈장이 추서됐다. 2중대 본부 서무병이었던 유병철 전우는 매사에 솔선수범하는 소대장으로 존경과 사랑을 받아왔다고 덧붙였다.

2014년 9월 광주 보병학교에서 대한민국 육군에서 제정한 모범 소대장에게 주어지는 동춘상 시상식에 전주 MBC 편성부장 임동춘의 사촌 동생 임평종 부장의 초청으로 유족 이름으로 참석해 성대하게 동춘상 시상식을 하는 자리에서 14명의 GOP 모범 소대장들을 지켜보면서 필자는 제2의 임동춘 상을 받는 늠름한 모습에 유일한 여군 중위도 있어 더 진한 조국 수호의 의지가 살아 있음을 보고 얼마나 든든했는지 모른다.

처음으로 임동춘 대위의 어머님을 뵙고 조국 사랑을 실천한 임동춘 영웅의 유일한 사랑의 혈통인 임진우가 어느덧 42세가 되어 두 아이의 아빠가 되어 있었다. 필자는 임진우를 가족이 지켜보는 가운데 한참 동안 포옹을 하며 잠시나마 조국의 가슴으로 따뜻하게 안아주었다.

안케패스 대혈전을 잊지 않고 동춘상을 제정한 육군과 보병학교가 임동춘 영웅의 정신을 계승하고 있으니 우리 조국의 중심이 제대로 세워져 GOP 근무자 지원병들이 구름같이 몰려왔으니 마음 든든하다.

월맹군 영웅 구엔트린 리우와 응우옌반홍이 밝힌 당시의 증언과 수기

자원전투에서 호찌민시 문인회 출판사에서 발표한 내용을 청운대 김종욱 교수가 번역한 내용과 한국군 투입과정과 월맹군의 증언의 퍼즐이 맞추었다.

4월 21일부터 22일 저녁까지 꺼이루산 638고지에서 잔여병력과 따이한 병력 간 극도의 격렬한 전투가 치러졌다. 제61대대 간부와 병사의 용감하고 투철한 전투정신을 바탕으로 아군 진지는 여전히 견고하게 유지되었다. 이미 제61대대장 응우옌비엣찌와 중대장 넘쑤언따이와 정치원 황씬뚱은 한국군에 사살되었다. 중대장 넘쑤언따이가 임무를 대행했으나 곧 중대장도 희생당하자 뒤를 이어 전사인 구엔트린 리우가 대항해 전투는 계속됐다.

제61대대는 거의 전멸되다시피 했고 4월 21일 오후 살아남은 대대정치원 닌반싸(Ninh van xa)의 지휘 아래 단지 5명의 동지만이 남아 있었고 그 순간 기동부대를 급히 충원해 638고지를 지키고 있었다.

한편 꽝항저이에서는 제63대대와 공병대대가 적의 격렬한 반격을 받은 후에 총참모장과 따이 대대장이 연이어 희생됐다. 최고의 전사로 이름을 날리던 부쑤언뀐도 전사하고 말았다.

이러한 기록은 소도산 능선 전투과정에서 6중대 5중대와 26연대 2중대에 의해서 따이 대대장 등이 한국군에 의해 사살되었음이 시사되었다.

안케패스 대혈전에서는 중부고원지대의 관문인 전략적 요충지 19번 도로를 중심으로 638고지 일대와 소도산 능선 전투 수색중대가 최초 출동한 안케패스 정상에서 꾸이년 쪽 19번 도로를 400여m에 있는 갈지 자와 S자 코스 지역 전투 빈케에서 안케패스 7.5km의 시작점 4개 지역에서 최대의 접전이 이루어지고 있었지만 최대 결정장은 1중대 OP 300m 앞 638고지의 혈투가 가장 치열했다. 638고지에서는 대대장과 중대장 정치원이 모두 희생당하고 단지 5명만 남았다고 기술한 것을 보면 638고지에서 유일하게 살아남은 월맹군이 있었다. 그는 구엔트린 리우 중좌로서 〈베트남전쟁 그 후 17년〉 다큐멘터리 제작 시에 KBS 김태영 감독이 찾아냈다. 그는 대대장, 중대장, 정치원 등이 모두 희생되어 전사자가 임무를 대행했다는 사실로 확인되었다. 그는 인터뷰 시 한국군의 용맹성과 감투정신에 놀랐다면서 자기들이 그러한 한국군에게 피해를 많이 주어 이겼다고 말해 어리둥절하게 한 사람인데 그의 말도 일리가 있는 부분도 있다. 전사가 끝까지 638고지를 수호했던 정신은 놀라운 것이다. 그는 사병이 전투를 잘했다는 이유로 장교로 승진해 1993년 현재 월맹군 중좌로 승진해 있었다.

그는 안케패스 대혈전에서 최고의 전사로 인정받은 유일한 영웅이다. 전투 중에 매복작전으로 일관한 월맹군의 사상자는 국방부의 전사자 750명 통계보다 훨씬 많은 것으로 판단되었다.

항공폭격기 지원 요청, 이세호 사령관과 김성기 중령

이세호 주월사령관은 안케지역 전투가 심상치 않은 상황으로 전개되자 4월 21일 주월 미군 에이브럼스 미군 사령관을 만나 중요한 회담을 갖고 이 사령관의 강력한 촉구에 의해 4월 22일 미군 중형 폭격기들이 안케협로 일대의 공산군 거점을 강타할 준비를 하고 있었다. 이세호 사령관은 4월 19일부터 맹호 전술지휘소가 있는 빈케 기갑연대 전술지휘소 겸 맹호 사령부가 된 벙커로 이동했다.

이 지하 벙커는 전방 부대와 지휘통신이 가능케 되어 있었고 미군의 관측기와도 연결되어 있었다.

4월 21일 에이브럼스 미군 사령관과 회담할 때 영어에 능통한 야전사령부 민사심리전 참모인 김성기 중령을 대동했다. 김성기 중령은 미군의 실무자인 미군 지원단장 샌드스(Sands) 중령을 설득해 헬기 지원은 물론 적극적인 항공폭격을 지원 약속한 직후 계획대로 미 해군 함대기에서 발진한 B-52 중형 폭격기와 전략 융단(Arclight) 공중폭격을 포함한 함포 사격으로 적의 주요 거점을 초토화시켰다. 주월사 작전참모인 오태한 대령은 항공폭격에 대한 위력을 설명한 뒤 최전방 OP에 있는 김종식 1중대장에게 근거리 포격에 아군의 피해를 줄이기 위해 기지 안으로 병력을 철수시키고 작전 중인 수색병들에게 항공폭격으로 인한 후폭풍에 주의를 환기시키라는 당부 후에 김종식 대위 승인의 바탕 위에 항공폭격을 단행했다. 수색중대 3소대는 중대 OP 주변으로 철수해 항공폭격에 대비했다. 참호 속에서 귀를 두 손으로 꼭 막고 입을 크게 벌리라는 지시가 떨어졌다. 항공폭격으로 인한 엄청난 굉음에 의해 고막이 파멸되기 때문에 우리 전우들은 귀를 막고 입을 크게 벌리고 항공폭격을 주시했다.

미 공군과 7함대 발진 팬텀기의 위력

미 공군 팬텀기 편대가 높은 하늘에 솟아 수직으로 급강하하면서 안케패스 계곡과 소도산 능선 주변과 638고지와 연결된 옹진산맥 하단부에 맹폭격을 했다. 여러 대가 한꺼번에 투하한 포탄은 깊이 10m 이상의 웅덩이가 생겼다. 미군의 비행실력은 정확하게 목표물을 타격했다.

함포 사격은 목표물 주변에 1자로 1km 정도 포탄을 투하해 주변을 초토화시켰다. 시누크에 매달아 높은 곳에서 드럼통보다 큰 포탄이 투하되면 반경 500m 정도가 불바다가 되었다. 4월 22일을 전후해 항공폭격은 2일간 계속된 것으로 기억된다.

안케패스 일대 638고지는 1중대와 직선거리 300m밖에 안 되어 근접거리 항공폭격 대상에서 제외되었다. 그토록 요란하던 AK 소총 소리와 월맹군의 다방면의 포 진지에서도 매우 조용해졌다. 고요하리만큼 평화스러운 전쟁이 금방 끝나버린 것 같은 착각에 빠졌다.

미군의 항공폭격은 미국의 군사력을 실감하는 순간이었다. 세계의 강력한 초강대국인 미국이 우리의 우방임을 정말 다행이라고 생각했다. 오랜 혈맹으로 자유 민주주의를 수호하기 위해 미국은 대한민국에 6.25 공산군 남침 때에 3만 6천 명이 희생하면서 남진하는 공산세력을 막아준 것은 힘이 있었기에 가능했다는 것을 확인했다.

요즘 작전권 이양이냐, 연기냐 놓고 논란이 일고 있다. 중국은 세계 전략 속에 중국화 전략이 있다. 막강해진 군사력의 주적으로 한반도에 중국 본토의 미사일 사정거리 300~600km를 한반도를 겨냥한 사실을 우리는 알아야 한다. 한미 관계의 혈맹은 자유 민주주의를 수호하는 데 절대적인 관계임을 확신한다.

주요 안케계곡을 초토화시킨 뒤 잠자리만 한 오윤기가 정글 위에 띄웠다. 그 오윤기에는 컴퓨터 데이터로 계곡을 지나면서 월남 사람 특유의 냄새가 있는데 마그네슘 성분이 많아 성분을 체크해 월맹군 집결지를 파악해 팬텀기에 전송한다는 것이다.

1972년 4월 당시로서는 상상을 초월한 입체적 작전을 구경꾼 같이 참호 속에서 관람하면서 M16 소총과 수류탄을 지닌 소총병이 얼마나 초라했는지 모른다. 그리고 두더지 같이 참호 속에서 21세기의 별들의 전쟁을 보았다.

제7부

수색중대와
4중대 3소대 이무표 소대장과
여명공격

638고지 점령을 위한 사전 전략회의

정득만 사단장은 기갑연대장 김창렬 대령과 함께 4월 23일 오후 기갑연대 택시피에서 김창열 대령의 육사 10기 동기인 야전사 변일현 참모장과 638고지 점령을 위한 사전 전략회의 시 수색중대는 꺼이루산 638고지 좌측에, 2중대는 우측에서 견재하도록 하고 제4중대 3소대 이무표 중위가 이끄는 27명의 특공대를 1중대 기지에 투입시켜 1중대 OP 기지를 수호하고 있는 김종식 중대장에 보냈다. 김종식 중대장은 파월 전 김창열 연대장 휘하의 모범 중대장으로 중대장으로는 최고의 명예인 재구상을 수상한 분으로 먼저 파월하신 연대장을 따라 파월된 신임이 두터운 사이였다.

김종식 대위는 침투한 적 세이퍼 공격을 방어해 한국군의 철통 같은 경계태세를 보여주어 적의 간담을 서늘하게 했다. 보응우옌잡은 제2의 디엔비엔푸 작전으로 한국군 기지를 점령하는 데 1개 연대를 투입했으나 그들의 야욕을 분쇄하는 데 결정적 역할을 한 분이다.

이무표 4중대 3소대장과 수색중대 638고지 점령

최후의 고지 점령을 위한 전략회의 시에 선택받은 특공소대장 이무표 중위는 김종식 1중대장을 600고지인 1중대 기지에서 1972년 4월 24일 04시에 만났다. 4중대장이 있었지만 적의 동태와 지형지물에 익숙해 있는 김종식 중대장이 경호병과 함께 이무표 중위와 소대원 27명의 특공대는 좌우에서 견제한 수색중대와 2중대를 우회해 꺼이루산 638고지 8부 능선까지 인솔했다. 김종식 중대장은 이무표 소대장에게 우리 맹호 전사들이 쓰러져 있는 전우의 시체를 보면서 우리 맹호의 전통을 몸소 실천한 전우들을 보라! 우리 모두는 공격해 올라가서 죽은 전우들의 한을 풀어주는 638고지를 점령해야 하는 오직 한 길밖에 없다. 우리는 공격하고 죽느냐 후퇴하며 죽느냐를 물었다. 이무표는 공격하고 죽는 길을 선택했다.

태권도가 5단인 김종식 중대장은 태권도 초단인 이무표에게 태극정신과 화랑도 정신을 발휘해줄 것을 당부하고 1중대 기지로 돌아왔다.

김종식 중대장의 안내를 받아 꺼이루산 8부 능선에 도착한 이무표 중위는 27명의 소대원을 이끌고 수색중대와 2중대가 좌우 견제하고 있는 상태에서 우측으로 70m 우회해 완만한 능선으로 수색해 진출하던 중 적의 사격을 받고 선두에 올라가던 천병이 전사했다. 소대장이 중위는 적의 사격량으로 보아 고지의 적이 소수일 것으로 판단해 계속 공격 앞으로 돌진했다. 고지 정상 부근 참호에서 638고지와 연결된 옹진산맥으로 도주하는 것을 목격하고 일제히 수류탄을 던지고 소총 사격을 가하면서 정상으로 공격해 올라갔다. 이때 적은 638고지를 더 이상 버틸 수 없음을 깨닫고 도주해 정상 정복에 성공했다.

점령 후 소총병이 본 638고지 정상의 진실

한편 638고지 좌측에서 견제하고 있던 수색중대 3소대에 최전방 참호에 있던 필자는 정종태 소대장으로부터 신경질적인 말로 638고지에 빨리 공격해 올라가라는 명령을 듣고 그동안 고개만 10cm 들어도 AK 총알이 어김없이 날아왔던 638고지 위의 월맹군의 사격솜씨가 각인되어 약간 주저하다가 올라갔다. 정상에 올라가보니 텅 빈 고지에 4중대 전우들은 보이지 않았다. 조금 후에 여기저기서 어디서 매복하다가 올라와 좁은 고지에 많은 전우가 몰려들었다.

고지엔 AK 소총이 녹아 비뚤어진 것들이 고물이 되어 여기저기 널려 있었고 월맹군 다리와 떨어진 시체들이 널려 있었다. 순간에 뒤늦게 소식을 접한 멀리 있던 전우들까지 사방에서 고지 위로 올라왔다. 수색중대 2소대 얼굴에 검은 점이 있는 전우는 월맹군 다리 하나를 주어서 괭이같이 땅을 파는 시늉을 했다.

주위에서 그 장면을 보고 있던 전우들이 오랜만에 폭소를 터뜨렸다. 월맹군의 다리는 마를 대로 말라 마른 막대기 같았다. 어떤 전우는 담배를 피우고 어떤 전우는 안케작전에 참여한 전우들은 사회 나가면 밥은 굶지 않을 것이라며 고지 탈환의 의미를 부여했다.

20여 분이 지났을 때 638고지에 둘러앉아 서로 환담을 나누며 이야기꽃을 피우고 있을 때였다. 638고지에 월맹군이 쏜 122mm 포탄이 10여 발 집중사격을 했다. 638고지를 점령해 따이한들이 집결한 곳에 월맹군은 최후의 발악을 했다. 638고지 점령 직후 퍼부은 포탄 사격으로 진무응 중대장을 비롯해 7~8명의 중경상자가 발생했다.

김창열 연대장은 638고지에 참호를 파고 적이 다시 공격할 수 있다면서 638고지 둘레에 교통호를 신속하게 파라는 명령이 떨어졌다. 638고지에는 적의 참호가 개미집같이 구축했을 것이라고 생각했으나 변변한 참호는 없었고 있다 하더라도 따이한 포병들이 쏜 포탄에 초토화되었다. 다만 638고지와 연결된 옹진산맥에 그들의 참호들이 즐비하게 구축되어 있었으나 교묘하게 위장된 적의 땅굴은 오소리가 굴을 파고 들어가는 곳과 나오는 곳이 있듯이 자연의 숲을 전혀 훼손함이 없이 산짐승들의 요람같이 구축했을 뿐이다.

638고지를 점령한 후 국내 외신기자들이 몰려왔다. 비로소 한국과 미국 월남군이 주시하는 자유 우방을 수호하는, 자유 우방이 주목하고 있었던 작전이라고 알게 되었다.

민주와 공산의 최후 대결의 뿌리를 찾아서

칼 마르크스는 1818년 유태계 독일인으로 라인주 티리에르에서 태어나 아버지는 명망가의 법률가이고 어머니는 귀족 출신이었다.

본 대학에서는 법률학을 전공하고, 베를린대학으로 옮겨 헤겔철학과 논리학 등을 섭렵하며 공부했다.

자연세계에서 과거, 현재, 미래를 통한 인류사를 일종의 운명의 필연성을 띤 일정한 어떤 법칙이 있다고 보고 사회를 자본가 계급과 노동자 계급의 계급투쟁의 역사로 보았다. 마르크스는 역사를 불가피한 계급투쟁에 따라 형성되는 큰 규모의 발전 과정으로 보고 하나의 모순이 또 다른 모순과 투쟁의 과정을 거듭 거치다보면 마지막에 공산주의가 되어 계급이 없는 자유와 평등사회가 이루어진다는 것이다.

당시 베트남 사람들은 프랑스로부터 노동 착취를 당하고 인민의 생활이 피폐해지고 불공평한 사회 현상에서 호찌민과 보응우옌잡은 베트남 독립을 위해 공산주의 사상에 심취했다.

1917년 10월 러시아에서 최초로 사회주의 혁명에 성공한 레닌이

1924년 사망하자 공산당 서기장으로 있던 스탈린이 세계를 공산화하겠다는 불타는 야욕으로 중공의 마오쩌둥과 결탁해 남진정책으로 인도차이나 3국을 공략하려 는 전략과 프랑스나 일본 제국주의로부터 벗어나려는 베트남의 이해관계가 시대적으로 맞아떨어졌다.

기독교의 뿌리 예수님과 이슬람교의 뿌리: 이스마엘 이복형제의 싸움

역사를 거슬러 올라가면 기독교와 이슬람교의 뿌리는 같다.

이스라엘 자부심은 믿음의 조상 아브라함이다. 그는 위대한 신앙인으로 하나님의 뜻에 따라 100살에 낳은 아들 이삭을 모리아 산상에서 번제를 결정했다.

믿음의 절대성에 감동한 하나님은 숫양을 대신 번제를 함으로써 이삭을 구했다. 이삭이 젖을 떼는 날에 아브라함은 애굽 여인 하갈을 취해 아들은 낳았으니 그가 이스마엘이다. 마호메트는 이스마엘 후손이다.

결국 이복동생은 이삭을 희롱하기 시작한 것이 중동사태의 출발점이 되어 21세기 오늘날까지 계속되고 있다. 추측건대 아브라함의 아내 사라가 몸종이 낳은 이스마엘을 미워한 것이 수천년 대를 이어 갈등의 씨로 남을 수 있다.

좌우대결의 성서적 뿌리는 예수님 십자가 좌우의 강도로부터

예수님이 십자가(눅 23-42)에 사형장의 이슬로 사라질 때 2명의 행악자도 함께 사형당했다. 서양 사람들의 정신은 성서나 기독교 정신문화를 이해하므로 가능하다. 사형 직전 좌익과 같은 왼쪽 강도는 예수를 조롱

하듯 말했다. "네가 그리스도가 아니냐? 너와 우리를 구원하라" 자신도 구원하지 못하면서 어떻게 구세주가 될 수 있느냐며 조롱했다.

한편 우측 강도는 좌측 강도를 꾸짖으며 하는 말이 "우리의 행한 일은 죽어 마땅한 보응의 결과이나 이 사람의 행한 일은 옳지 않은 것이 없느니라. 예수여 당신의 나라에 임할 때에 나를 생각하소서!"

예수는 "오늘 네가 나와 함께 낙원에 있으리라"며 인류 역사상 첫 낙원에 함께 갈 것을 약속한 분은 오른쪽 강도라는 사실이 아이러니한 사건이다.

선(善)과 악(惡)은 사실기준을 말하기 어려운 성서적 해석은 기독교인이 아니면 이해하기 어려운 것이다.

19세기에 칼 마르크스는 왼쪽 강도에 해당하는 현실 지상주의의 투쟁적인 이론과 투쟁으로 사회주의와 공산주의가 이루어진다는 이론은 소련과 동구권 공산주의들의 60여 년간 실험으로 결론이 났다.

성서의 또 다른 역사서는 싸움만 한 것은 아니다. 아담과 이브 사이의 가인과 아벨은 최초의 형제간의 싸움으로 출발되었지만 아브람함의 아들 이삭은 에서와 야곱을 낳았다. 이삭의 축복을 받기 위해 야곱은 어머니 리브가의 모자 협조로 거짓말로 에서라고 속이고 하나님의 축복을 받았다.

"만민이 너를 섬기고 열국이 네게 축복하리니 너를 저주하는 자는 저주를 받고 네게 축복하는 자는 복을 받으리라"고 하시면서 생육하고 번성해 세상의 만국을 다스리라는 축복을 받았지만 결국 형 에서의 분노와 증오로 고향을 떠나 외가에 가서 21년간의 고난의 길을 갔다와 결국 형제의 만남이 이루어진 것이다.

세상은 넓고 수많은 종교와 인종이 있으나 인류의 근본 문제는 사회의 최소 단위인 가정에서부터 실마리를 풀어야 한다.

성서의 힘은 스토리텔링이 있어 강한 힘을 발휘하고 있다.

안케패스 대혈전의 힘은 수많은 전우들의 살아생전의 이야기를 남겨 전우와 전우의 소중함과 전장과 현장의 소리를 남기므로 소총병의 이야기, 소대장의 이야기, 중대장의 이야기, 연대장과 사단장의 이야기에 귀를 기울여야 할 것이다.

북한은 에서라면 남한은 야곱이라고 생각한다면 결국 형제간의 스토리이다. 대한민국은 야곱의 길을 걸어 왔고 북한은 에서와 같은 사냥과 민족정신을 지키면서 방위를 지키기 위해 노력하고 있다고 생각해보자 결국 대한민국의 자원으로 보아야 할 것이다. 성서에서 나타난 치열했던 형제간의 싸움은 참된 사랑으로만이 배고픈 백성들의 마음이 열릴 것이다.

남북한 문제는 정치군사적으로 해결하다 보면 상처가 크다. 역사의 힘을 활용하고 단군을 한 부모로 형제의 만남으로 통 큰 신앙으로 해결되길 기대한다.

호찌민과 보응우옌잡에게 베트남을 내준 신(神)의 뜻은 무엇일까? 남베트남 속에 내재해 있는 사촌이 논을 사면 배가 아프고, 자기가 먹인 개에게 발을 물리고, 세 명만 모이면 당을 네 개 만드는 악습을 타파하고 새로운 문화창조에 출발을 위한 하나의 역사과정일 뿐이다.

전쟁에 승리한 보응우옌잡은 공산주의를 버리고 개방했다. 우리 대한민국이 32만이 참전한 것은 베트남 사람들의 교훈은 타산지석으로 삼아 인류를 위해 십자군으로서 피를 흘린 것은 세계평화의 피의 제물로 삼아야 하는 보이지 않는 뜻 깊은 섭리가 있다고 확신한다.

독일은 흡수통일, 베트남은 무력통일을 했으나 무력으로 지정학적 통일로 인한 베트남 사람들의 상처는 호찌민이 살아온다 해도 치유가 불가능하다.

한반도의 두 번째 통일은 평화적으로 신라 56대 경순왕이 고려 태조 왕건에게 노쇠한 나라를 넘기고 고려 태조의 딸을 경순왕에게 주어 사위가 되게 해 김석을 낳아 그 후손들이 의성 김씨가 되었고 일제시대에 독립운동가의 명문가로서 나라에 충성했듯이 참된 사랑으로 민족의 상처 없이 통일을 이루어야 한다. 성서에는 애굽으로 11형제들의 미움을 받아 팔려간 요셉이 애굽 총리가 되어 기근에 피난 온 11형제와 얼싸안고 만난 역사가 우리민족의 희망이다. 앞으로 상처 없이 감동적인 민족통일의 전형적인 노정이다.

수색중대 638고지 정상에 360도 교통호 구축

1대대장은 무전기를 통해 모든 병사들은 638고지의 정상에 교통호를 파고 혹시 반격해올지 모르는 적의 동향에 대비하라는 명령이 하달되었다. 고지 정복이라는 기쁨도 잠시였고 포탄 낙하 이후 곧 참호 구축과 교통호 작업에 착수했다.

고지 공격을 위해서 파는 참호는 엎드려서 적의 사격을 받으며 조금씩 팠지만 고지 정복 후에는 허리를 펴고 일어서서 있는 힘을 다해 야전삽 자루가 머리 위로 올라가도록 휘두르며 힘차게 팠다.

모든 전우들은 이제는 어떠한 어려움이 닥쳐온다 해도 이겨낼 수 있는 자신감을 가지고 있었다. 제대해서 사회생활을 하더라도 638고지 정복을 위해 최악의 악전고투를 승리로 이끌어온 정신만 잊지 않는다면 밥은 굶지 않을 것이라고 어떤 전우가 말했다. 이런 이야기는 살아 있는 전우들이 스스로 위안하기 위해 지어낸 말이 아니라 고난 속에 역경을 헤매며 잉태된 정신이며 피의 대가를 지불하고 비싸게 구입한 교훈이다.

638고지에서 내려다본 고지의 언덕에 고지 탈환의 소식도 모르고 아직도 누워 있는, 전사한 전우들의 유해는 형체를 알아볼 수 없는 정글복과 방탄복에 싸여 육체가 녹아 구더기만 바글바글할 뿐이었다.

제2의 생명으로 아껴왔던 소총도 적에게 노획당하고 목숨까지 빼앗기면서 적에게 치명적인 타격을 주었던 전우들일수록 적 벙커 앞까지 올라와 죽었다. 그 때문에 시체가 오랫동안 적의 유효 사격권에 담보 잡혀 있었기에 가장 훌륭하고 가장 용감한 전우의 시체일수록 가장 비참하고 참혹하게 생존한 전우들의 눈에 비쳤다.

지금 고지를 정복하고 기쁨과 안도의 숨을 쉬고 있는 생존 전우들이 공격을 망설이고 있을 때 적을 향해 용감하게 공격해 올라왔던 따이한의 자랑스러운 화랑정신을 몸소 먼저 실천했던 존경스러운 얼굴들이 아닌가.

이들이 월맹 정규군 특공대로부터 착실한 점수를 따놓았던 것이다. 사단 의무중대에서 상처를 치료하고 있는 많은 전우들이 따이한의 용맹성으로 적의 기를 꺾어놓았던 점수들이 모아져 적을 궁지에 몰아넣었다. 그리고 1중대 전우들이 기지 내에서 자기 진지에 찾아온 전우들에 대해 보여준 헌신적인 도움은 사기를 진작시키는 데 큰 몫을 해주었다.

638고지의 현장에서 현재 모습은 보이지 않지만 고지 정복을 위해 거쳐갔던 대한의 아들들이 방탄복을 입고 개인화기와 수류탄을 들고 고지에서 싸우던 모습들이 생생하게 떠오른다. 그러한 현장의 상황을 시종일관 지켜보았던 수색중대 전우들의 고지 정복에 대한 감회는 그 누구보다도 감격스러운 것인지 모른다.

전우의 시체를 넘어가며 임지를 지키며 빼앗긴 고지를 탈환하기 위해 보여준 한국군의 정신은 한국인이기 때문에 해낼 수 있었던 한

638고지에서 본 안케패스 19번 도로

638고지 점령 직후 사진기자들이 찍은 필자와 선정원 위생병

민족의 불굴의 정신이었다.

638고지가 정복되는 것을 계기로 안케패스 일대를 지나는 19번 도로가 지나는 작은 고개마다 완강한 저항을 하던 모든 월맹군 잔류병들까지도 안케계곡과 연결된 대정글 지대의 루트를 따라 어디론가 도망을 가버려 19번 도로는 부분적으로 개통하게 되었다.

24일 오전 9시쯤에 각 신문사에서 파견한 기자들이 638고지에 몰려와 취재 경쟁을 벌였다. 그때서야 국내외의 모든 국민과 자유를 수호하는 자유세계의 시선이 집중된 가운데 우리가 싸우고 있었구나 하는 것을 비로소 알게 되었다.

그리고 자유와 평화를 되찾는 길은 이처럼 험한 가시발길이며 많은 희생의 대가를 지불한 연후에 얻어지는 것임을 알았다. 남북으로 분단된 조국의 하늘과 땅 그리고 바다에서 펼쳐진 아픔들을 해결해야 하는, 다가올 우리 민족의 미래에 펼쳐질 시련과 역경을 극복해야 하는 노정(路程)에도 어쩌면 맹호 전우들을 통해 실체적으로 보여준 작전이 의미가 있을 것이다. 과거와 현재와 미래를 단면적으로 농축해놓은, 암호와 같이 풀어야 할 신비를 간직한 작전이 아닌가 생각된다.

산 영웅 이무표 소대장

안케패스 작전에 참전한 맹호 기갑연대와 1연대 8중대, 26연대 6중대, 26연대 지역에 지원 나온 백마부대 전우들이 지휘관들과 혼연일치가 되어 안케패스 작전을 성공하게 된 것이다.

이 작전을 수행하면서 수많은 죽음의 고비를 넘기면서도 적의 총탄이나 포탄이 용케도 피해주어 고생은 많이 했지만 명지털 하나도 상하지 않은 전우들도 많이 있었고, 출동하자마자 적의 기습에 전사하거나 부상당한 전우도 있었다. 638고지 8부 능선에서 적에게 심한 타격을 주어 완강히 저항하는 놈들을 휘청거리게 만든 전우들도 많았다.

이 작전을 위해서 가장 고생을 많이 했던 지휘관으로 한규원 1대대장을 들 수 있으며, 김창열 기갑연대장과 정득만 사단장의 노고에 대해 사병으로서 그 공로를 높이 칭송하고 싶다. 그리고 1대대의 4개 중대와 2대대의 4개 중대의 전우들이 작전에 깊이 참전해 혈전을 계속했고, 특히 수색중대 전우들과 2중대 3중대 전우들의 피나는 노고에 안케 전투의 승리의 영광을 이들에게 돌리고 싶다.

638고지의 완강한 적의 저항이 꺾이고 있을 무렵이기는 하나 그 누구도 격전에 구속되어 삶의 애착심을 가지고 고지 정복을 서두르지 않고 있었다. 이때 사단장과 연대장의 공격명령을 받고 4중대 3소대장

이무표 중위가 선두에 서서 638고지를 점령한 것은 장한 일이다. 그 누구도 못 한 일을 이무표 소대장이 해낸 쾌거 하나만으로도 참전한 모든 전우들의 명예를 대신해 영웅으로 뽑힐 자격이 있을 것이다.

독실한 기독교 신자이신 정득만 사단장과 김창열 연대장은 수색중대와 2중대가 638고지 좌 · 우측에서 적과 대치하고 있을 때 4중대 3소대를 638고지의 후사면에 여명을 기해서 투입시켜놓고, 마음 졸이며 이번만은 성공하기를 신에게 빌고 있었다. 날이 밝아왔을 때 고지 정복에 대한 소식을 초조하게 기다리고 있는데 여명을 대신할 만한 장막이 638고지 주변에 짙은 안개로 덮어졌다. 이때 기회를 포착해 638고지에 남아 있는 적의 저항이 미미하고 생존한 적 소수가 고지에서 더 이상 버틸 수 없어 도주하는 것을 목격하고, 교전 없이 638고지를 최초로 점령한 것이다.

그 누구도 올라가지 못했던 에베레스트 정상에 작전 없이 기후와 싸우며 올라간 세계의 산악인들의 이름도 영원히 기록되지 않는가? 적과 교전하며 638고지를 최후에 점령한 이무표 중위가 자랑스러운 따이한임을 그 누구도 부인할 수 없다.

안케전투에서 노획한 월맹군의 수기

전쟁은 인간이 일으키지만 대부분의 인간은 전쟁을 싫어한다는 것을 전장에서 죽어 간 한 월맹군 병사의 호주머니에 남겨진 편지로도 충분히 느낄 수 있다. 우리와 서로 총을 겨누고 싸웠던 적이지만 그 병사가 가여워짐은 인간 본래의 심성이 아닐는지….

월맹군 수기 노획 주변. 한국 포병의 포격 적 진지 주변

감미롭고 따스한 정이 흐르는 어머님!

어머님께서는 맑게 갠 찬란하던 그 아침을 기억하고 계십니까?

어릴 때부터 어머님 품에서 자란 대나무로 지은 우리 집 싸리문 앞에서 우리는 서러움으로 헤어졌습니다.

저는 남쪽으로 남쪽으로 출발했습니다.

전우와 함께 라오스를 거쳐서 며칠을 코피를 흘리면서 헐떡이는 전우와 함께 걸었습니다. 푸르고 짧은 정글을 지나고 험한 산들을 넘어서 바닷가 모래 위로 내리쬐는 햇빛을 타고 남쪽으로 전진했습니다.

행군은 어렵고 발바닥은 부르터 갈라지면서도 참고 그냥 걸어야 했습니다. 우리는 젊었으나 생명은 순간에서 피고 지는 꽃과 같았습니다. 우리의 명예는 고생을 이겨냈고 남쪽으로 가면서 싸우며 날마다 행군은 계속되었습니다.

어린 몸이 땀과 비에 젖어 비틀거리고 우리의 창자 속은 텅 비고 목은 말라왔습니다. 발은 젖고 갈라지고 어깨는 차갑고 신발과 상의는 가시덤불에 찢겨 더 견딜 수가 없었습니다.

존경하옵고 영혼이 내 속에 계시는 어머님!

황혼에 으스름이 깔리면 나를 위해줄 벗이라곤 짬뜬(tram ton)마을 쥬은 뜰의 고요한 적막밖에 없습니다. 이러한 고독에 잠길 때면 우리 마을의 어머님과 우리 가족과 친지들 생각에 눈시울이 뜨거워집니다.

시냇가에 푸른 안개 덮이고 귀여운 호박 넝쿨이 풍성한 초록색 잎새로 가득하고 나비들이 바람 타고 날아오고 그 속에 자랑스레 모여있는 우리 마을. 그 마을로 돌아가서 반겨주는 많은 사람들, 이웃들을 만나고 싶습니다. 그러나 지금은 모두가 꿈입니다. 목적지를 향해 남으로 남으로 왔습니다.

사람들의 얼굴도 낯설고 풍습도 조금 다릅니다. 여기도 야자수가 자라고 길을 걷노라면 금빛 벼 밭에 물숲 냄새가 풍깁니다. 시냇가 울타리에는 저녁노을이 지면 긴 울음소리를 내며 물소들이 어정어정 걸어옵니다. 물소를 모는 목동들이 구슬픈 노래를 대나무 피리로 불 때면 고향에 있는 목동들에게 저녁노을이 어린 모습이 떠오릅니다.

아!

그러면 해방이란 무엇인가요?

저는 공포와 실망으로 겹치고 남국 땅 주변에서 난 새로움을 보고 느낍니다. 시장에는 사람들이 즐겁게 왕래하며 논밭은 바다같이 넓고 푸릅니다.

근처의 절에서는 종소리와 풍경 소리가 바람을 타고 조용히 귓전에 속삭이고 순교자들이 복음을 전파하고 있습니다. 학교에서는 아이들이 크고 즐겁게 노래하며 동심을 마음껏 구가하고 있습니다.

마을 끝에서 끝까지 희망찬 약동이 용솟음치고 활기를 띠고 있는데 왜! 왜? 왜?! 우리들은 해방이란 이름으로 남쪽의 마을을 불사르고 파괴해야 합니까?

왜!

왜!

왜!

나는 즐거운 아이들을 고아로 만들고 어머니를 과부로 만드는 방아쇠를 당기는 명령을 받아야만, 꼭! 받아야만 합니까?

어머니와 나와 우리 친척과 같은 사람들의, 아니 우리와 같은 한 핏줄의 민족의 피를 흘리게 하는 지뢰를 묻을 때면 나도 흔들리는 대나무처럼 손이 떨릴 때가 한두 번이 아닙니다.

영원히 다시 보지 못할 것 같은 어머님!

나는 밤이면 잠자리에서 무수한 악몽에 사로잡히면서 몸을 비틀고, 돌아누울 때면 눈물이 핏물처럼 흐르고 있습니다.*

19번 도로 복구한 김재권 공병 소대장

당시 티우 월남 대통령은 2군단과 기갑사단 등 5만여 명이 보급로가 16일간이나 차단되어 다 굶어 죽는다며 빨리 파괴된 도로를 복구해 달라는 호소를 하였다. 이세호 주월사령관과 정득만 맹호사단장은 류근성 공병 대대장을 불러 복구명령을 했다. 대대장의 신임이 두터운 권실길 중대장 예하 김재권 소대장에게 복구 임무가 떨어져 정예부하 10여

* 638고지에서 사살된 월맹 정규군의 호주머니에서 나온 수기를 번역한 것임.

명과 페이로타 장비 차량과 2대의 덤프트럭에 급조 칼바이트 10m 길이로 만들어 싣고 파괴된 도로 현장에 가서 복구작업을 시작한 지 4시간 만에 복구를 완료하였다. 월남군 보급차량 수백 대가 5km의 긴 장사진을 치고 대기하고 있다가 안케령을 넘어 뿌래이꾸와 꼰뚬으로 월남군 전선으로 향하는 장면은 장관을 이루어 감격스러웠다. 적은 공병작업을 방해하기 위해 수십 발의 82mm 포를 쏘아 김재권 소대장을 비롯한 다수의 사상자가 발생하였다.

김재권 중위는 수많은 희생으로 얼룩진 후에 개통한 도로였기에 두 눈에서 눈물이 하염없이 흘러내렸다. 김재권 중위는 도로 복구를 신속하게 완료한 공로로 화랑 무공훈장을 수여받았다.

수색중대 3소대 638고지 점령 후 옹진산맥과 안케계곡 수색정찰 출동

4월 24일 10시, 638고지를 4중대에게 인계하고 적 잔류병들이 은거하고 있는 곳을 찾아 수색중대 전우들이 고지의 남쪽으로 이어져 있는 산등성이를 타고 떠났다. 아직도 간간히 적의 간헐적인 포 사격이 있었으나 미약한 소강상태에 지나지 않았다. 638고지와 동남쪽으로 길게 늘어진 능선을 따라 계곡을 향해 위에서 밑으로 수색작전을 하게 되었다.

주변에는 따이한들이 적의 예상 은거지로 판단하고 쏘아댄 105mm 포탄에 맞아 대정글들이 기둥만 남아 있었고 작은 나무들은 절단기를 통과한 농장의 건초같이 산산조각 나 있었다.

몇m 간격으로 주요한 지점마다 적의 벙커가 구축되어 있었고 월맹군의 포 진지와 탄약고 등 식량을 저장해놓은 땅굴은 무수히 구축되어 있었다. 월맹군이 파놓은 땅굴은 자연 상태를 전혀 훼손함이 없이

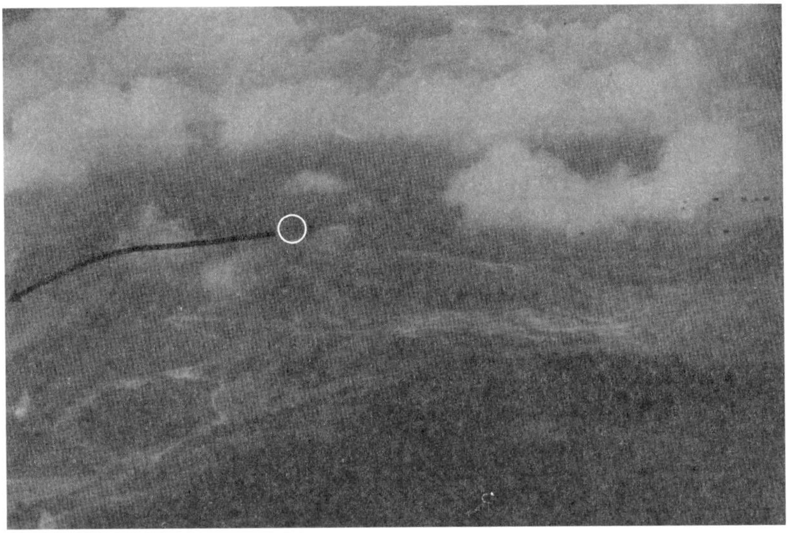

638고지 점령 후 3소대 수색작전지역

완벽하게 파놓았는데 어렴풋이 보아서는 도저히 식별하기 어려웠다.

땅속을 파낸 흙들을 어디다 버렸는지 땅굴 주변에는 노출된 흙이 전혀 보이지 않았으며, 어떻게 땅굴 작업을 했는지는 모르나 땅굴 주변의 흙이나 작은 나무, 갈대 풀조차도 전혀 지형지물을 훼손함이 없었다. 돌이나 시멘트 등 인공적으로 가미해 보완한 것도 아니었고 주위의 나무나 풀로 땅굴의 입구를 위장해 어색하게 조작하지도 않았다. 다만 그들이 다닌 발자국의 흔적이 있을 뿐이었다.

마치 산짐승들이 살고 있는 것같이 들어가는 구멍과 나오는 구멍도 자연 상태 그대로였다. 공산군이 파놓은 벙커와 땅굴을 수색하는 전우들은 그들의 속임수에 놀라워하며 벌린 입을 다물지 못했다. 땅굴 속에는 먹다 남은 주먹밥이 즐비하게 늘어져 흩어져 있었으며 따이한들을 향해 쏘아댄 AK 소총 실탄들이 여기저기 산재해 있는 것이 놈들의 상황이 얼마나 다급했던가 하는 것을 보여주고 있었다.

이 지역은 한국군 기지에서는 도저히 관측이 불가능한 지역으로, 거의 완벽한 작전을 구상해 수개월 전부터 철저히 준비해왔다. 따이한들이 착륙할 만한 곳을 선정해놓고 착륙지점을 향해 벙커를 구축하고 사격할 수 있어 교통호와 침실까지 만들어놓고 아군의 포 사격과 항공 폭격 시에 대피를 했으니, 믿는 곳이 있어 안심하고 싸웠을 것이다. 이러한 적의 근거지에 기갑연대 6중대 정태경 중대장이 이끌었던 병력들이 착륙했으니 결과는 뻔한 것이었다. 그러한 악조건에서도 굴하지 않고 끝까지 저항해 빠져나와 살았다는 것은 한국군이었기에 가능했던 것이다.

638고지와 연결되는 산등성이에는 소로가 나 있었는데 어찌도 많은 병력이 오고 갔던지 반들반들했다. 이 길을 중심으로 전술적으로 유리한 지점의 전 지역이 적의 땅굴과 요새지였다. 전우들은 혀를 차며 두더지도 아닌 인간이, 그것도 주먹밥을 먹으면서 만든 기계 같은 정밀한 포 진지며 그들의 요새지에 오직 재료도 없이 땅굴로써 오만 가지 재주는 다 부려놓은 것을 보고 탄복했다. 이런 줄도 모르고 공격하다 실패하면 손쉬운 포 사격으로 적을 섬멸할 생각을 했으니 희생이 많았던 것은 기정사실이었다.

16일 동안 정상적인 의식주 생활을 하지 못하고 초긴장 상태에서 작전을 하다가 고지 점령 후에 안케패스 깊숙한 계곡까지 수색작전을 계속하고 있었다. 4월 30일 오후 2시부터 머리가 심히 아프고 열이 솟기 시작했다. 그토록 지칠 줄 모르던 체력에 이상이 온 것이다. 나는 '긴장이 풀렸기 때문에 일시적인 증세일 테지' 하고 생각하면서도 혹시 나도 말라리아에 걸리지나 않을까 하는 우려에서 휴대하고 다니던 말라리아 예방약을 먹었다. 그러나 머리가 아프고 열이 심하게 달아올랐다. 그럼에도 며칠 동안 주둔할 기지를 능선의 중간 지점에 설치하기로 되어 있어 소대원들과 함께 참호를 파기 시작했다.

내가 살기 위해서는 내가 피신하고 은거할 참호 겸 방벽호를 스스로 파야 되기 때문에 맡겨진 작업에 대해서는 모두들 잘 해냈다. 특히 나는 638고지에서 참호 잘 파기로 이름이 나 있었다. 김대일 중사와 박세희 상병이 나와 한 조가 되었고, 참호를 구축하다 보니 밤이 되었다. 인내와 끈기로 밀려오는 빈혈과 열기를 떨쳐버리려 작업을 열심히 했으나 나 자신도 모르게 앓는 소리가 새어 나왔다. 시간이 흐를수록 경과가 좋아지는 것이 아니라 체온 40도를 오르내리는 고열에 불덩이같이 뜨거워졌다. 그러나 야간근무 중에도 그 누구에게도 아프다는 소리를 하지 않고 맡겨진 임무를 다했다.

말라리아에 걸려 사경을 헤매다

5월 1일. 어젯밤에 밤새도록 앓는 소리를 했다는 이유로 아침에 일어나자 마자 주위의 전우들로부터 미움을 받기 시작했다.

소대원들은 오전 중에 주변 계곡에 수색작전을 나갔고 나는 밤새 만든 기지를 경계하며 전우들의 배낭과 기타 보급품을 지키고 있었다. 작열하는 태양 아래 그늘 하나 없는 곳에서도 추워서 도저히 견딜 수가 없게 되었다. 누구 하나 간호해주는 전우도 없이 이곳에서 홀로 죽는가 보다 싶었다. 이제는 죽어서는 안 된다는 삶의 애착과 참기 어려운 고통을 인내심만으로 견디며 M16 소총을 휴대하고 앉아서 기어가다시피 300m 아래 계곡까지 내려가 물을 찾아냈다. 이곳은 한 사람의 엉덩이를 담글 수 있는 웅덩이였다. 이곳에 정글복을 입은 채로 들어가 불덩이 같은 몸을 담갔다. 오랫동안 찬물에 들어앉아 온몸에 물을 뿌리며 머리도 담그고 있을 때는 열이 식었다. 그러나 이제 좀 살 것 같아 물 밖으로 기어나와 한참 동안 있으면 역시 마찬가지였다.

내가 물구덩이에서 오래 머무를 수는 없었다. 나를 믿고 모두 수색작전을 나갔으므로 야전기지를 지키기 위해 올라왔다. 이와 같은 방법으로 수차례 계속 했으나 임시 처방일 뿐이었다. 물을 제외하고는 아무것도 먹을 수가 없었다. 밤이 오면 그래도 낮보다는 직사 열을 받지 않으니 견딜 만했으나 앓는 소리는 막을 수 없었다. 그러나 작전지역에서의 침묵은 적으로부터 위치와 생명을 보호하지만 앓는 소리란 도저히 용납될 수 없는 것이 절대적 수칙이며, 이는 모든 전우를 적에게 노출시키는 위험한 행위였다.

내가 파놓은 참호가 무덤같이 생각되며 순간 죽어 없어지면 고통도 없어질 것 같았다. 그런데 살아서 말라리아 열병에 시달리니 심한 삶에 대한 갈등과 위기를 느끼는 경지에 이르렀다. 이러한 열병으로 2~3명은 이미 후송을 갔다. 하지만 나는 이러한 병마에 지고 후송 갈 마음이 추호도 없어 견뎌보자는 심산이었다.

5월 2일 작전지역에 보급 헬기가 왔다. 말라리아에 시달리며 3일째가 되었는데 고향 친구 용만이로부터 편지가 왔다. 어떻게 나의 주소를 알았는지 백마부대에 근무하고 있는 용만이가 귀국특명을 받아놓고 편지를 한 것이다. 주월사령부 전 사단이 안케작전으로 초비상 상태에 있었으므로 전황 보고가 주월군 전체에 무전병들을 통해 알려져 맹호 기갑연대 대원들이 많은 희생을 감수하고 작전을 하고 있다는 것을 용만이도 알고 있었다. 기갑연대의 수색중대에 근무하고 있는 친구가 걱정이 되어서 아무 이상이 없기를 바라는 안부 편지였다.

638고지 탈환에서는 천운에 의해 살았지만 말라리아에 걸려 죽게 된 서글픈 인생의 종말에서 의지할 곳이 없던 내가 얼마나 울었는지 모른다. 부모 형제들은 나의 처해 있는 이 꼴을 알 수가 없다. 월남전에서 정글을 기어본 사람만이 정글을 헤치며 적과 싸워본 사람의 사정을 알 수 있기 때문에, 친우의 편지 한 통이 나에게 뜨거운 눈물을 빼게 한 것이다. 친우의 서신은 말라리아에 시달리며 이제 죽을 것만 같이 협소해진 생각과 극도로 예민해진 감정을 크게 자극시켰다. 실컷 울고 나니 그 순간만은 말라리아가 어디론가 도망가버리는 것 같았다.

김영두 소총병, 보급헬기로 긴급 후송

5월 5일 오전에 정종태 소대장은 말라리아의 중환자가 된 나를 전우들을 통해 후송시키라는 명령을 했다. 소대원들의 부축을 받으며 보급 헬기에 올라탔다. 세찬 바람을 일으키며 작전지역을 떠나는 헬기 위에서 손을 흔들어주는 전우들의 전송을 받으며 헬기의 안전벨트를 매었다. 악몽 같은 안케패스의 작전지역에서 탈출하는 듯한 안도감과 이제는 살았다는 죽음으로부터의 해방감이 밀려오면서, 작전지역에 남아 있는 전우들의 얼굴이 떠오르기 시작했다.

4월 12일 헬기에 분승해 안케패스로 출동했던 전우들이 첫날부터 적의 공세로 말미암아 많은 피를 흘리고 쓰러져가며 역경 속에 악조건을 인내와 투지로 극복해 전세를 역전시키기까지의 과정이 생생하게 회상되었다. 그러자 가슴 속에 봇물이 터지듯 눈물이 쏟아지기 시작했다. 끝까지 살아남아 적의 근기를 뒤지며 월맹군의 전략과 전술이 어떤 것이었는지를 연구하고, 그들의 병력 배치도를 머릿속에 작성해보며 작전 중 궁금했던 월맹군의 정체를 수색하는 전우들의 땀 흘리는 모습들이 대견스럽게만 생각되었다.

함께 불리한 작전을 역경 속에 헤치며 불안한 상황 속에서 우러

한국군을 수송하는 미군 헬기와 조종사와 필자

나올 수 없었던 동료애 · 전우애에 대한 마음이 그들 곁을 떠날 때부터 마음속에 채워지기 시작했다. 특히 영영 돌아올 수 없는 딴 세계로 가버려 지상에서는 볼 수 없게 된 전우들과 그들의 부모들이 연상되었으며, 손 한번 쓰지 못하고 깊은 상처를 움켜잡고 피를 흘리며 죽어간 전우들의 얼굴이 떠오르면서 걷잡을 수 없는 눈물이 쏟아졌다. 옆에 타고 있던 대대 전령은 이제 안심해도 될 것이니 울지 말고 마음의 안정을 취해야 한다고 위로를 했다.

이때의 눈물은 나 자신 때문에 흘린 것이 아니다. 내 눈으로 똑똑하게 지켜본 증거자로서 638고지에서 조국의 명령에 따라 죽음의 자리를 마다하지 않고 가라면 가고 오라면 오던 그 성실한 전우들의 심성을 보았기에, 그러한 아름다운 마음씨를 소유한 병력들이 아직도 작전지역에서 고생하고 있는 것이 불쌍하게 생각되었기 때문에 군인의 몸으로 완전히 군기가 빠진 상태에서 엉엉 울어버렸던 것이다.

피의 능선 638고지 전투의 극한 상황인 죽음의 자리에서 만났기에 진하고 끈끈한 정(情)이 맺어졌는가 보다. 함께 싸워온 전우들과 심정일체를 이루어 아픔과 슬픔을 함께하게 되었다. 귀한 전우들을 정치적인 이해관계로 논란의 대상이 되었던 주월 한국군으로 파병시키지 않으면 안 되었던 정부 당국자의 심정은 어떠했으며, 국제정치상 미국이 무슨 죄를 지었기에 월남전에 개입되어 그 많은 수난을 당하며 이러한 비극적인 전쟁을 수십 년 치러야 했던가?

산다는 것이 무엇이길래 인간이 인간을 살해하고 이처럼 모질게 극한의 투쟁을 해야 하고, 체제가 무엇이며 이데올로기가 무엇이길래 체제와 이데올로기를 위해서라면 사람을 살해해도 인간이 만든 국제법에는 죄가 되지 않는 것인가? 이것은 인간의 위기를 예고하는 것이 아닌가. 국제사회에 형성된 민주와 공산의 양극체제 중 인간 그 자체에 위대한 존엄성을 부여하는 이념과 체제야말로 이 땅에 필요한 삶의 도구가 아닐까.

국제사회의 냉혹한 현실 속에 대망의 70년대를 그토록 기다렸던 현실에서, 이국 땅을 위해 많은 젊은이들이 피의 제물로 출발하고 있었다. 월남 참전 전우들은 대부분 가난한 농부의 아들들이었고 농촌 출신이 아니더라도 진실하게, 그리고 성실하게 살아보려는 조국의 아들들이었다.

죽음으로부터 벗어난 헬기 속에 나는 무슨 큰 나라의 벼슬을 하고 있는 사람처럼 조국과 국제관계의 체제와 이데올로기까지 생각했다. 그 틈에 끼인 것이 아닌 주체국으로 우방을 위해 뿌린 전우들의 얼굴을 떠올리면 울어도 울어도 그들을 생각해가며 우는 울음은 쉽게 그칠 줄을 몰랐다. 내가 나 아닌 전우들과 조국과 자유세계의 입장을 생각하며 그의 사정을 나름대로 헤아리며 언제 울어봤던가?

공산주의가 뭔지도 모르고, 숙명적으로 태어났기 때문에, 월맹군으로 차출되어 체제에 순응하지 않으면 살길이 없기에 강제 동원된 적의 졸병들은 야욕에 불타는 사상의 노예가 되었다. 그들은 명령계통의 상관들을 통해 사상과 혁명의 도구가 되어 멀고 먼 호찌민 루트를 따라 남으로 남으로 행진했다. 그리고 세상에 태어난 것을 한스럽게 후회하며 안케패스 638고지에서 싸우다 죽은 월맹군의 일기장에서 공산주의의 비인간적인 체제를 실감하게 되었다.

그들은 우리의 생활과는 감히 비교도 할 수 없는 원시적인 방법으로 살고 있었으며 그들이 먹고 사는 것은 주먹밥이었고 유일한 반찬, 소금으로 식사를 했다. 엄청난 작업량으로 쇠약할 대로 쇠약해 마른 막대기같이 말라 있어 그들이 다녔던 교통호엔 한국군은 아무리 작은 사람도 들어갈 수가 없었다. 638고지에서 극소수의 잔류병들이 퇴각하면서 죽은 동료 베트콩들을 주변에 구덩이를 파고 묻어놓은 곳이 있었는데 그들의 시체는 마를 대로 말라 있어 쉽게 썩지도 않게 보였다. 물론 그들도 전쟁을 좋아하지 않았을 것이다. 이런저런 생각은 전쟁이 없는 세계가 얼마나 살기 좋은 나라인가를 깨우쳐주기에 충분했다.

목소리를 줄이고 흐느꼈지만 눈물이 말라 더 이상은 우는 것도 마음뿐이었다. 어느덧 헬기에서 내려다보이는 한국군 특유의 완벽한 방벽과 철조망이 원을 몇 차례나 그려놓은 기지가 보였다(나중에 안 사실이지만 이 기지가 1대대 본부가 있는 곳이다). 헬기 유도병이 연막탄으로 착륙해도 좋다는 신호를 보내왔다. 나는 전령과 함께 헬기에서 배낭을 둘러메고 내려오는데 코 큰 헬기 조종사들에게 눈물을 보인 것이 어색하기만 했다.

한국인의 손때가 묻어 있는 1대대 기지는 며칠 전만 해도 300여 발의 적의 포가 한꺼번에 떨어져 105m 포열이 파괴되어 있었으며 기지의 이곳저곳에도 적포 낙하지점이 보였다. 월남 내 한국인들만이 모여 사는 우리의 기지는 조국의 분신체 같아, 나는 이곳에 도착하면서 고국에 귀국한 것 같이 포근하고 아늑해졌다. 내 나라 사람들의 체온과 그늘을 이처럼 뜨겁고 시원하게 느껴보기는 파월되어 처음인 것 같았다.

1대대 헬기장에서 연대로 가는 헬기를 조금 기다려 곧바로 기갑연대 헬기장에 내렸다. 기갑연대 의무대로 곧바로 가서 입원했다. 입실하자마자 5% 링겔을 맞으며 열병과의 투병생활이 시작되었다. 말라리아는 걸리면 온몸에 고열이 발생해 피가 마르며 결국은 새까맣게 타서 죽는 무서운 병이다. 말라리아 환자들은 첫 증상으로 열이 나면서 입술이 타들어가 물을 요구하며 입맛을 잃게 된다. 고열이 계속될 때는 인내하기 어려운 고통이 오는데 혼수상태에 빠져 헛소리를 하기도 한다. 이때는 냉장고에 환자를 집어넣어 열을 물리적으로 식혀주어야 한다.

내가 입원한 지 3일이 지났을 때다. 3대대 의무실에 입원하고 있던 환자 한 명이 가까운 초소에 들어가 수류탄을 까고 자폭해버렸다. 열병에 시달려 그 고통에 구속되는 나날이 지겨워 인내의 한계를 인식한 그가 일찍 죽어 고통으로부터 해방되려는 생각에서 순간적으로 저지른 비극이었다. 열병에 걸리면 얼마나 참기 어려운 고통이 수반되는가 하는 것을 단적으로 웅변해주는 자폭사건이다.

이처럼 참고 견디기 어려운 고통이 계속되는 병이 열병인데 나는 열병으로 죽어서는 안 된다는 결심을 했다. 안케패스에서 비 오듯 쏟아지는 적의 포격과 사격에도 살아온 내가 군인으로서 치욕적인 병마에 죽는다는 것은 마음으로부터 도저히 용납될 수 없었다. 그래서 환자 자신이 해야 할 자기와의 싸움에서 이겨야 한다는 전제 아래, 독약을 먹는 것보다 더 먹기 힘든 식사라도 살기 위해서 억지로 먹어야 된다는 수칙을 세워놓았다. 식사 시간만 되면 밥을 먹는 것이 아니고 밥을 앞에 놓고 투쟁을 하는 것이다. 이 밥을 먹어 소화시키지 못하면 내가 죽고, 이 밥을 먹어 소화시키면 내가 살 수 있다는 신조였다. 1차적 관문을 통과하면서부터는 병세가 호전되어 사단 의무중대로까지는 안 가도 될 정도로 회복되어갔다.

내가 의무대에 입실한 후 파월 따블백 동기 한 명이 나와 거의 비슷한 말라리아 증세로 입원했다. 파월 중 따블백 동기를 만나면 형제를 만난 기분이다. 이 친구는 식사 시간에 고춧가루가 없으면 밥을 먹지 못한다. 이처럼 월남에서 한국군은 식사 패턴이 갑작스레 바뀌고 김치와 매운 것이 없어 고생을 한 점도 있다. 건강한 사람이라도 식성이 까다로운 전우라면 마찬가지였지만, 환자인 이 친구는 억지로라도 먹으라고 권유해도 입맛이 당기면 먹고 입에 쓰면 먹지 않았다. 그는 먹는 것에서부터 자신이 굴복당하고 그 주인이 말라리아가 되어 병으로 생긴 성품에 주관받게 되었다. 그러다 보니 날로 기운을 차리고 회복되는 것이 아니라 병이 시간이 지날수록 악화되기 시작했다. 그 후에 알게 된 소식이지만 그는 사단 의무중대에서 끝내 회복하지 못하고 사망하는 비운을 맞았다.

'지성이면 감천'이라고 나의 피나는 투병생활이 계속될수록 병세가 서서히 회복되면서 옆 전우의 열 발작 때에는 간호까지 할 수 있게 되었다. 회복기를 약간 거치고 완전하게 완치된 것은 아니지만, 병에게 주관받으면 악화되고 투지와 용기로 병을 주관하면 회복된다는 교훈을 얻었다. 그 뒤 5월 14일, 비리비리한 상태지만 생활하는 데는 어려움이 없을 것 같아 퇴원해 자대인 수색중대 3소대로 돌아왔다.

내무반을 떠난 뒤 한 달 3일 만에 돌아와 보니, 격전장에서 전사한 유남수 일병의 관물대가 주인을 잃은 줄도 모른 채 정돈되어 있는 모습과 선임하사님의 침실 등을 보는 심정은 또다시 나의 마음을 638고지의 치열했던 상황으로 몰아치는 것이었다. 그러나 내무반에 남아 있던 전우들이 죽은 자식이 살아와 반겨주는 부모들같이 뜨거운 전우애로 반겨줌으로써 그동안 쌓이고 쌓인 피로가 풀리기도 했다.

안케패스 작전 승리의 결과

제일 기갑연대는 안케패스 일대에 침투한 월맹 정규군 싸오방 사단 12연대를 격퇴하고 16일 만에 19번 도로를 개통시켰다. 이로 인해 꾸이년항으로부터 안케패스와 캄보디아 국경에 이르는 19번 공로는 16일 만에 정상화되었다.

꼰뚬과 쁠래이꾸 지역에서 작전 중인 월남군 제2군단 3개 사단과 기갑사단 공정여단에 대한 군수물자의 수송이 이루어졌다.

본 작전이 종료되자 월남군 제2군단장 응우옌반또안 소장은 수도사단장 정득만 소장에게 안케령에서 서쪽으로 약 30km 떨어진 망양패스(Mang Yang Pass)까지의 경계임무를 지원해줄 것을 요청했다. 월남군은 침공 전 국토회복작전에 활력을 주기 위해 기갑연대 3대대(대대장 최승철 중령)를 투입함으로써 월남군 제47연대가 꼰뚬과 쁠래이꾸 지역에 투입되었다. 최승철 중령은 임종 직전(2017. 1. 11) 한 건의 적의 사고 없이 성공적인 작전을 완료하므로 월맹군의 춘계 대공세로 좌절시키는 결정적 역할을 해 월남 티우 정부와 2군단장 주변 성장으로부터 많은 훈장을 수여받고 주민들의 대대적인 환영사 속에 철군했다고 증언했다.

16일 동안 병참선이 차단되므로 월남군 2군단과 기갑사단의 병력이 다 굶어 죽는다며 티우 대통령은 발을 동동 구르며 분노하며 목마르게 한국군의 승리를 기다려왔다(복구작업을 지휘한 김재권 중위 증언).

사단 공병대대 김재권 중위는 4월 24일 638고지 점령 후 최승철 3대대장의 예하 11중대, 10중대, 8중대 전우들의 도로 개통에 성공하므로 폭파된 안케험로 복귀 작업을 신속하게 완료함으로 100여 대의 군 수송차량이 줄을 지어 안케통로를 통과할 때 눈물이 핑 도는 감동을 받았다고 소회를 밝혔다.

월맹군은 1972년 2월부터 소련으로부터 하이퐁만을 통해 지원받은 탱크 1천 대와 트럭 2만 대와 기타 최신 무기로 무장시킨 13개 사단 전 병력을 투입시켜 월남 전역에 총공세를 감행했다.

월남 전역에서 민가와 정글 속에 은둔하고 있던 베트콩(인민해방전선)과 월맹군이 연합해 호찌민 루트를 따라 주요 전술지역을 비밀리에 확보하고, 월남 전역에서 게릴라 전법으로 산발적으로 월남군을 공격해 그들의 전력을 분산시켜놓고 전면전에 돌입했던 것이다. 이때 월맹군의 총공세를 받은 월남군과 연합군은 패전을 거듭해 월남은 풍전등화의 위기에 처하게 되었다.

1972년 4월 8일 기갑연대가 킬러계곡으로 번개 24호 작전을 나갈 때만 하더라도 빈딘성을 총공격한다는 정보 아래 킬러계곡의 적의 은거지를 사전에 봉쇄하고 섬멸하는 데 목적이 있었으나, 사단에 입수된 정보에 의해 기갑연대에 킬러계곡 작전을 취소하고 복귀하라는 명령이 하달될 때는 월남 전역이 심각한 위기에 처해 있을 때였다. 기갑연대가 킬러계곡 작전을 취소하고 돌아와 적색방벽 근무에 돌입해 기지 방어를 하면서 어떤 상황이 떨어지기만 기다리고 있을 때 안케패스 전술 요충지인 1중대 기지에 적이 결사대를 투입시켜 공격했고, 이어 안케패스의 19번 도로를 차단해버렸다.

월맹군 3사단 12연대는 적의 최강 부대로 알려진 특수부대인데 월맹군 전면전 3개월 전부터 안케패스에 침투해 기지로 구축하고, 전술 요충지에 벌집같이 땅굴을 파고 공격 명령을 기다리고 있었다. 수색 중대가 안케패스에 충돌해 적에게 치명적인 타격을 받고 4월 13일 01시에 600고지인 1중대 기지에 피신해 올라갔을 때 지원중대로 특명을 받았던 하사의 증언에 의하면, 안케패스 1중대 주변의 정글 지역에서 불빛과 사람 소리가 들리며 사람들이 자주 이동하는 소리가 탐지되었다고 했다. 이것으로 보아 적이 안케패스에 침투하기 위해 얼마나 치밀한 계획으로 준비를 해왔는가 하는 것을 알 수 있다.

그러나 맹호부대장 정득만 장군, 김창열 연대장을 비롯한 전 장병들이 혼연일체가 되어 남침을 감행하고 있는 월맹군을 안케패스에서 16일 만에 섬멸함으로써, 월맹의 자유 월남을 두 조각 내는 것을 결정적인 시점과 공간에서 저지하게 되었다. 닉슨 미 대통령에게 북방에 주둔했던 막강한 미 해군력을 유효적절하게 사용하는 데 시간적 여유를 준 것이다.

사이공 동북쪽 504km, 꾸이년 서방 55km 지점인 월남 중부고원 지대의 전술 요충지에서 안케패스를 탈환하는 데 실패했더라면 월남은 월맹군에 의해 두 조각 났을 것이며, 월남 내 남아 있던 7만 5천 명의 미군의 안전과 한국군 4만의 안전도 위태로워졌을 것이다. 그렇게 됐더라면 월남 해역에 집결하고 있는 미 해군의 함대는 다만 월남판 덩케르크 사태를 면하기 위해 주월 미군만을 지원하는 단 한 가지 길밖에 없었을 것이라고 미국의 시사평론가 폴 스코트는 평가했다.

안케작전의 성공으로 한국군에 대해 일부 비판적인 태도를 보여왔던 베트남의 모든 신문들도 "안케령의 대혈전"이라는 제하의 1면 톱기사로 연일 계속 안케령 작전을 소개하면서 따이한의 공로를 치하했다. 또한 대표적인 실례로 미국의 시사평론가 '폴 스코트' 씨는 주월 한국군의 안케패스 작전 성공은 미군과 월남을 구하고 월남전을 조기에 해결하는 데 유리한 고지를 확보할 수 있게 했다고 1972년 5월 1일 미국의 70여 언론사에 기고한 바 있다.

확고한 군인정신과 우방을 위해 한 치의 양보도 없이 안케패스 작전에서 피 흘리며 유명을 달리한 전우들의 명복을 빌며, 이제 살아남은 우리의 사명은 안케 전투에서 얻은 교훈으로 조국의 평화와 자유를 지키며 세계평화에 기여하는 자랑스러운 백의민족이 되는 길이다.

박정희 대통령 친서: 친애하는 정득만 장군에게*

친애하는 정득만 장군에게

안케패스 일대의 공사적을 섬멸하고 19번 도로를 개통하기 위한 지난 15일간의 격전에서 우리 맹호사단 용사들이 정 장군의 훌륭한 지휘하에 현격한 전공을 세운 데 대해 온 국민과 더불어 충심으로 축하를 보내는 바입니다.

그동안 전투 상황은 이세호 사령관으로부터 보내오는 매일매일의 상보와 합참본부의 종합적인 보고를 매일 받고 있습니다.

모든 국민들도 금반 전투는 종전과는 달리 적의 정규군에 의한 기갑과 화력과 기동력에 있어서 적의 최정예로 자랑하는 부대로서 대항하는 적인 만큼 비상한 관심을 가지고 전투를 주시하고 있었던 만큼 이 전투에서 우리의 장병들이 또다시 전 세계에 그 용맹을 떨치고 상승 상여를 자랑한 것은

* 안케전투 승리 후 정득만 사단장에게 보내진 박정희 대통령의 이 친서는 정득만 사단장으로부터 받은 필사본을 국역한 것으로서, 정 장군의 별세 후 가족에 의해 전쟁기념관에 기증되어 소장되다가, 그 후 계룡대 기록전시관으로 옮겨 전시 중이다.

대한민국의 국위를 다시 한 번 드높이고 온 국민들의 사기를 진작하는 데도 지대한 역할을 했다고 확신합니다.

특히 638고지의 맹렬한 혈전은 길이 전사에 기록될 만한 전투로서 우리 장병들이 이 전투에서 얼마나 고투를 했고 끈질긴 투지와 뛰어난 용맹성은 군의 하나의 귀감이 되리라고 믿어마지 않습니다. 탁월한 지휘, 왕성한 투지, 예리한 훈련, 양호한 보급지원이 승리의 관건이란 것은 전술교본서나 전투교감에서 언제나 강조하는 하나의 교건이지만 이번 전투에서도 이러한 원리원칙을 그대로 전장에서 실전에서 적용하고 발휘한 산교육이라고 사료됩니다. 그러나 이러한 모든 요건에서도 전승의 가장 으뜸가는 요소는 역시 지휘관의 탁월한 지휘 능력이라고 단언하지 않을 수 없을 것입니다.

이번 전투에서 장군의 탁월한 지휘를 다시 한 번 치하하고 아울러 장군의 휘하 각급 지휘관과 참모, 그리고 모든 장병들의 철석같은 단결심과 투지가 혼연일체가 되어 이런 결과를 가져왔다고 봐야 할 것으로 믿고 장병들의 노고에 다시 한 번 찬사를 보내는 바입니다. 그러나 이와 같은 빛나는 전과 이면에는 아까운 전우들의 고귀한 희생이 적지 않았다는 것을 생각할 때 우리 모두 겸허한 마음으로 머리 숙여 전우들의 영령에 감사를 드리고 명복을 기원할 따름입니다. 또한 부상을 입은 장병들에게도 하루 속히 쾌유하기를 하나님에게 기도드리고 있습니다.

적의 예봉은 일단 꺾었으나 집요한 적은 언제 또다시 반격을 시도할지 예측키 어려우니 전 장병은 이기고 다시 갑옷의 끈을 조인다는 옛말처럼 더욱 분발하여 차기 전투에 만전의 대비를 갖추어줄 것을 당부하며 장군과 장군의 휘하 전 장병들에게 더욱 무운장구하기를 기원하고 있습니다.

1972년 4월 28일

대통령 박정희

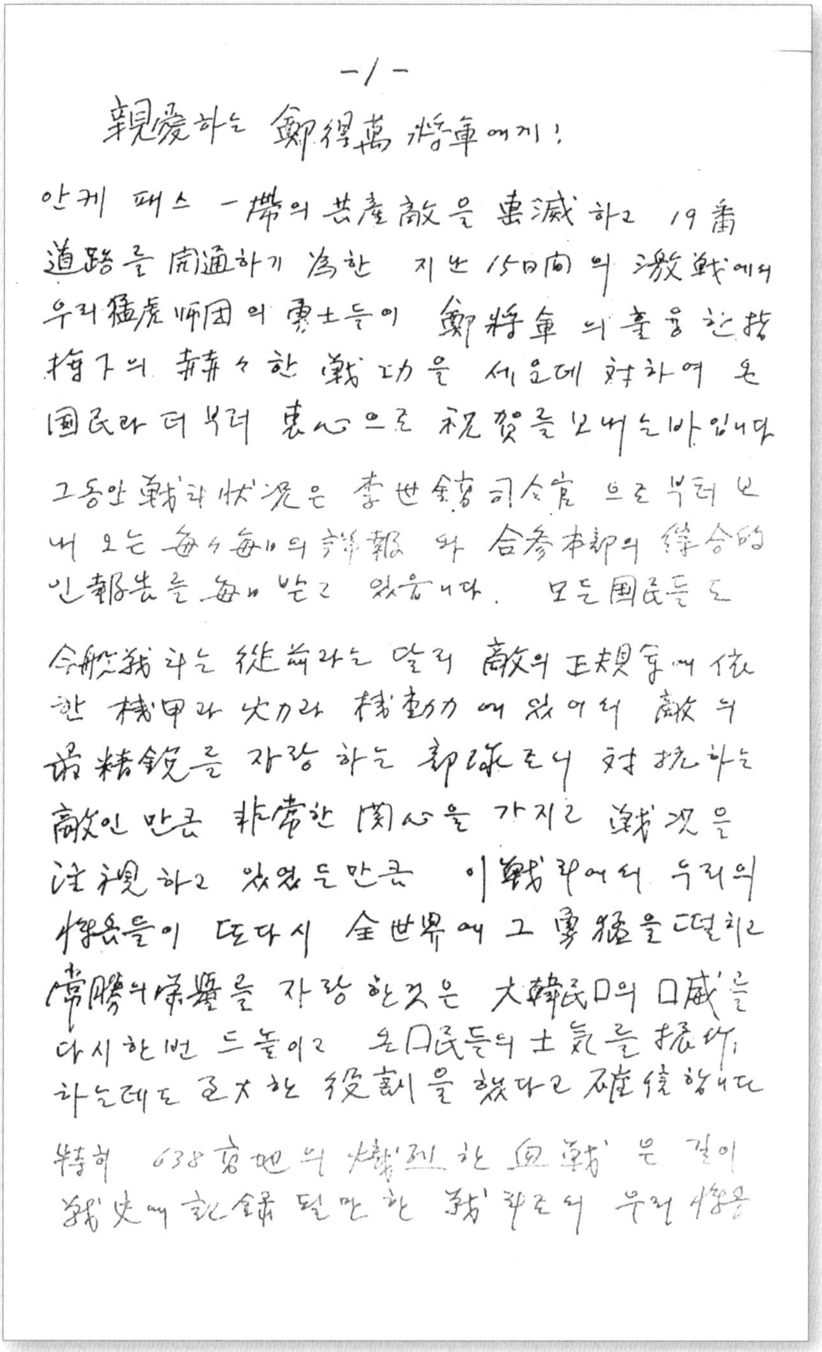
-1-

親愛하는 鄭得萬 將軍에게!

안케 패스 一帶의 共産敵을 撃滅하고 19番
道路를 開通하기 爲한 지난 15日間의 激戰에서
우리 猛虎師團의 勇士들이 鄭將軍의 훌륭한 指
揮下의 赫赫한 戰功을 세운데 対하여 온
國民과 더부러 衷心으로 祝賀를 보내는바입니다

그동안 戰斗 狀況은 李世鎬 司令官으로부터 보
내오는 每々每日의 詳報와 合參本部의 綜合的
인 報告를 每日 받고 있습니다. 모든 國民들도

今般戰斗는 從前과는 달리 敵의 正規軍에 依
한 機甲과 火力과 機動力에 있어서 敵의
最精銳를 자랑하는 部隊로서 対抗하는
敵인 만큼 非常한 關心을 가지고 戰況을
注視하고 있었든만큼 이 戰斗에서 우리의
將兵들이 또다시 全世界에 그 勇猛을 떨치고
常勝의 榮譽를 자랑한 것은 大韓民國의 國威를
다시 한번 드높이고 온國民들의 士氣를 振作
하는데도 至大한 役割을 했다고 確信합니다

特히 638高地의 熾烈한 血戰은 길이
戰史에 記錄될 만한 戰斗로서 우리 將兵

들이 이戰斗에서 얼마나 苦斗를 하였고 끈질긴 斗志와 뛰어난 勇敢性은 今후의 하나의 龜鑑이 되리라고 믿어마지 않습니다
卓越한 指揮 旺盛한 斗志 精到한 訓練 良好한 補給支援이 勝利의 關鍵이란 것은 戰術敎科書나 戰斗敎範에서 언제나 強調하는 하나의 敎條이지만 이번 戰斗에서도 이러한 原理.원칙을 그대로 戰場에서 實戰에서 適用하고 發揮한 산 敎訓이라고 思料됩니다

그러나 이러한 모든 要件 中에서도 戰勝의 가장 우뚝가는 要素는 亦是 指揮官의 卓越한 指揮 能力이라고 斷言하지 않을 수없을 것입니다
이번 戰斗에서 將軍의 卓越한 指揮를 다시한번 致賀하고 아울러 將軍의 麾下 各級指揮官과 參謀 그리고 모든 將兵들의 鐵石 같은. 團結心과 斗志 간 將兵 一体가 되어 이런 結果를 갖어왔다고 봐야할것으로 믿고 將兵들의 勞苦에 다시 한번 讚辭를 보내는 바입니다
그러나 이와 같은 빛나는 戰果의 裏面에는 아까운 戰友들의 高貴한 犧牲이 적지

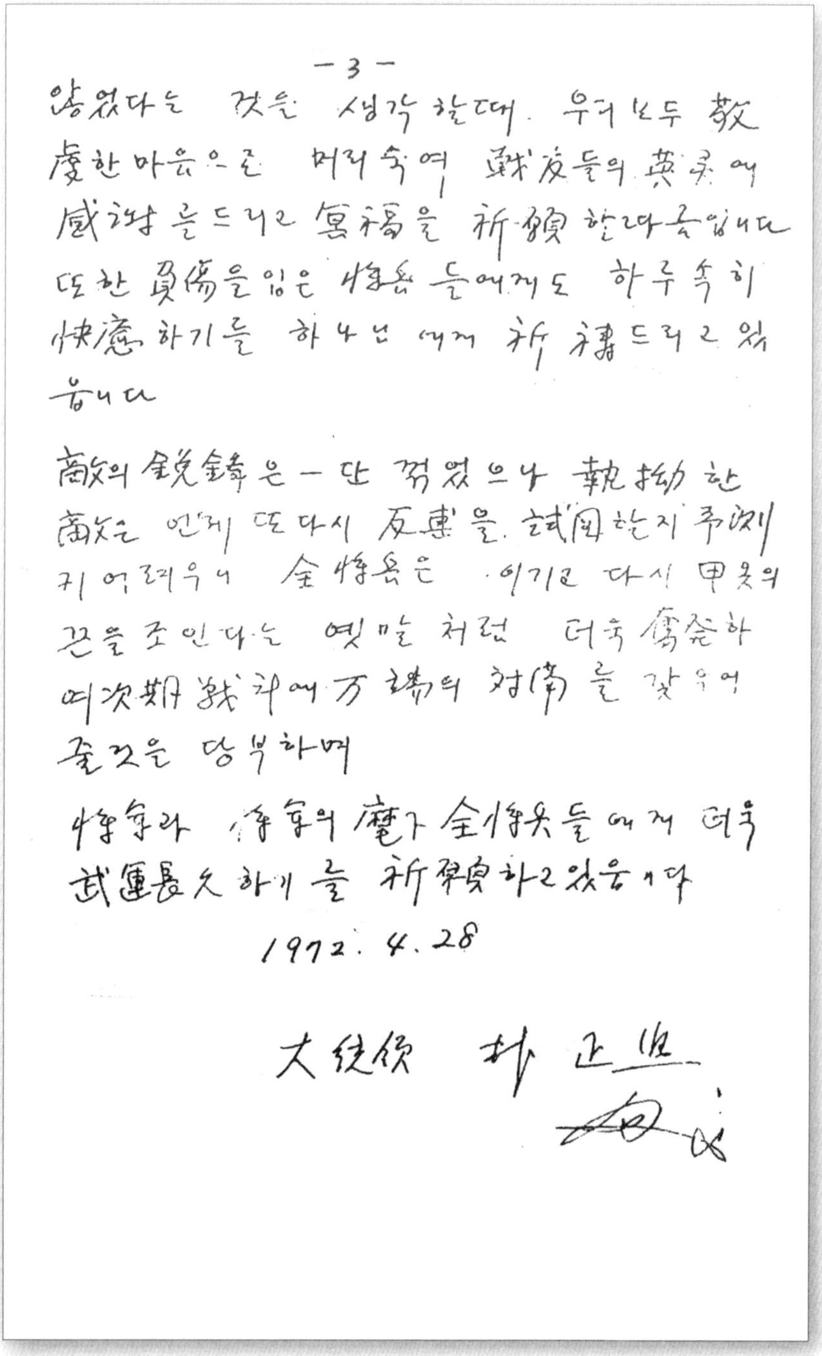

— 3 —

않었다는 것을 생각할때 우리모두 敬虔한 마음으로 머리숙여 戰友들의 英靈에 感謝를드리고 冥福을 祈願할다름입니다 또한 負傷을입은 將兵들에게도 하루속히 快癒하기를 하나님께 祈禱드리고 있읍니다

敵의 銳鋒은 一旦 꺾었으나 執拗한 敵은 언제 또다시 反擊을 試圖할지 予測키 어려우니 全將兵은 이기고 다시 甲옷의 끈을 조인다는 옛말처럼 더욱 奮發하여 次期戰斗에 萬端의 對備를 갖추어 줄것을 당부하며

將軍과 將軍의 麾下 全將兵들에게 더욱 武運長久하기를 祈願하고 있읍니다

1972. 4. 28

大統領 朴正熙

안케작전 638고지 점령 직후 국내외 언론에 비친 글들

한편 주월 한국군의 활동상황에 대해 일부 비판적인 태도를 보여왔던 월남의 모든 좌경신문들은 1면 5단 톱으로 〈안케령 대혈전〉이라는 제하의 글로 한국군의 작전상황을 크게 보도하기는 이번이 처음이었다.

- 안케작전은 춘계 대공세에 유일한 첫 승리
- 격전 16일 만에 국군의 전투력을 과시했고 주월 맹호부대는 1972년 4월 26일 하오 5시 안케패스 19번 도로를 완전 개통해 중부고원지대의 전략적 요충지를 회복해 월남군 2군단 및 5개 사단이 침공 전국토회복작전에 활기를 띠었다.
- 이날 새벽(4월 17일) 공산군은 한국군 2,500명이 집결하고 있는 한국군 사령부 진지를 박격포와 로켓포로 맹렬한 공격을 가해왔다.
- 맹호 안케작전 계속 공산군 저항 예상 외로…
- 안케고지에 미기 52대 지원
- 맹호 피의 능선 혈전 2주
- 월맹정예군도 맹호 앞엔 무력
- 김용식 외무부 장관은 25일 하오 프란시스 언더 힐 주한 미군 대사와 팜수안치우 주한 월남 대사를 외무부로 불러 차후 한국군에 대해 요담했다.

특히 미국의 시사평론가 폴 스코트는 1972년 5월 1일 미국의 70개 주요 언론사에 기고한 글에서 한국군이 16일 동안 안케패스에서 월맹정예군을 섬멸함으로써 월맹군이 자유 월남을 또다시 두 동강 내는 작전을 저지함으로써 결정적 시기에 닉슨 미국 대통령에게 북방에 주둔했던 막강한 미 해군력을 유효 적절하게 사용할 수 있는 시간적 여유를 확보해주었다고 한국군의 감투정신을 높이 평가했다.

만약 사이공 동북쪽 504km 꾸이년 서방 55km 지점인 월남 중부 고원지대의 전술요충지에서 안케패스를 탈환하는 데 실패했더라면 분단된 자유 월남이 월맹군에 의해 두 조각 날 것이며 월남 내 남아 있던 7만 5천 명의 미국의 안전과 한국군의 안전도 위태로워졌을 것이다. 그렇게 됐더라면 월남 해역에 집결하고 있는 미 해군의 함대는 다만 월남판 덩케르크 사태를 면하기 위해 주월 미군만을 지원하는 단 한 가지 길밖에 없었을 것이라고 규정했다.

확고한 군인정신으로 우리의 전통적 사상인 화랑도 정신과 자유민주주의를 수호하기 위한 오색 인종의 열망을 인류 역사상 처음으로 한반도에서 동족상잔의 6.25 때 풍전등화의 위기에서 16개국의 힘을 합쳐 나라를 구했던 세계평화의 수호자로서 우방을 위해 한치의 양보도 없이 안케패스를 탈환하기 위해 조국의 젊은 230명의 군신(軍神)이자 충혼의 명복을 빌며 400여 명의 크고 작은 부상병이 상처를 정글복으로 묶어 싸웠던 투혼이 우리나라의 착한 민족이자 백의 민족이 후손만대 이어가며 세계평화를 지키는 자랑스런 동방예의지국이 되어 세계 오색 인종들이 마음으로 찾던 평화의 성지가 되길 기대한다.

월남군과 꾸이년 시민의 믿음과 신뢰의 맹호부대 위상

월남 최대 곡창지 고보이 평야는 맹호부대가 수호하고 있었고 맹호사단 사령부는 꾸이년 시 외곽지대에 주둔하고 있었다. 1972년 5월 중순에는 춘계 대공세로 인한 월남 전역이 풍전등화의 위기에서 최초의 승리를 거둔 안케패스 대혈전에서 승리한 한국군 수도사단의 전술 책임지역을 제외한 빈딘성(Bin Dinh)은 월맹군에게 모두 점령당하자 꾸이년 시민들이 동요해 피난을 떠나는 소동이 벌어졌다. 빈딘성의 최후의 보루였던 푸마이(Phumy) 이북의 오렌지(Orange) 기지와 봉송항 일대에서 월맹군이 나타나자 싸워보지도 않고 월남군 22사단 제40, 41연대가 도주한 상태였다.

다급해진 빈딘 성장은 맹호 정득만 사단장에게 꾸이년 시민의 소요를 막기 위해 한국 맹호사단의 1개 중대만이라도 상징적으로 꾸이년 시에 주둔시켜 꾸이년 시민을 안정시켜줄 것을 요청했다.

정득만 사단장 꾸이년방송국 특별출연해 시국안정 방송연설

빈딘 성장의 간절한 요청에 의해 꾸이년방송에 출연해 방송을 해달라는 정득만 사단장은 적색분자들이 꾸이년 시내에 널리 퍼져 있고 방송국 가는 길이 매우 좁은 골목길이 매우 위험할 뿐아니라 방송국 경계병들도 월남군이 맡고 있어 매우 불안했다.

꾸이년 시민 속에 VC와 적색분자들이 소요를 부채질하고 혼란을 주도하고 있는 어수선한 정서 때문에 승낙하기가 어려웠지만 월남사람들의 고유의 전통을 지키고 시민들의 자유와 평화를 수호하기 위한 한국군의 사명을 위해 생명의 위협과 두려움을 안고 출연을 결정했다. 방송국에 도착하자마자 방영하던 프로그램을 중단하고 긴급 특별 방송이 송출되었다.

꾸이년 시민 여러분! 우리 맹호부대는 안케패스에서 월맹 최강부대인 3사단 12연대 월맹군 금성사단을 괴멸시키고 19번 도로를 개통시켰고 어떠한 희생의 대가를 지불하더라도 꾸이년 시민과 빈딘성 주민을 지킬 것입니다.

그리고 더 나아가 월남의 자유와 평화를 지킬 것입니다. 한국군의 용맹성과 임전무퇴의 정신을 믿고 민심의 동요 없이 생업에 전념해 공산주의자들의 유언비어에 속지 말고 일상생활로 돌아가주시기 바랍니다. 그리고 춘계 대공세에 최초의 승리 이후 침공 전 국토회복작전을 위해 모든 전략과 전술이 여러분의 미래의 꿈을 실현할 수 있도록 노력하겠습니다.

꾸이년 시민 여러분! 여러분의 삶의 터전과 나라를 지키는 애국심을 발휘할 때입니다. 이미 한국군이 꾸이년 시내 중심가에 배치 완료되었고 안정을 되찾고 있습니다. 여러분 이러한 난세를 함께 극복해 나갑시다.

방송국이 얼마나 허술한지 허허벌판이나 다름없는 곳이었다. 연설 중에도 불안한 심기를 감추기 어려웠다고 술회했다.*

김영두 상병, 박마산 아래 12중대 독립기지로 전출

정득만 사단장님의 꾸이년방송에 특별 출연해 강연하신 후에 수색중대는 작전으로 인한 인적자원 부족으로 조직개편에 들어갔다. 1972년 6월 1일 6중대가 있는 콩산 수색정찰 2박 3일을 다녀온 후 6월 8일 필자는 말라리아 병세로 인해 약질이 된 상태에서 수색중대에서 귀국 때까지 근무할 것으로 믿었으나 박마산 기슭 독립중대인 12중대로 전출가게 되었다.

박마산에는 험준한 산악지방으로 항상 VC가 1개 사단 규모의 병

* 1995년 4월 25일 638고지를 다녀온 후 꾸이년 호텔에서 저녁 식사 후에 사단장님께서 증언하심.

력이 수많은 험산 준령에 요새지를 구축해 상존하는 곳이다. 고보이 평야와 가까운지라 밤이면 VC가 내려와 주민들을 괴롭히고 젊은이들을 끌고가 그들의 용병으로 삼고 월남 소들을 한꺼번에 10여 마리씩 끌고가 도적질과 약탈을 일삼아왔다.

기갑연대에서는 2소대 소속이던 박윤재 상병과 함께 12중대에 투입되었다. 서문구 중대장은 반갑게 맞이해주시면서 환영했다.

VC의 대병력이 집결한 인근에 기지가 편성되어 기지 안에 4대 소대와 지원중대 소속의 106mm 포와 81mm 포 진지가 있는 증강된 1개 중대 병력이 기지를 수호하고 있었다. 높은 기지에서 내려다보면 바둑판같이 펼쳐진 고보이 평야를 한눈에 내려다볼 수 있어 평야의 감제고지로서 입지조건이 매우 양호했다. 12중대 기지 주변에는 평야이지만 가시 달린 대나무밭과 선인장이 한국의 느티나무 같이 큰 것들이 아카시아 밭 같이 엉켜 있고 사이사이에 마을들이 산재해 있었다.

전입한 후 며칠이 지난 후에 기지 주변으로 내려와 수색정찰을 떠났다. 당시 소대장은 노철홍 중위였고 선임하사는 김종욱 중사였다. 전입 온 지 며칠 안 되어 나를 중간에 세웠다. 천병이 마을 주변 가까운 곳에서 우왕좌왕하니 김종욱 중사는 수색중대에서 전입 온 필자를 지적해 천병을 서라고 해서 앞장서 소대 대열을 선도했다. 그런데 정글 속에 10~20여 명의 주민들이 웅성거리고 있지 않은가? 완수신호로 대열을 정지시키고 소총을 겨누며 앞으로 진격해 가니 몇 사람은 마을로 도망가고 노인들만 초상이 나서 관을 넣고 하관식을 하고 있었다.

이미 완수신호로 모여 있는 사람들을 포위해 만약의 사태를 대비시켰다. 이 마을은 D급 마을로 24시간 감시대상 마을이었지만 그들의 장례절차를 존중했다. 현장에 남아 있는 노인들의 의복이나 외모에서 풍기는 남루한 모습은 매우 가련하게 보였다.

천병으로 역할을 순발적으로 대처를 무리 없이 함으로써 전투 경험자로서 소대의 자부심이 되었다. 그리고 M72 대전차포 시범사격을 도맡아 했다.

조국은 나에게 가장 힘들고 어려운 곳으로 가라할 때 감사한 마음으로 갔다. 힘들었지만 지나고 보니 인생길은 가시밭길 속에서 꽃이 피고 무한한 가능성과 잠재력을 발휘될 수 있는 것이 확실했다.

꼰뚬 투입을 위한 공중정찰 중 미 지원단장 미스터 반 전사

안케패스 대혈전 승리 후에 월남 티우 대통령과 월남군 제2군단장 응우옌반또안 소장은 춘계 대공세로 꼰뚬성 탈환작전에 고전하고 있는 쁠래이꾸와 꼰뚬 간의 작전을 인수해 참전해줄 것을 바라는 미국의 닉슨 대통령이 박 대통령에게 부탁해 월남군 사령부와 미군 사령부 간 협의했다. 미 항공 지원을 약속받고 한국군 백마사단을 투입하기로 결정하고 회의를 끝낸 일행은 꼰뚬패스에 대한 공중정찰을 위해 3대의 헬기에 분승했다.

1번 헬기에는 월남 2군단장 응우옌반또안 소장 일행, 2번 헬기에는 미 2군구 지원단장 미스터 반(Mr. Vann) 일행, 3번 헬기에는 이세호 사령관 일행이 탑승했다.

이날 일기가 매우 불순해 2번 헬기에 탄 미 2군구 지원단장 미스터 반 중령이 탄 헬기가 소련제 열추적 미사일에 맞아 추락했다. 미스터 반 중령은 6중대 고립전투 시에 155mm 장약통에 물을 넣어 투하시킨 영웅이었는데 (정해관 포병 사령관 증언) 안타깝게 전사했다.

6월 20일부터 약 1개월간 백마부대를 투입작전 계획 중이었으나 이 사고로 월남 2군단이 스스로 작전할 것을 전해와 취소되었다.

월남 키엠 수상은 망양패스에 월맹군의 위협으로 긴급요청이 와서 청와대 보고서신 20호 대통령의 승인을 받아 기갑연대 3대대 최승철 중령대대를 급파하기로 결정했다.*

* 이세호 저, 《한길로 섬긴 내 조국》, 491쪽 참고.

제8부

안케혈전 승리 후
최승철 중령 3대대 망양패스로

망양패스로 긴급 투입된 기갑연대 3대대

안케패스 작전에서의 아군의 피해는 너무나 혹독하게 컸다. 그러나 그러한 희생을 감수하고 월맹군 최정예 3사단 12연대를 괴멸시켰다. 월남군이 계속 밀리고 있는 상황에서 유일하게 최초로 승리한 맹호 전우들에게는 실패의 원인과 성공의 원인도 참전 전우들은 잘 알고 있었다. 안케작전이 주는 교훈은 이러한 양면의 교훈이 가득 담겨 있기에 잊어서는 안 되고 잊을 수도 없다. 이후 월남 정부가 한국군에 거는 기대는 더욱 높아졌다.

꾸이년 빈딘 성장은 한국군 전술지역을 제외한 빈딘성이 월맹군에게 점령당했으므로 정득만 사단장에게 1개 중대만이라도 꾸이년시에 주둔시켜 달라고 간청했다. 맹호 26연대장 최종관 대령에게 예하 1개 중대를 꾸이년시에 파견함으로써 꾸이년 시민의 소요를 진정시켰다. 그동안 비판적이었던 월남의 모든 신문들이 안케의 대혈전 승리를 연일 대서특필했다. 미국의 닉슨 대통령에게서는 박 대통령에게 뿔래이꾸와 꼰뚬 간의 작전을 한국군이 인수해 적을 물리쳐 주기를 바라는

망양패스를 배경으로 한 12중대 기지 안에서
① 망양패스 ② 유개호

요청이 왔다.

이러한 요청을 받은 이세호 주월사령관은 꼰뚬패스에 대한 공중 정찰을 위해 3대의 헬기에 참모진을 대동하고 분승했다. 1번 헬기는 월남군 2군 단장 응우옌반또안 일행, 2번 헬기에는 미 2군구 지원단장 미스터 반 일행, 3번 헬기에는 이세호 사령관 일행이 탑승했다. 그런데 쁠래이꾸 지역은 기후가 불순해 2번 헬기가 추락했고 이에 탄 미2군구 지원단장 일행이 모두 전사했다.

6월 20일 백마사단을 투입하기로 결정했으나 월남군 2군단장이 스스로 시행할 것을 알려와 취소했고, 키엠 수상은 망양패스에서도 월맹군의 위협으로 병참 수송 문제가 늘 발생하고 있으니 해결해 달라고 간청했다. 이세호 사령관과 정득만 사단장은 기갑연대 최승철 3대대장 부대를 안케군과 망양패스로 6월 29일 전진 배치했다. 필자는 안케작

박마산 인근의 12중대 독립기지 안에서 전우와 함께
오른쪽이 필자

전이 끝난 지 30일 만에 수색중대에서 3대대 12중대로 전출되었다. 정예를 자랑하는 수색중대를 떠난다는 것에 대해 개인의 명예와 자존심에 상처를 느끼면서, 월남까지 와서 전출을 다녀야 하는가 자문하며 혼자서 왜 하필 내가 가는가를 곰곰히 생각해보았다.

안케작전 후 수색 정찰 중에 지독한 말라리아에 걸려 사경을 헤매다가 이를 악물고 살아야 한다는 의지 하나로 버티면서 콩산 수색정찰도 참가했는데 이제는 쇠약할 대로 쇠약해지고 쓸모가 적으니 그랬을 것이라고 판단했다. 그러나 사실 그것은 중대장과 소대장의 배려였던 것이다.

안케작전 중에 638고지에 붙어 수십 개의 참호를 파고 1개 분대를 내 참호에 적 포탄 낙하 시에 들어오게 해 모두 살려냈고, 서로가 나와 한 조가 되려고 했던 때는 흘러가고 이렇게 밀려나는구나 하고 생각하

월남 키엠 수상의 요청으로 전진배치된 12중대 도로정찰 중에 망양패스 앞에서

면서도 운명의 신은 나를 또다시 최전방으로 가게 하는 뜻이 있을 것이라고 스스로 위로했다.

12중대는 안케작전에 참가하지 않고 기지 방어만 하고 있던 박마산에서 가까운 고지에 주둔하는 독립중대였다. 서문구 12중대장과 중대원들은 수색중대에서 온 2명의 전출병을 환영했다. 그곳에서 20여 일이 지난 6월 29일 상부의 특명으로 망양패스 앞 미군이 주둔했던 기지로 다시 이동하게 되었다. 필자는 결과적으로 가장 힘들고 어려운 최전방이며 역사적 사명을 하기 위한 증인으로서 가야 할 곳으로 가고 있었다.

최승철 3대대장과 함께 김영두 수색병 망양패스로

안케작전에 승리한 맹호부대는 월남군의 강력한 요구로 월남군을 돕기 위해 안케령을 넘어 망양패스 앞까지 1972년 6월 29일 전진배치되어 작전영역을 크게 확대했다.

최승철 중령은 필자와는 오음리에서 맹호32 제대에서 파월교육을 함께 받고 32제대 인솔자로서 부산항을 함께 출발하신, 말하자면 따블백 동기인 셈이다. 공교롭게도 최승철 중령이 기갑연대 3대장으로 부임하고 나는 기갑연대 수색중대에 지원함으로써 안케 전투에 각각 수색병과 대대장으로 작전에 깊이 투입되었다.

그런데 김영두 상병이 안케작전이 끝난 후에 1972년 6월 8일에 12중대로 전출을 가게 됨으로써 3대대 소속의 부하가 되었다. 12중대는 박마산에서 가까운 고지에 독립중대로 고보이 평야 주변 마을에 출현하는 VC들을 소탕하는 임무를 맡고 있어 기갑연대에서 유일하게 안케작전에 투입되지 않은 중대였다. 주로 마을 주변에서 수색정찰 임무를 수행하면서 작전경험에서 미숙한 서문구 중대장과 김상기 소대장 휘하에서 중대를 위해 정찰 중에 첨병을 섰고, M72 대전차 사격시험 시에 도맡아서 사격을 해 전우들로부터 박수를 받기도 했다.

이 시기에 패전만 계속하던 월남군은 안케혈전 대작전에서 승리한 한국군에게 요구사항이 많아졌다. 맹호의 안케혈전 승리에 힘과 용기를 얻은 월남군은 뺄래이꾸와 꼰뚬에서 빼앗긴 작전지역을 반격하고자 했다. 이를 위해 월남 정부 키엠 수상이 주월사령관에게 요청함으로써, 6월 29일 3대대가 망양패스 앞까지 전진 배치되어 내가 전입 온 지 20여 일 만인 12중대는 최전방으로 투입되었다.

망양패스 앞에 월남군이 주둔하던 기지를 인수받아 12중대와 155mm, 105mm 포병들과 기지 안에서 함께 근무를 했다. 이곳은 중부고원지대로서 월남 민간인들은 거의 살지 않았으나, 원주민인 몬타나족들이 살고 있는 갈대밭이나 소정글 지역으로 넓은 평야를 연상케 하는 곳이었다. 바로 앞엔 망양패스라는 산맥을 넘어가는 고갯길이 있

망양패스 앞 7기지에서
왼쪽부터 필자, 김상기 중위, 박윤재 상병

사단 대표로 주특기 경연대회에 출전한 전우들
오른쪽 첫 번째가 필자

어 항상 적이 주둔하며 아군을 공격하는 곳이다.

이곳에서 멀지 않은 작은 고지에 기지를 편성하기 위해 고지를 점령해 소대 기지 편성작업을 하던 12중대 소대장 남택준 중위가 기지를 방어하기 위해 M72 대전차포를 발사하는 교육을 시키던 중이었다. 포가 기지 위에서 폭발해 남 중위를 비롯한 몇 명의 사병이 전사하고 다수가 부상을 당했다.

이때 서문구 중대장이 마침 우리 소대를 인솔하고 기지 보호를 위해 투입되었다. 서문구 중대장은 망양패스에 근무하는 중에 수색중대에서 온 김영두를 무척 사랑해주신 중대장이었다. 나는 여러 전우들과 함께 교육 현장에 서 있다가, 72 성능과 사격시험 전투 중에 사용을 많이 해본 경험으로 더 이상 교육이 필요 없어 임시벙커 안으로 들어왔다. 그 순간 오발사고가 일어난 것이다. 실탄은 기지의 정상에 꽂혀 터지지 않았으나 피해를 입은 소대장과 사병들은 M72 후폭풍에 의해 피해를 본 것이다.

이렇게 매일 야간근무를 하고 수색정찰을 하고 있던 어느 날 대대 인사과에서 김 상병을 호출했다. 주월사령부의 각 사단 대항 주특기 경연대회가 있는데 사단 대표로 경연대회에 나가기 위해 사단으로 교육을 가라는 것이다. 수색중대에서 12중대로, 12중대에서는 박마산에서 망양패스로 이동하면서 또다시 따블백을 둘러메고 교육특명서를 가지고 헬기로 사단사령부 SIG 통신중대로 자리를 옮겼다. 그래도 당시 맹호사단에서는 안케전투에 참전한 전우는 제법 인기가 있었다. 특히 수색중대에서 왔다고 하면 무시하지는 않았다.

사단에서 8월 19일부터 9월 17일까지 약 한 달간 교육을 받고 9월 18일 C-130 수송기를 타고 나트랑 십자성 사령부에서 경연대회를 마쳤다. 그리고 꾸이년 사단으로 돌아와 9월 27일 기갑연대 3대대 12중대 1소대 7기지로 복귀했다. 그리고 본연의 임무로 돌아와 소총병으로 소대 작전임무와 경계임무에 충실하고 있었다.

수색중대에서는 수색중대 요원으로 귀국 때까지 있을 줄 알았지만 그곳에서 12중대로 전임을 가게 되었다. 그곳에서의 3개월(사단교육 1개월 제외) 근무 중에도 최선을 다했으나 1972년 10월 25일 또다시 3대대 본부 SIG에 CW병으로 발령을 받아, 따블백을 걸머지고 안케읍에 있는 대대본부로 전입했다.

그런데 3대대 병력 전체가 월남군이 빨래이꾸와 꼰뚬 지역에 침공 전 국토를 회복했다. 북부, 중부, 남부에 4개 사단씩 투입해 승부를 걸었던 월맹군도 안케전투에서 패배한 이후 미국의 강력한 항공폭격으로 그들의 집결지를 강타하자 괴멸되다시피 후퇴했다. 월남군을 지원하기 위해 전진 배치되어 작전업무를 성공적으로 마침으로써 최승

빈케연대 내 한국군의 지하상황실
왼쪽부터 필자, 강진구 병장, 조범제(상과)

철 중령 대대가 빈케의 연대본부 영내로 복귀하게 되었다. 김 상병은 병장으로 진급되어 대대 작전과 CW실에서 독방을 차지하고 조수도 없이 암호병과 함께 귀국 때까지 임무를 수행했다.

미 대통령 닉슨은 1972년 11월 대통령 선거를 앞두고 베트남전 종식을 대통령 공약으로 내걸었고 당선 후 이를 실천하기 위해 무리하게 평화협정을 서두르고 있었다. 결과적으로 미국은 베트남전쟁에서 군사적 승리를 포기하고 국제사회에서 강대국의 체면을 세우기 위해 1,600억 달러의 전비를 소비한 채 베트남전쟁의 늪 속에서 허우적거리다가, 자유세계 수호의 책임을 포기하고 키신저를 앞세워 파리회담을 진행시켰다. 어떤 의미에서는 굴욕적인 속이 들여다보이며 1973년 1월 24일 11시 닉슨 휴전협정 조인을 선포하게 되었다.

그 후 1973년 1월 27일 파리에서 키신저와 월맹 대표 레둑토가 협정에 조인을 승인함으로써 그토록 지루하게 끌었던 월남전을 어설프게 마무리했다. 1973년 1월 28일 아침 08시에 평화협정이 발효됨으로써 연합군, 특히 주월한국군은 M16 소총을 자물쇠로 걸어 잠그고 파리평화협정을 준수하며 사태를 예의주시하고 철수를 준비하고 있었다.

성공적인 임무 마치고 복귀하던 날

그토록 안케현과 잘라이성 망양패스까지 VC들이 시도 때도 없이 교량을 폭파하며 차량을 공격해 보급품을 탈취당하고 인명피해가 많았는데 3대대가 작전지역을 인수해 정찰 임무를 한 후 한 건의 사건과 민원이 없었다.

1972년 6월 29일 투입해 10월 20일까지 약 4개월 동안 망양패스는 보급품을 수송하는 차량과 민간인들의 통행을 비롯한 모든 것이 매우 평온했다. 이러한 사실이 월남 정부에 보고되고 이웃 빈딘성의 성장과 쁠래이꾸와 잘라이성의 성장이 앞을 다투어 최승철 무적대대장에게 제발 이 지역을 10년, 20년 지켜달라며 애원했다.

최승철 대대장은 안케 군수와 미군 지원단장 등 지역 기관장들과의 회식에 10월 중순경 초대되었다.

안케 군수(군정이므로 월남군 중령)는 휴전 전까지 만이라도 주둔해줄 것을 간절하게 요청해왔다. 최승철 중령은 자유와 평화를 갈망하는 안케 군민의 심정을 이해하면서 우리 조국이 6.25 남침 시에 파죽지세로 밀리며 풍전등화의 위기에서 일본 구마모토에 주둔하던 미 제24사단 스미스 대대가 비행기로 기차로 수원까지 물밀 듯이 내려오는 북한군 5천여 명과 소련제 탱크를 앞세운 적 앞에선 UN군의 일원 스미스 중령은 오산 죽미령 전투에서 적과 맞서 6시간 15분 동안 1950년 7월 5일 아침 07시 보병 및 포병 191명이 피를 흘리며 대한민국의 적화를 온몸으로 막았고 UN군 195만 명 중 179만 명의 미군이 우리의 혈맹으로 싸워 이긴 고마움이 떠올랐다. 우리의 아픈 역사에 보답하고 4개월 동안 임무를 수행하고 떠나는 것 같아 감회가 깊었다.

월남판 스미스 대대장 최승철 중령은 19번 도로를 최후에 개통한 영웅으로 월남 티우 대통령과 월남군 2군단장 빈딘 성장을 비롯한 수많은 훈장을 받았다.

안케 군수까지 감사의 회식에서 최승철 대대장은 미군 지원단장에게 매운 월남고추를 먹였다. 서로 다른 음식문화를 이해하며 적응시키며 같은 하늘 아래서 한 · 월 · 미의 친선을 도모했다. 한미 · 한월 동맹은 태평양 안보의 보루이자 전초기지로서 안케 군수가 최승철 중령에게 감사하듯 지난 오랜 세월 동안 혈맹으로 한국을 도운 미국에 대해 함께 감사하는 건배주를 월남 남주로 높이 들어 한 · 월 · 미의 승리를 위하여! 건배를 했다.

최승철 중령은 김영두 상병에게는 멀리서 추앙하는 그런 존경의 대상이었다.

강원도 오음리에서 파월을 위한 현지 적응훈련을 받고 맹호32 제대로 한 배를 타고 부산항을 출발했고 결국 수색중대 소총병 최초로 19번 도로 개통작전에 투입되고 638고지에서 16일간 40여m 지근거리에서 적과 대치하면서 죽지 않고 살아 안케계곡을 누비며 수색하다가 말라리아로 사경을 헤메이다가 보급 헬기로 후송되어 기적적으로 살아났다.

안케작전으로 희생된 전우들이 많아 소대 조정으로 12중대로 전출감으로 결국 최승철 대대장의 부하가 되었으며 결국 필수 요원으로 3대대 상황실에서 최승철 대대장실 옆 CW실에서 고락을 함께했다.

1972년 10월 중순 이후 어느 날 안케패스에서 최초로 춘계 대공세를 역전시켜 월남군 22사단 40, 41 연대도 봉송항과 프마이 계곡 오렌지 기지를 탈환하고 빈딘성도 침공 전 국토를 완전 회복하고 전진 배치되어 한 건의 사고 없이 최승철 무적대대는 망양패스에서 임무를 마치고 다시 기갑연대 3대대 본부로 복귀하게 되었다.

최승철 무적대대를 월남기와 태극기 흔들며 환송하다

최승철 무적대대장의 3대대는 6월 29일 망양패스에 투입되어 8월 31일까지 65일간의 망양패스와 안케패스의 30km의 보급로를 수호하고 한 건의 사고 없이 무사히 임무를 마쳤다.

복귀하는 3대대 선도차에 안케군민들이 화환을 걸어주고 연도엔 태극기와 월남기를 흔들며 감사와 환호를 보내주었다.

8년 8개월 동안 한국군이 자유 월남을 수호하고 미국의 월남화 정책에 따라 그동안 110만을 양성한 월남군에 의해 그들은 그들의 자유와 평화를 수호해야 했다.

1995년 4월 24일부터 4월 30일까지 정득만 사단장, 강원채 야전사령관, 이상봉, 최종관 대령, 최승철 대대장, 박재룡 기갑연대장 등 17명이 638고지에서 전승행사를 한 후 귀국해 1999년 6월 정득만 사단장님께서 별세하신 후 최승철 대대장님과 서로 연락이 끊겨 찾았으나 그 후 21년 만에 김홍태 중령을 통해 연락처를 알게 되었다.

2017년 1월 11일 정유년 새해를 맞아 최승철 대대장에 예속되어 19번 도로 동쪽 강점에 투입된 8중대 김진국 전우와 11중대 직속부하 박용재 전우, 사단장 사진병 김명규 전우, 안케계곡 적진 속에 투하되었던 6중대장 정태경 대령과 17년간 투병생활을 해오신 최승철 대령

앞에 서서 힘찬 구령으로 "맹호!"라는 함성과 함께 서로 눈물겨운 상봉을 했다.

송인자 사모님은 17년간의 병수발 속에도 조국 영웅을 기쁨과 즐거움으로 알뜰하게 하루 24시간을 함께하시고 계셨다.

주월 한국군은 선발대가 출발한 1965년 9월 25일부터 1973년 3월 23일까지 32만의 장병들의 피와 땀과 눈물을 태극기와 월남기로 따뜻한 환송을 받은 진짜 영웅 최승철 무적대대장은 대한민국의 영웅이다.

안케 대혈전의 불사조로 알려진 당시 6중대장 정태경(예 대령)은 안케작전의 살아 있는 영웅답게 17년간 투병생활을 하고 계신 최승철 무적대대장께 맹호라는 함성으로 거수경례를 해 참석 전우들에게 감동을 주었다.

최승철 중령은 19번 도로 개통의 최고의 영웅으로 자신의 명령을 받고 육사 출신 11중대장 조승옥 대위, 대대 작전참모 김풍송 대위를 잊지 못하셨다.

군인은 적을 사살하기 위해 존재하는 것이 아니라 적이 감히 침투할 수 없도록 자유와 평화의 보루가 되는 것이다. 중국 진(秦)나라의 시황제(始皇帝)는 중국 북방에 거주한 초원을 누빈 바람의 제국 유목 기마민족 흉노족의 침입을 막으려고 12년간 6,500km의 만리장성을 쌓았다.

중간중간에 망루를 곳곳에 세워 감시하기 위한 초소도 있다. 적들이 감히 침략할 엄두도 내지 못하게 해서 전쟁을 하지 않고 방어하기 위한 것이다.

서해 5도 해안선과 155마일 휴전선을 지키는 것도 방어수단이다. 싸우지 않고 이기기 위해 한미 동맹이 필요한 것이고 사드도 필요한 것이다. 만약 그러한 방어수단이 없다면 벌거벗은 여인과 같아 적을 유인하고 유혹해 결국 망하는 것이다. 우리가 국방을 튼튼하게 하기 위해 국방예산을 40조 이상 매년 투입하는 것은 싸우지 않고 나라를 수호하기 위한 것이다.

파월의 최대 격전지 안케패스가 있었다면 싸우지 않고 한 건의 적의 기습도 없이 19번 도로가 건강하게 수송할 수 있어 쁠래이꾸와 꼰뚬을 침공 전 국토회복작전을 성공할 수 있게 한 기갑연대 3대대 무적대대 최승철 중령은 싸우지 않고 이긴 승자이다.

춘계 대공세의 최후의 마무리는 세계가 주목했다. 닉슨 대통령의 재선을 도운 승리를 위해 닉슨은 노심초사 박정희 대통령에게 부탁하고 티우 월남 대통령은 이세호 사령관에게 애걸하고 월남 키엠 수상과 월남군 2군단장 응우옌반또안 소장과 빈딘 성장과 잘라이 성장 등의 바람이 최승철 무적대대가 백마부대 꼰뚬패스 작전을 철회하는 대가로 망양패스를 굳건히 수호하므로 완성시킨 것이다.

맹호의 전진배치는 안케패스 대혈전에서 승리함으로써 존재가치가 평화의 무대가 되었다.

파리평화협정과 한국군 철수: 고보이 평야 밤하늘 조명탄 축제

1973년 1월 27일 UN 사무총장도 참석한 가운데 미국이 추구했던 파리평화협정은 정식으로 조인되고 1월 28일 08시 동 협정이 발효되도록 되었다.

옵서버로 참석한 트란반 월남 외상, 월남 임시정부 외상, 미국 국무장관 등이 있었으나 미국 대표 키신저와 월맹 대표 레둑토와의 평화협정이 체결되었다.

그 무렵 나는 3대대 12중대로 전출되었다. 안케작전 승리 이후 한국군 전술지역인 안케패스를 넘어 꼰뚬과 쁠래이꾸에 주둔하고 있는 월남군을 지원하기 위해, 쁠래이꾸에 가까운 망양패스 앞 미군이 주둔했던 기지로 전진배치의 특명으로 작전임무를 수행했다. 그러다가 본래의 주특기인 통신병으로 복귀해 3대대 본부 통신대에서 CW병으로 근무하고 있었다. 물론 3대대 본부가 안케에서 빈케에 있는 기갑연대 영내로 부대가 이동함에 따라 지하 벙커에서 안전하게 임무를 수행했다.

1973년 1월 27일 고보이 평야 곳곳에 주둔하는 모든 월남군과 한국군 부대에서 그동안 비축했던 조명탄을 하늘로 쏘아 올려 대낮 같은 밝은 불꽃놀이가 밤새도록 이어졌다. 이러한 아름다운 정경이 푸켓 비행장이 위치한 지역과 모든 월남 하늘에 불야성을 이룬 평화의 밤이 될 줄이야 과연 누가 알았겠는가? 그동안 미군은 26만 명의 부상자와 5만 6천여 명의 전사자를 냈고, 월남군은 25만 명이 전사하고 50만 명이 부상을 당하고 수많은 민간인들이 희생당하면서 30년간 이어진 전쟁이 끝났다는 것은 기쁜 일이었다. 1973년 1월 28일 08시면 휴전이 발효되니까 그동안 베트남 전역에서 포성과 총소리가 정지되어 평화가 오는 것으로 알았다.

그러나 빈케의 기지 안에서 아침 8시가 지났어도 VC들과 월남군과의 치열한 전투는 발효시간 따위는 아랑곳하지 않고 계속되었다. 이세호 사령관의 한국군은 어떠한 경우라도 총을 쏘지 말라는 지침이 하달된 터인지라 M16 소총에 자물쇠를 잠그고 국제적 약속을 지키고 있었다.

나는 VC들이 시계가 없어서 아직 휴전 발효시간인 08시를 잘 모르고 총을 쏘고 공격하는 줄로 생각했다. 그러나 휴전 발효시간을 기다렸다는 듯이 한국군 기지를 월남군에게 이양한 소대 기지들이 VC들에게 점령당하고 있다는 전문이 날아왔다. 약속 따위는 헌신짝같이 버리고 월남 자국 내에 있지도 않은 민족해방전선의 표범 무늬 전선을 인정함으로써, 마을마다 월남 국기가 노랗게 휘날리던 것이 양측 누구든 깃발을 꽂는 대로 자기 영토가 된다면서 여기저기 VC의 깃발이 한국군 주변에도 펄럭이게 되었다. 그러면서 감히 한국군 작전지역에 얼씬도 못하던 VC가 거꾸로 AK 소총을 메고 활보하는 것이었다. 빈케에서 꾸이년과 푸켓 비행장으로 가려면 6번 교량을 거쳐야 철군을 하는데 월남군이 경계하던 6번 교량에 VC의 깃발을 꽂고 적이 통제한다는 것이다.

한국군은 모든 장비에 기름칠을 하고 월남군에게 이양할 장비와 본국으로 가지고 갈 장비를 정비해놓고 소총과 실탄만 지급받고 경계근무를 하고 있는 상태였다. 연대 밖에서는 포성과 총성이 계속되고 민간인들은 살육에 노출된 분위기 속에서 전우들은 누가 시켜서가 아닌데도 무전기와 소총 등 상태가 양호한 것은 본국으로 보낼 준비 등을 분주하게 하고 있었다.

휴전 발효시간 1973년 1월 8시가 넘어서 연합군은 총을 쏘지 않고 파리협정을 준수하고 있을 때, 베트남군과 베트남 내 민족해방전선(VC)과의 치열한 싸움은 계속되었다.

백마부대 유재문 중령이 부대 주변에 VC들이 세운 공산 깃발을 뽑으러 갔다가 적의 사격으로 전사했다는 비통한 소식이 휴전협정을 지키고 있는 주월 한국군에게 전해졌다. 유 중령은 이세호 주월사령관의 매제로서 파월 중 마지막 전사자가 되었다.

파리조약은 평화적으로 자유 월남을 북에 넘겨주는 계약서에 불과했다. 그러나 평화협정의 주역 미국 대표 키신저와 월맹 정치국원 레둑토에게는 긴 전쟁에 종지부를 찍었다며 1974년 가을 노벨 평화상의 공동 수상이 결정되었다. 월맹 대표 레둑토는 아직 통일을 이루지 못했다며 노벨 평화상을 거절했다.

이러한 베트남전 평화협정이 나의 머리 곳곳에 각인되어 있는 상태에서 김대중 대통령의 노벨 평화상이 결정되어 발표된 당일 청와대에 글을 올렸다.

> 한국에서 최초로 노벨 평화상을 김대중 대통령이 받게 되어 온 국민과 함께 기쁨을 나누고자 합니다.
>
> 그러나 아직 우리 민족은 남북분단국으로서 안전한 평화의 날이 정착되려면 수많은 과정을 거쳐야 하며 이제 처음 시작에 불과함을 간과하지 않을 수 없습니다. 남북한의 문제는 주변 4대 강대국의 이해관계 속에서 해결해야 할 난제들이 수없이 많이 남아 있습니다. 노벨 평화상 시대에 돌입한 한민족의 앞날에 무한한 발전을 축원하오며, 진정한 평화를 지키기 위해서는 자주국방 자립경제와 한미관계가 확실한 우호증진을 확인함으로 가능하다고 생각합니다.
>
> 베트남 패망을 돌이켜볼 때 1973년 1월 23일 밤 파리에서 베트남전쟁을 종식시키기 위해 미 대통령 특별보좌관 키신저와 월맹 공산당 대표 레둑토 정치국원의 허술한 평화조약으로 두 사람은 모두 노벨 평화상을 받았지만, 결과적으로 2년 후에 남베트남이 패망한 사실은 우리에게 뼈아픈 교훈이 아닐 수 없습니다. 우리는 이제 들뜬 마음을 정돈하고 평화적 통일을 차분하게 준비하는 국민적 화합을 도모할 시기임을 명심해야 되겠습니다.
>
> 베트남전쟁 평화협정 조인으로 인한 키신저와 레둑토의 노벨 평화상이 휴짓조각이 되어버린 교훈을 되새기며, 노벨 평화상이 지향하는 진정한 평화 완성을 위한 통일 프로그램이 국민적 합의하에 이루어져 완벽한 대통령의 노벨상이 빛이 나도록 앞으로의 노력이 더욱더 필요합니다.

키신저의 노벨상은 휴짓조각이 되고 조국 통일이 안 된 상황에서 완전한 평화를 이루지 못한 분단 상태에서 평화상은 받을 수 없다는 레둑토 월맹 정치국원을 생각하면, 노벨상을 준다고 하더라도 남북 분단 상태에서 김대중 대통령이 노벨상을 거절하고 받지 않았더라면 하는 아쉬움은, 안케작전을 경험한 노병에게 평화라는 이름으로 적화야욕을 꿈꾸는 북한의 대남전략을 떠올리게 했다.

안케패스 작전의 문제점과 교훈

적을 알고 나를 알아야 전쟁에서 최소한의 피해로 최대의 전과를 올릴 수 있다. 안케작전에서는 적에 대한 심증은 있었지만 실증이 없었다. 침투 증거가 여러 곳에 노출되었지만 상부로 보고하고 문의하고 의논하지도 않았다.

1중대 OP에 근무한 박창일 하사가 사석에서 수색중대 요원들과 주고받은 증거들이 작전 지휘관들에게 일찍 보고되었어야 했지만 그런 사실이 보고되면 기지를 방어하는 소수 병력들이 광범위한 작전반경에 수색정찰을 나갈 수밖에 없었다. 그러한 작전반경을 축소하고 안전한 곳에서 매복을 서고 하다 보면 정글 속에서 일어나는 일을 누구도 확인할 수도 없고, 확인했다 하더라도 무전기로만 가능할 뿐이었다.

이미 1972년도에 미군도 자위적 부대 인원 9,500명만 남기고 모두 철수한 상태였고 이제 월남군이 독자적으로 17도선 DMZ를 지키고 자주국방을 주도적으로 해야 하는 그런 시점에서, 매일 미국의 키신저와 월맹 대표 레둑토는 파리에서 밀고 당기는 평화 휴전 협상을 주도하고 있어 한국군도 이미 본국으로 철수 준비를 단행해 청룡부대가 다낭에서 철수한 상태였다. 이미 병력과 장비, 미군의 지원도 급격하게 줄여나가면서 협상의 결과가 나오기만을 기다리고 있을 때였다.

당시 한국군의 분위기는 적극적인 방법으로 작전을 수행할 경우 월남 민간인들의 원성을 살 수밖에 없었다. 주월사령관 이세호 중장도 100명의 VC를 놓치더라도 한 명의 양민을 보호하자는 것이 모든 한국군의 신조였다. 한국 정부에서도 가능한 한 인명 손실을 줄이고 효과적인 작전을 수행하는 방향으로 작전을 이어갔다.

그러니까 안충산 장거리 정찰작전 같은 경우는 그 누구도 모르게 수색중대 3소대가 적진에 숨어 들어가서 감시, 적의 이동을 목격할 수 있었지만, 킬러계곡에 기갑연대작전(번개작전)을 감행할 때는 한국군의 파워를 자랑하는 150mm 곡사포와 105mm 곡사포를 적의 은거지로 의심되는 지역에 전날 밤 수백 발 포 사격을 감행해 적의 기세를 꺾어 놓고 작전을 수행했다.

주월 한국군이 베트남전에서 놀랄 만한 전투력 향상을 가져온 것은 엄청난 미군의 무기 지원으로 베트남전에서 무한정 포 사격 실력을 연마한 것을 빼놓을 수 없다. 한국군의 포 사격은 베트남군들까지 혀를 찰 정도로 명중률이 높았으며 월맹 정규군이 전면전에 한국군에게 나서지 못한 것도 한국군의 막강한 화력과 포 사격 때문이었다고 지휘관들은 말씀하셨다.

한편 군대는 계통과 질서가 생명이다. 현장의 목소리를 무시하면 많은 부하를 죽인다는 사실을 알아야 한다. 계급만 높다고 무조건 좋은 작전계획이 뇌 속에서 나오는 것은 아니다. 그리고 아무리 좋은 작전구상이 있다 하더라도 그것을 실천하는 것은 병사와 하사관들의 절대적인 몫이었다. 그런데 권위주의적인 지휘관들은 전혀 하급자와 의논하고 함께 작전을 구상하지 않았다. 일방적인 명령뿐이었다. 김용강 1연대 8중대장을 적 앞에 표적으로 내몰아 붙인 것은 작전지휘권이 있던 기갑연대 한규원 1대대장의 책임이 크다고 본다.

638고지 공격과 점령은 거의 수색중대가 단골로 맡아왔고 김창열 연대장의 직할 중대였으므로 수많은 재량권이 있었다. 그래서 적의 토치카에 대해 M72 대전차포와 유탄 공격, 그리고 M16 소총 수류탄 투척 등의 거의 70%는 감당하면서 임무를 수행하는 데 최선을 다했다.

만약에 한 사람의 영웅을 뽑는다면 당연히 수색중대 3소대 선임하사 정창화 중사라는 것을 확실하게 증언하고 싶다. 가장 치열한 4월 18일경에 638고지 8부 능선에 참호를 구축해 전선을 형성하고 40m 간격으로 좁혀서 대칭하고 있을 때였다. 이분은 소대원의 모든 M72 대전차포를 거두어들여 몇 발을 적의 토치카에 조준 사격해 박살 내고 불바다를 만들었다. 그러나 마지막 탄을 발사하면서 정창화 중사는 적이 정조준한 AK 소총과 적의 B-40의 사격을 받고 쓰러진 것이다. 결국 당사자는 두 팔과 두 다리가 절단되었고 한쪽 눈까지 잃어버렸다고 한다. 함께 후송 간 임규섭 수색중대장의 증언으로 대략 이 정도의 소식을 접하게 되었다.

임동춘 소대장과 이무표 소대장도 정말 자랑스러운 조국의 군인이고 아들이다. 이분들에게 삼가 존경과 사랑을 보내고 싶다. 그러나 638고지에 붙어서 처음부터 고지를 점령할 때까지 현장에 있던 필자의 눈으로는 그분들의 활약을 볼 수도 없고 치열한 전투에서는 1m 옆에서 일어난 일도 알 수 없는 상황이 된다.

현대전에서 영웅은 만들어지는 것이다. 필자는 이 작전에 투입되어 싸운 모든 전우들은 하나도 빠짐없이 모두 영웅이라고 말하고 싶다. 조국의 출동명령을 받고 죽을 줄 알면서도 앞으로 나아가 용감히 싸웠기 때문이다. 천안함, 연평도 사건과조차 감히 비교할 수 없는 치열한 싸움에서 그들은 물러서지 않았다. 안케패스 대혈전에 희생된 참전 전우들의 묘역을 별도로 만들어 조국과 세계평화를 위해 싸웠던 정신을 오랫동안 후세에 기억하게 했으면 한다.

또한 한 가지 두고두고 아쉬운 것이 있다면, 파월 맹호부대의 피와 땀과 눈물로 7년간을 온몸으로 쓴 역사와 전통이 온전하게 후배들에게 계승되었더라면 얼마나 좋았을까 하는 생각을 감출 수가 없다는 것이다. 월남에서 편성된 그대로 사단장과 각 연대와 포병과 중대가 흩어지지 않고 본국으로 옮겨와야 했는데, 전체 병력을 산산조각내어 전후방으로 모래알같이 흩어지게 함으로써 전투경험들을 후배들에게 전수할 수 없어 안타까운 심정이다. 사단장님과 모든 참모와 연대장들도 외롭고 쓸쓸하게 한 것은 당시 국방정책 담당자들의 정략적인 술수가 있지 않았나 의심되었다.

필자의 경우 월남에서의 소속 그대로 귀국했더라면 고참으로서 후배들에게 좋은 전투경험을 들려주고 안케전투의 교훈도 후배들에게 상속했을 것이다. 그러나 오히려 전방 11사단 13연대에 혼자 전입 가서 무사히 제대하기 위해 오히려 전투경험이 없는 전입 고참들에게 입 다물고 적응하기에 여념이 없었다. 13연대 본부중대장은 어느 날 정훈 시간에 중대원을 집합시켜 놓고 안케전투에 참전한 내용으로 강의를 할 수 있는 시간을 만들어주어 발표할 수 있는 기회를 주었지만, 그래도 아쉽기만 했다.

파월 사상 유일무이한 포로 유종철 전우, 포로 귀환의 의미

안케패스 7.5km 19번 도로를 서쪽 강점과 동쪽 강점에서 진입로를 차단하고 철통방어하고 있는 월맹군 2,500명을 괴멸시키고 차단된 도로를 개통시키기 위한 한국군과 월맹군과의 치열한 전투가 1972년 4월

12일부터 27일까지 피아간 물러설 수 없는 물러서서도 안 되는 절체절명의 전투에서 침투한 월맹군을 섬멸하기 위한 작전과정에서 19번 도로 동쪽 강점에 투입되었다가 적의 기습을 받고 유종철 일병은 월맹군의 AK 소총과 B-40 척탄통과 로켓포의 집중사격을 받고 만신창이가 되어 기절한 상태에서 포로가 되었다.

오산 죽미령 스미스 대대의 181명 전사와 안케전투 230명 전사

윌리엄 딘(William Dean) 소장은 미 제24사단장으로 북한군이 1950년 6월 25일 새벽 기습 남침을 감행해 파죽지세로 남하해 3일 만에 서울을 점령하고 공산주의 프롤레타리아 혁명론자들은 광기 어린 자축을 하며 3일간 전열을 가다듬고 한강 도하작전을 감행했다.

극동군 사령관 맥아더 장군은 풍전등화의 위급을 고하는 한반도의 자유와 평화를 수호하기 위해 일본 규수 구마모토에서 주둔하던 미 24사단 21연대 스미스 중령 1대대를 6월 30일 긴급출동 명령을 내렸다.

긴급한 상황인지라 이타즈케 공항을 1950년 7월 1일 오전 출발해 7월 1일 오후 부산에 도착하자마자 7월 2일 대전으로 이동하며 대전에서 평택을 거쳐 7월 5일 새벽 3시에 빗속을 뚫고 죽미령에 도착한 스미스 딘 소장 24사단의 21연대 1대대는 죽미령의 도로와 철로 부근에 진지를 구축했다.

남하하던 북한군을 필사적으로 지지하기 위해 스미스 대대 540명은 도로를 포함한 좌측 능선에 B중대를 철로 좌측 우측 고지에는 C중대를 배치하고 죽미령 후방 수천 리에는 105mm 포병들을 포진시켰다. 오전 07시 수원 근처에서 북한군의 전차부대 T-34 소련제 탱크를 앞세우고 남진하는 북한군을 향해 105mm 곡사포를 쏘아 북한군을 저지했다. 치열한 전투는 계속되었다. 10km 긴 행렬 5천여 명의 북한군과 격렬한 전투를 하며 탄약이 소진되고 피아간 피해가 막심했다.

스미스 대대는 540명 중 보병 150여 명, 포병 31명이 전사하거나 실종되었다. 6시간 15분간의 격렬한 전투로 북한군 5천여 명 중 150명을 사살했으나 7월 5일 2시 30분 스미스 대대장은 퇴각 명령을 내렸다. 북한군은 T-34 전차 3대로 중앙을 돌파시켜 방어선이 무너졌기 때문이다. 사단장 딘 소장은 남하하는 북한군을 저지하기 위해 대전 외각 금강을 방어선으로 전선을 구축하고 방어하고 있었다.

딘 소장은 51세로 북한군의 남하 속도를 지연시켜 대구 전선을 구축케 하는 시간을 벌게 해 인천상륙작전을 할 수 있는 맥아더 사령관의 시간적 여유를 확보하기 위한 지연작전이었다.

월남판 제2의 6.25였던 월남 중부고원지대의 관문인 전략적 요충지 안케패스 대혈전에서는 자유 월남을 수호하기 위해 16일 동안 230명이 전사하고 400여 명이 부상하면서 남진하는 월맹군을 저지했을 뿐 아니라 3사단 12연대를 괴멸시켜 최초로 승리함으로써 바로 대반격작전에 돌입했다.

딘 소장은 파죽지세로 남침해 내려오는 북한 인민군을 금강 방어선에서 대전을 사수하기 위해 필사적으로 저지했다. 대한민국 임시정부가 대전으로 피신해 있었고 유일한 자유의 십자군의 사령관 딘 소장은 쓰나미 같이 몰려 내려오는 인민군 소련제 T-34 탱크 앞에서 3.5인치 로켓포를 손수 발사해 한 대를 폭파시켰으나 중과부적으로 부하들에게 1950년 7월 20일 후퇴 명령을 내렸다.

맥아더 장군은 추가병력이 투입될 때까지 시간을 지연시키라는 명령을 받고 대전 외각 지역에서 12시간을 온몸으로 막았다.

이러한 치열한 전투로 부상당한 부하와 부대가 분리되어 산속을 헤매다가 7월의 한반도의 삼복더위에 피를 많이 흘린 부하의 갈증을 해소하기 위해 계곡으로 물을 찾아가다가 낭떠러지에 추락해 정신을 잃고 쓰러졌다.

부하들은 사단장을 기다리다가 찾지 못하고 헤어졌다. 기절해 있던 딘 소장이 깨어나 혈혈단신으로 금산군의 산속을 헤매다가 금강(錦江) 상류인 진안군 용평리 코크니 마을 뒷산 바위 밑에 숨어 있었다.

딘 소장, 금강 상류 코크니 마을에서 포로가 되다

산 너머 마을에 살고 있던 안천면 노성리 한두규는 산에 나무하러 갔다가 바위 밑에 숨어 있는 36일간 산속을 헤맨 코가 큰 미군을 보고 무엇인가 완수신호를 하며 도움을 요청한 딘 소장을 위해 먹을 것을 산 아래 코크니(鼻大) 마을 주막집을 하는 강동규 집에 가서 얻어다 주었다. 딘 소장은 한국의 김치나 보리밥 등은 생소한 음식이라 먹지 못하고 미국에서 먹어본 감자를 달라고 요청해 감자를 주었다.

배고픔에 지친 딘 소장은 감자를 먹고 허기를 달랬다. 딘 소장은 한두규 호의에 미 제8군 사령관 밴 플리트 장군이 대구 영천 지역에서 작전 중이라 그곳으로 안내해줄 것을 요청했다. 물론 사례를 할 것이라는 의사 표시도 전달했다. 그러나 영어를 하지도 듣지도 못하는 한두규는 애원하는 딘 소장의 모습에서 팔자를 바꿀 수 있는 좋은 기회로 삼은 것이다. 숨겨 지켜줄 것인가? 갈등을 겪었다. 이미 코크니 마을 사람들에게 알려진 사실이라 혼자만의 호재를 벗어나 있고 북한군에 밀려 이승만 대통령도 서울 시민들을 남겨두고 도망가듯 대구로 가버리고 파죽지세로 밀려오는 북한군의 잔인한 총칼 앞에 살기 위해 신고 쪽으로 마음을 먹고 운산리 주재소에 신고한 것이다.

코크니 마을 주막집을 운영하는 강동규 집에서는 낯선 서양인을 마을 사람들이 보며 신기해했다. 분위기를 읽고 있던 딘 소장은 어둠의 그림자가 그려져 탈출을 시도했으나 힘센 강동규를 벗어나지 못했다. 그러는 사이 한두규가 운산리 주재소에 신고하러 간 것으로 추측된다. 인근 마을 신현에서 팬션을 운영하는 안한성 선생은 강동규(작고) 주막집에서 딘 소장을 힘으로 제압하고 있었다고 했다.

2016년 10월 27일 안케패스 대혈전을 몸소 겪었던 19번 도로 동쪽 강점에서 피아간 형언할 수 없는 공방전을 했던 8중대 김진국 전우와 이웅기 전우, 이송도 전우가 딘 소장이 포로가 된 코크니 마을을 필자의 안내로 이미 용담댐 건설로 수몰된 코크니 마을을 찾았다.

옛 모습은 찾아보기 힘들었다. 양지바른 곳의 1950년대 초가집들은 모두 철거되고 댐 건설로 진안 고원지대 위에 산을 휘감아 도는 넓은 호수는 아름다운 무릉도원이 되어 돈 있는 외지 사람들이 언덕 위에 집을 짓고 있었으나 인기척은 없었다. 안케패스 계곡에서 우리 한국군이자 전우들이 포로가 되었다. 그중 8중대 김진국 서무병은 1소대의 유종철 일병이 포로가 되어 지켜주지 못했던 전우로서 아픈 마음을 딘 소장이 유종철 330일간의 악몽과 딘 소장의 3년 포로 생활을 대한민국 국민의 한 사람으로 용서를 빌었다.

오늘의 대한민국이 수많은 시련과 역경과 눈물로 얼룩진 상처가 조각되었다.

딘 소장이 포로가 된 곳은 용담댐 건설로 수몰되어 지금 현재는 코크니 마을은 없어졌다. 하지만 역사의 현장을 직접 찾아온 전우들의 감회와 심정은 달랐다. 딘 소장이 주민의 신고로 잡힌 곳이 하필 비대

이며 코크니 마을인가?

용담댐으로 수몰된 진안군 6개면 용담(龍潭), 정천(程川), 안천(顔川), 주천(朱川), 상전면(上田面)은 지명대로 모두 수몰되었다.

용담면은 글자 그대로 용이 목욕을 하는 곳이 되고 정천, 안천, 주천은 공자의 세 제자 이름 첫 자에 내천 자를 붙였고, 상전면은 수몰로 윗 밭이 되었고 월포(月浦)라는 마을은 포구가 되었으며 갈거리는 갈대밭이 되고 코크니 마을은 세계를 깜짝 놀라게 한 세계 최강의 미국의 24사단장 코가 큰 딘 소장이 포로가 되었다. 모든 지명이 예언적인 셈이다. 지명은 예언이라도 한 것 같고 기독교에서 말하는 예정론 같은 섭리적으로 예정된 깊은 뜻이 있는 듯하다. 대한민국은 근대화의 수난의 출발점으로 시련과 역경을 배우고 참회를 하는 통곡의 성지로 역승화시키면 우방 미국인의 성지가 될 것이다. 딘 소장이 포로가 된 1950년 8월 25일에는 금강 상류지역으로 월포 마을에서 U자를 그리며 평원 마을을 바닥 꼭짓점으로 새버리와 운암마을까지 비경은 자연이 만들어낸 예술단지다. 딘 소장은 이곳에서 한반도의 아름다운 산야를 보며 자유와 평화를 갈망하는 대한민국을 수호할 것을 다짐했던 곳이었다. 용담 다목적댐 건설로 더 멋진 무릉도원이 되었다. 높이 70m, 길이 498m, 총 저수량 약 9억 톤의 저수량으로 총 공사비 1조 5,889억 원이 투입되었다. 주요 시설로는 21.9km의 도수터널과 수력발전소가 있다. 저수량 기준으로 보면 소양호, 충주호, 대청호, 안동호에 이어 5위이다. 용담댐은 전주, 익산, 김제, 군산, 정읍의 식수와 호남평야의 농업용수로 활용 공급되고 있다. 연간 1억 9,800만kW의 전기를 생산하고 있다. 그동안 자유세계를 수호해준 딘 소장의 조국인 미국의 도움을 받으며 대한민국의 능력으로 용담댐을 건설했다. 일제 강점기에 설계된 대로 우리 고향사람들은 일본인들의 노예가 되어 부역을 해 돌무더기가 산을 이루었는데 히로시마 나가사키에 원폭 투하로 일제로부터 해방되어 용담댐 건설 중 도망가 공사가 중단되었던 곳이다.

비단 같은 금강 예찬, 내륙을 한바퀴 돌며

딘 소장이 포로가 된 곳은 금강 상류 코크니 마을은 용이 굽이쳐 하늘을 솟아오르는 듯한 비경이다.

한반도에 흐르는 모든 강은 위에서 밑으로 안에서 밖으로 북에서 남으로 흐른다. 압록강, 두만강, 대동강, 낙동강이 그렇다.

호남고원의 중심 무진장 지역 장수 뜸봉샘에서 정천면 운장산에서 발원한 금강은 모두 바다 쪽에서 내륙으로 밖에서 안으로 흘러 들어 온다. 운장산 정상에서 보면 군산 앞바다의 출렁이는 물결이 보인다.

운장산에서 흐르는 물은 정천면과 부귀면을 경유해 용담면 송풍리를 거쳐 무주군 부남면과 금산군 부리면 충북 영동과 옥천군을 지나 청남대를 만들고 대청댐을 거쳐 북쪽 신탄진까지 올라가 세종시와 공주 부여를 적시면서 강경을 경유해 군산으로 흐른다.

지정학적으로 보면 물이 거꾸로 솟는 형상이다. 대한민국 내의 실크로드다. 대한민국을 건강한 살아 있는 한 사람으로 비유하면 모든 우리 몸속의 분비물은 안에서 밖으로 나온다. 유독 생명수만이 밑에서 위로 올라가 생명의 씨가 된다. 기독교의 성지가 된 예수가 탄생한 요단강은 팔레스타인 지방의 시리아에서 발원해 남쪽으로 길게 사막을 적시며 갈리리 호수를 지나 사해(死海)로 흐른다. 성인(聖人)이 탄생한 요단강이 대한민국의 금강과 역할과 기능이 비슷하다.

용담댐은 대한민국의 5대의 댐이고 10억 톤의 1급수를 해발 300~400m 위에 생명수로 하늘이 우리 민족에게 준 선물이다.

1950년 7월 20일~1950년 8월 25일 36일간의 산속을 헤매다가 코가 큰 서양인이 코크니 마을 뒷산에서 포로가 되었으며 대한민국은 그 이름이 큰 나라의 중심국가 가 될 것 같다. 대한민국(大韓民國) 국호의 호칭대로 이루어 진다면….

딘 소장은 마을 주민의 밀고로 1950년 8월 25일 진안군 정천면 용평리 비대 마을에서 세계를 깜짝 놀라게 한 사건이 벌어졌다. 그 후 딘 소장이 행방을 전혀 모르던 미국은 딘 소장을 전사 처리로 가닥을 잡았다.

그가 생존한 사실은 10월 말 아군이 북진해 평양 부근에서 사로잡은 병사의 진술에서 알게 되었다.

딘 소장과 북한 총좌 리학구와 교환

그 후 1953년 9월 4일 판문점을 통해 귀환했다.

딘 소장은 북한군 제13사단장 참모장이었던 리학구 총좌와 교환했다.

딘 소장과 교환한 리학구는 6.25 개전 당시 북한군 2군단 김광협 소장의 작전부장이었는데 좌천해 13사단 참모장으로 다부동 전투에서 미군에 투항했다. 전세가 불리한 것을 직감한 리학구는 투항하며 13사단의 내부 사정의 정보를 소상히 털어놨다. 잔류한 총병력 500명이고 80%는 남한에서 모집한 신병이고 장교만 북한 출신이라고 토로했다.

9월 22일 워커 중장은 정보에 따라 총공격해 돌진시켰다.

그러나 귀순한 리학구를 믿지 못한 미군은 거제 포로수용소로 보내졌다. 포로 중 최고위층으로 딘 소장의 교환가치로 평가했다. 리학구는 그 후 북한에서 자결했다. 김일성 군대를 버리고 탈출한 리학구는 억울하지만 북으로 보낼 수밖에 없었던 미국의 사정은 딘 소장을 교환하기 위해 어쩔 수 없었다고 할 수 있다.

딘 소장은 귀환 이후 대전 금강 전투로 북한 인민군의 남하를 저지해 시간적 여백을 확보해준 공로와 사단장으로 서대전 사거리에서 3.5 로켓포와 바주카로 북한군 탱크를 파괴하고 사단장으로 미군 장성으로 군인정신을 높이 평가해 미 의회 최고의 훈장인 Medal of Honor를 수여했다.

딘 소장은 1981년 81세로 별세했으며 샌프란시스코 국립묘지에 안장되었다.

안케패스 대혈전에서 기갑연대 수색중대 3번 소총수였던 필자는 1992년 30년 만에 지방자치의 도의원으로 진안군 을구 지역 구 용담현 6개 면을 선거구로 출마했다. 신문을 보시고 정득만 사단장께서 인사참모와 함께 당시 비포장도로였던 딘 소장이 포로가 된 코크니 재를 넘어 선거사무소가 있는 안천면에 오셨다.

필자의 선거를 응원하기 위해 함께 기관을 방문하고 딘 소장을 연행한 주재소가 있는 상전면 운산리 예비군 대대에 방문해 대대장을 함께 방문해주셨다. 어쩌면 정득만 사단장과 강원채 사령관, 이석명 야사 작전참모 정해관 포병사령관과 구경회 작전참모, 김창옥 부관도 안케패스 정상 600고지 1중대 기지에 착륙한 헬기를 향해 월맹군의 집중사격으로 몇 시간을 적의 3개 대대의 포위가 되었던 시절 적의 관측을 피해 고지의 공제선을 피해 소총병으로 귀환작전에 참여해 위기에 처한 사단장님을 무사히 귀환작전의 소총병으로 고락을 함께했다.

그 사단장님께서 사병인 부하를 격려하기 위해 딘 소장의 포로가 되었던 산을 넘어오셨다.

정득만 사단장께서는 처절한 희생을 감수하며 월남판 제2의 6.25

인 안케패스 작전에서 승기를 잡았다. 그러나 국내에선 동료나 일부 부하들까지 비판과 공격을 받으셨다.

제2의 딘 소장 제2의 맥아더는 외롭고 힘들었다. 멀고 먼 보잘것 없는 육군 상병을 위로와 격려를 하신 정득만 사단장의 재평가는 우리 국군을 용감하게 할 것이다.

대한민국에서 위험을 고할 때 맥아더 장군, 워커 중장, 딘 소장은 하나님의 이름으로 불쌍하게 살아온 착한 백성을 코가 큰 서양 사람들이 구해주기 위해 전선을 지켰다. 그 은혜를 잊은 민족의 말로는 그 대가를 톡톡히 받을 것이다.

제2의 배천수 일병 유종철의 운명

유종철 전우는 조국의 자랑스런 아들로 태어나서 그의 체질과 가치관은 대한민국의 정체성과 가치관에 의해 자랑스런 조국의 군대에 입대해 조국의 명령에 의해 충성심으로 파월했다. 자유 월남의 풍전등화의 위기에서 우방의 자유와 평화를 수호하기 위해 번개부대 8중대 1소대 천병 군용 트럭으로 이동해 죽음의 계곡 19번 도로 동쪽 강점지역에 투입되어 병참선을 차단하고 있는 월맹군을 섬멸하기 위해 잠입했다가 적의 역습에 의해 공격을 받고 소대 전체가 적의 집중사격을 받고 정글 속에서 무참하게 적의 AK 소총과 B-40 척탄통의 사격을 받고 온몸에 상처투성이가 된 채 기절해 홀로 남아 죽음을 기다리고 있을 때 월맹군의 포로가 된 것이다.

적지에서 만신창이가 된 처절한 운명 속에서 정작 그를 구해준 것은 월맹군이었다.

수색중대 소총병 필자는 최초로 1972년 4월 15일 638고지를 공격하다가 적의 강력한 반격작전에 공격을 중단하고 수많은 전우들이 쓰러진 전장을 뒤에 두고 후퇴하면서 1972년 4월 15일 638고지를 3중대 이경재 3소대원들과 적의 맹렬한 폭격과 반격에 의해 후퇴할 때 허리에 총을 맞고 피 흘리면서 바위 밑에서 신음하던 3중대 3소대 배천수 일병의 구원의 절규를 외면하고 지나쳤던 절박한 상황은 44년이 지난 지금도 그의 손짓은 계속되어 양심의 가책을 받고 있다.

유종철 전우는 나에게는 제2의 배천수 일병인 셈이다.

살아 있는 우리가 살아야 638고지도 점령하고 안케패스 19번 도로도 개통해 지울 수 없는 상처를 치유하고 수습한다는 명분에 살아 숨쉬고 있는 전우를 뒤에 두고 우박같이 쏟아지는 적의 포화를 뚫고 살지 죽을지 모르는 후퇴를 했던 절박함이 떠올랐다.

결국 이름도 성도 모르던 그의 이름은 43년 만에 우연히 3중대 3소대 송명수 전우를 만나 수소문 끝에 알았다. 결국 그는 3중대 3소대원들에 의해 구출되었으나 깊은 상처로 인해 전사했다.

소총병으로서 평생 마음의 상처로 살아온 수색중대 소총병 필자는 유종철 전우의 생환소식에 가장 먼저 배천수 일병이 떠올랐다.

김진국 8중대 전우의 전우사랑 정신으로 찾은 유종철 전우와의 통화가 이루어졌고 문자를 통해 첫 대화를 이렇게 썼다.

"유종철 전우님! 뵙고 싶었습니다. 김진국 전우로부터 소식을 알게 되어 더욱 좋습니다. 저는《안케패스 대혈전》책을 쓴 저자 김영두입니다. 수색중대 소총병으로 참전한 전우입니다. 정말 수고하셨습니다. 저는 현재 서남대학교 겸임교수로 활동하고 국가보훈처 나라사랑 강사로 활동하면서 달콤한 포도농사도 지으면서 노후를 보내고 있습니다. 좋은 전우로서 노력하겠습니다."

이렇게 문자를 보낸 후에 같은 소총병으로 한 시대의 세계 평화와 자유를 침범당한 자유 우방을 위해 파월되어 소총병으로서 자부심과 긍지를 통해 서로 그리워하게 되었다. 그리고 기적 같은 만남이 성사되었다.

유종철 전우는 아내와 처형과 함께 필자의 포도원(전북 김제시 청하면)에 예고도 없이 찾아왔다.

수백 리 한반도의 동쪽 끝 양산에서 한반도 서쪽 끝 새만금에서 가까운 농장에 그가 왔다.

무엇이 우리를 서로 끌어당겼는가?

함께 조국의 명예를 걸고 자유민주주의 수호했던 젊은 피가 상대 기준이 되어 우리만이 할 수 있는 이야기는 한국말인데도 다른 사람들은 알아듣지 못한다. 우리는 한 사람이 울면 모두가 함께 운다. 그러한 경지 속에서 있어 본 전사들이기에 가능하다.

소총병과 소총병의 만남과 소총병의 자부심

유종철 전우를 잃어버린 살아있는 조국의 아들을 적지에 두고 죽었다고 전우들과 조국은 확인과 찾아보지도 않고 전사로 처리해버렸다.

꼼꼼한 김진국 중대 행정병은 시체가 없는데 어떻게 전사 처리를 할 수 있느냐면서 사단 영현 소대장과 말다툼까지 벌였다. 전장에서 쏟아져나오는 부상병과 전우들의 시체를 확인하는 것보다 치열한 전선을 지키기 위해 추가병력을 투입하는 일이었다. 생사를 가르는 결정적 순간들은 6종의 시체보다 1종의 물과 식량이 더 존재가치가 있다. 시체를 승화시키는 일은 전쟁을 이겨야 가능하기 때문이다. 유종철 전우를 적진에 남겨둔 채 산 자가 살아야 하기에 떠나야 했던 절박한 위기를 유종철 일병도 이해해줄 것이다.

그만큼 전세가 불리한 안케패스 대혈전의 초전상황이었다.

소대 대열을 벗어난 것이 아니라 소대원들이 찾지 못하고 소대장과 소대원들은 손쉽게 죽었을 것이라고 단정하고 조국은 다른 전우의 유골을 나누어 유종철이라 규정하고 전우인 이만수 일병(4024번) 옆 4023번 묘역에 안장시켰다. 그후 유종철 전우 묫자리는 파묘해 지금은 공간으로 비어 있다.

유종철 전우의 여동생 당시 18세의 유정순 양은 묘까지 써놓았는데 오빠가 살아왔다고 환호했다. 기독교에서 말하는 부활한 셈이 되었다.

당시 서무병으로 전사 처리는 행정을 맡았던 김진국 전우는 5명의 전사 처리 지시를 받았지만 전우 시신은 한 명도 없어 사단 영현 소대장으로부터 의무 중대장 앞에서 묵사발 되도록 폭행당한 후 의무 중대장이 사체 검안서류를 작성해 제출한 사실이 기억에 생생합니다. 그러니 유종철도 시체 확인 없이 전사 처리되었다. 전사자도 생존 가능성이 추정되곤 한다(김진국 서무병의 글).

그렇게 처리된 이만수 전우는 서울 현충원에 3묘역 1단 4024번에 72년 6월에 봉안되었다.

유종철 일병의 포로에서 송환과정

1972년 4월 19일 유종철 전우는 기절한 상태에서 누군가의 등에 업혀 끌려간 곳은 아군의 의무대가 아닌 적군의 위생시설이었다. 깨어나고 보니 언어와 생긴 몰골이 다른 왜소한 자들 속에 살아 있다는 사실에 놀라지 않을 수 없었다. 생소해도 너무 생소한 정글 속 적의 의무실이라고 하기에는 너무 초라한 원시인들의 비참한 환경이었다. 그가 끌려간 곳은 어딘지 어떻게 왔는가도 알 수 없는 상황은 공황 상태였다. 정신을 차려 확인된 것은 대나무를 잘라 만든 울타리와 넓은 연병장이 있고 약 1백여 명의 월남군 포로가 함께 갇혀있다는 사실이다.

식사는 감자가 주식이고 산에 나는 풀을 먹고 물은 산에서 내려오는 냇물을 마시고 살았다. 밤에는 야전용 침구인 헤모그 속에서 잠을 자고 낮에는 농사짓는 일을 시켰다.

유일병의 상태는 소대원인 정 병장이 묶어준 압박붕대에 새빨간 피가 낭자한 채 적의 포탄으로 찢겨진 정글복장으로 어깨가 맨살로 피가 묻은 채 있었다. 적이 응급처치로 광목조각이 몇 겹으로 묶어졌으며 흰 가루약이 뿌려져 있었다.

땅바닥에는 비닐 한 장이 깔려있었다. 잠시 후에 몰골이 흉한 산속 생활에 익숙한 타이어 조각으로 만든 슬리퍼를 신고 있는 손가락 사이에 골담배를 끼우고 들어온 우리가 평소 즐겨 쓰던 VC가 나타났다. 비로소 유종철은 월맹군에 포로가 되어 베트콩들의 야전 의무실에 누워 있다는 사실을 알았다.

유종철은 베트콩이 차고 있는 시계를 보니 19일을 가리키고 19시 15분이었다.

유종철은 19일 오후 13시에 적진 속에 치열한 전투현장에 투입되었으니 6시간 전에 월맹군의 총탄을 맞고 이곳까지 끌려왔다는 사실을 알았다. 포로가 된 것을 직감한 유종철은 사는 길은 머지않은 곳에 전우들이 있을 것이라는 생각이었다. 그리고 탈출하는 것이 사는 것이라고 마음속으로 결심했다.

유종철은 처참하게 부서진 인생의 꿈은 조국을 찾아가는 것이며 전우들이 있는 부대를 찾는 것이다. 이런 생각에 사로잡혀 있을 때 까만 머리를 길게 한 콩까이가 들어와 광목쪼가리로 된 붕대를 다시 풀고 흰 가루를 뿌려주고 갔다. 상처의 아픔과 통증 속에 포로가 되었다는 울분을 참지 못해 자신도 모르게 고함을 질렀다. 그 후 1시간 후에 여자 간호사인 듯한 사람과 베트콩이 죽이 든 사발을 들고 들어왔다. 숟가락도 없이 젓가락으로 먹으라는 시늉이다.

우리 맹호는 전투식량은 C-레이션으로 최고의 영양식으로 보급 지원받고 살아왔는데 개밥 돼지밥보다 못한 것을 먹으라고 하니 한심하기 그지없었다.

유종철은 먹지 않고 돌려보냈다. 해가 서산에 기울고 서늘한 바람이 불어왔다. 상처의 통증은 심했다. 밤이 되자 플래시를 가진 경비병이 나타나 2평 정도의 바나나 껍질로 벽을 가린 곳으로 자리를 옮겼다. 문 앞에 총을 맨 보초병이 삼엄한 경계를 서고 있었다.

2~3일 간격으로 그들 나름의 치료는 소독을 하는 것이다. 그 후 일주일이 지났다. 아침식사를 한 후 종이에 담배를 말아 피우고 있는데 30세 정도의 월맹군 4명이 허리에 권총을 차고 가방을 손에 들고 모자에는 별이 붙은 장교들이 취재와 신문을 하러 왔다.

탁자가 있는 다른 공간으로 이동시켜 4명이 유종철을 둘러싼 채 말을 건넸다.

"안녕하십니까? 몸의 상처는 어떻습니까?"라고 묻지 않는가?

소스라치게 놀랐다. 그들은 지도를 꺼내놓고 너의 중대 위치를 알려주라고 다그쳤다. 한국말을 하는 통역과 함께 신문하기 시작했다.

"모른다!" 그것은 말할 수 없다고 잘라 말했다. 그들은 포로가 된 유종철에게 총을 겨누며 멱살을 잡고 흔들었다. 어느 날 집이라고 하는 한국말을 제법 하는 월맹군 장교가 또다시 신문했다. 중대장 이름은 무엇이냐? 소대장 이름? 분대장 이름? 등을 확인하고 종이 한 장과 볼펜을 들이밀면서 중대 위치를 그림으로 그리라는 것이다. 사실 소총수이자 월남 신병으로서 아는 것이 별로 없었다. 생각나는 대로 아무렇게나 그려주었다.

유종철 일병이 포로가 되던 날 8중대장 이종윤 대위도 적의 사격을 받고 중상을 입고 쓰러졌다. 유종철이 모르는 중대장이 본국에서 다시 와 새로운 중대장이 부임했을 때다.

그들은 큰 정보라도 얻은 듯 흐뭇한 표정을 지으며 웃으며 좋아했다. 그들은 당신이 원하면 김일성이 있는 북한으로 보내주겠다는 말을 했다.

6.25를 겪은 대한민국 국민은 김일성 괴뢰집단으로 보내준다는 것은 지옥의 불구덩이로 가는 것이라 생각했다. 이러는 사이 탈출만이 살길이라는 생각뿐이었다.

적에게 포로가 되어 그들의 움막 속에 갇혀 우리 맹호사단 생활수준과 문화가 달라 힘들었다. 먹는 것이라곤 돼지죽이나 당시 개밥 같은 식사 패턴 속에 그들은 생활이 비참한 최악의 생활에 적응한다는 것은 굴욕이자 생지옥이었다.

유종철 전우는 탈출하는 것이 전우를 만나고 고국을 갈 수 있는 유일한 방법이자 수단으로 생각하고 포로를 경계하고 관리하는 자들과 인간적으로 사귀며 마음을 나누었다. 정글 깊숙한 그들만의 아지트는 자유 월남 속의 월맹군의 거점으로 그들의 가족과 유기된 채 공산주의 투쟁역사의 노예로서 가련한 모습 그대로다.

아니 자기 존재들조차 비참한 생활을 벗어나지 못하면서 풍요로운 자유 월남을 해방시키겠다는 그들의 의지가 오히려 가증스럽고 가련했다.

유종철은 저녁이 올 때마다 기회를 호시탐탐 노렸다. 포로가 된 지 25일 정도가 되었을까 하는 저녁식사를 마친 후 경비가 소홀한 틈을 타서 용무를 보러 간다고 했더니 평소같이 고개를 끄덕였다.

숙소와 20여m 떨어진 보잘것없는 변소의 울타리를 헤쳐버리고 쏜살같이 베트콩의 영내를 벗어났다.

유종철 일병 탈출을 시도하다

경비들은 용무를 보고 돌아올 것이라는 착각과 상상력을 하며 휴식하는 동안 속도를 내어 비무장 상태로 부상당한 상처가 아물지 않은 몸으로 탈출한 것이다.

칠흑 같은 밤에 정글로 뒤덮은 깊은 계곡에서 무조건 19번 도로를 찾았으나 도로는 보이지 않았다. 실개천이 흐르고 냇가의 모래밭이 있는 개활지를 따라 어디론가 무조건 갔다. 이제는 그리운 전우와 부대를 찾을 것만 같은 희망이 부풀었지만 열대지방 깊은 밤은 매우 두렵고 추웠다. 배고픔도 힘든 여정이었다. 하룻밤을 자는 둥 마는 둥 새날이 밝아오자 길을 찾아 또다시 출발하자 어디선가 AK 소총 소리가 들렸다 그 자리에서 쓰러졌다. 당시 시간은 오전 9시경이었다. 일어나 보니 유종철이 포로가 되어 깨어난 돼지우리 같은 적의 야전병원 막사 안이었다.

그 뒤 모진 학대와 고초를 겪고 손과 발이 묶인 채 엄격한 육체적 고문이 있었다. 평소 포로관리 책임자인 짐이라는 베트콩은 너를 죽여버리려 했다 살려주었으니 탈출할 생각은 말라며 훈계를 들어야 했다.

짐은 화가 나 탈출하다 하루 만에 잡혀온 유종철의 멱살을 잡고 흔들며 분풀이를 서슴지 않았다. 뺨을 사정없이 때려 코피가 줄줄 흘렀다. 그 후 보초병이 1명에서 2명으로 경비가 강화되었다. 그 후 대소변도 묶인 채로 밥도 결박상태에서 먹어야 했다. 유종철은 탈출에 실패해 그 좌절감과 정서적 결핍과 생활의 수준 차이, 매일 먹는 것이라곤 고구마 2개와 소금으로 연명하고 어쩌다가 안남미 쌀밥을 부식 없이 먹었다. 그래도 월남군 포로보다는 대접이 나은 편으로 취급을 해준 것 같았다.

탈출을 감행했다 다시 잡혀온 뒤 며칠이 지나 유종철을 관리하는 서툰 한국말을 해온 짐과 월맹군이 찾아와 짐을 챙겨 어디론가 떠나야 한다는 것이다.

포로가 될 때 입은 전투복과 광목조각으로 된 이불 봇짐과 쌀 3되를 나무 지팡이에 걸고 떠나는 것이다.

앞에 2명, 뒤에 2명이 인솔책임자인 월맹군 1명과 베트콩들의 정글 속에 만들어진 보급로를 따라 며칠은 걸었다. 선두에 첨병으로 가던 베트콩이 나뭇가지를 나는 원숭이를 향해 AK 소총을 발사했다. 사냥에 성공한 그들은 매우 좋아했다. 얼마 후에 몬타나족 마을에 도착했다. 민가에서 양재기에 물을 부어 원숭이 가죽을 벗겨 끓이는 것이 아닌가?

몬타나족은 킬러계곡과 안케패스와 망양패스 중간에 집단생활을 하고 있는 월남 속의 전혀 다른 민족 중에 한 민족인데 유종철은 포로생활 1달 정도는 그곳을 벗어나지 못했지만 우리 전우들은 유종철 전우가 야만인 수준의 베트콩과 월맹군에게 모진 학대를 받으며 끌려다닌다는 사실을 전혀 알지 못하고 이 시기쯤은 부대에서 전사 처리했고 전사처리 후 한 달 만에 서울 국립묘지 현충원에 다른 전우의 유골을 나누어 안장시켰다.

유종철이 적 속에 들어가서 결국은 전상자가 회복되어 살게 했고 전우의 역할을 월맹군의 전사들이 대신 해준 것이다. 언젠가의 교환가치를 위해서다.

몬타나족 마을에서 하룻밤을 자고 아침 6시 30분에 출발해 오전 10시까지 걸었다. 그러니까 4시간을 걸어 들어간 정글 속 적의 아지트는 약 1천 평 남짓 포로수용소가 있었다. 포로수용소에는 정글로 덮여 있고 대나무 울타리로 만들어 있고 커다란 막사 5채와 식당이 있었다.

월남군 포로들이 강제로 노역을 하고 있었으며 유종철을 인솔한 월맹군은 우두머리에게 유종철의 서류를 내밀며 인계하고 5명은 다시 돌아갔다.

포로가 된 지 40일이 지난 후에 포로수용소에 이송되어 80~90명의 월남군 포로들과 수용소 포로생활이 시작되었다.

하루 일과 중 3시간은 세뇌교육으로 일관하고 포로가 된 유종철은 격리 수용되어 월맹군들의 사기를 진작시키는 도구로 활용했다.

시간이 지날수록 열악한 포로수용에서 고된 강제노동에 시달리는 월남군이 죽어가기 시작했다. 매일 고구마 2개와 소금으로 연명하니 우방의 전우들이 포로수용소에서 죽은 모습은 유종철의 미래의 모습을 보는 것 같았다.

이 무렵 1972년 춘계 대공세는 월맹이 전력을 다해 마지막 승부를 겨루어 총공세를 했으나 제2의 디엔비엔푸 작전으로 중부고원지대의 전략적 요충지인 안케패스 대혈전에서 월맹 최정예부대가 한국군에게 패배함으로써 월맹군은 1단계 전쟁 목표인 자유 월남을 두 동강 내는 데 실패하고 꼰뚬성 작전과정에서 위치가 드러난 월맹군 1개 사단에게 미군 팬텀기들이 공격해 3천여 명의 월맹군이 전사해 더 이상의 공세를 할 수 없는 상태가 되었다.

반면 미군의 강력한 북폭과 항공지원 폭격으로 피탈된 지역을 회복하려는 월남군의 반격작전이 전개되어 안케작전에 춘계 대공세에 최초로 승리한 한국군에 대한 미국의 신뢰는 쁠래이꾸와 꼰뚬성 탈환작전에 투입 예정이었던 백마부대 투입을 월남군 2군단장의 사양으로 기갑연대 3대대가 안케패스에서 망양패스로 전진 배치되었을 때였다.

이 시기에 유종철 전우는 보잘것없는 상거지떼이자 노략질을 일삼아 월맹군의 식량을 지원하기 위해 고구마밭에서 노동을 하고 있었다. 월맹군의 거점은 월남 내 거주하는 VC를 발판으로 잠입해 작전하고 있었다.

주민들은 야간에는 한국군을 돕는 척하다가 밤에는 베트콩들과 한통이었다.

우리 대한민국에 위장 탈북한 간첩과 인권과 평등을 주장하며 종북 세력과 좌파들은 정부를 공격하는 방식과 매우 유사한 보응우옌잡의 전략에서 유래된 침투와 분열의 방법이다.

항상 좌파들은 국민의 이름으로 정부를 공격해 정부와 백성을 분리하고 나누는 수법을 활용한다.

이 시점에서 수색중대 소총병 필자는 3대대 12중대 1소대로 전입가서 망양패스로 전진 배치되어 도로 주변의 정찰 임무를 수행하고 있었다.

도로 주변 500m 이상은 정찰하지 않았다. 몬타나족 집단거주지 근방에 유종철 전우가 억류되었다는 것을 상상도 못했다. 사실 유종철 전우가 수용된 사실을 알 수도 없었고 정글 속에 월맹군의 요새지가 있다는 것도 몰랐다.

이 무렵 총공세를 감행했던 월맹군의 병력 손실은 45만 명 중 10만 명이었고 소련과 중공으로부터 지원받은 무기와 장비 손실이 50% 이상이었다.

월남군 병력 손실은 2만 5천여 명으로 추정된다. 결과적으로 월맹군의 춘계 대공세는 주월 한국군에게 안케패스 요충지에서 월맹군 최정예 싸오방 사단이 괴멸되고 인명피해가 심각했다.

월맹군과 VC들은 유종철 일병을 미군과의 협상의 교환가치로 생각했던 시점이다. 포로이지만 협상의 귀재들은 미군 철수와 한국군 철수를 압박하는 카드로 활용하는 것이다.

전의가 기울어진 상황 속에 유일한 포로인 유종철 전우는 매우 좋은 교환가치가 있는 보응우옌잡의 전략적 자원인 셈이다.

아침 새벽 5시 30분에 기상해 인원 보고하며 일과를 시작했다. 태권도가 2단인 유종철은 성한 팔로 태권도 기본동작을 했다. 포로와 월맹군들은 그 후 유종철에 대한 태도가 달라졌다. 다른 포로와 달리 혼자 격리 수용해 차별을 두어 관리하지만 포로로서 고구마 1개를 더 주는 호의를 베풀었다. 포로로서 월맹군들에게 소쿠리 만드는 일도 배웠다.

특히 비 오는 날에는 주로 세뇌공작을 시키는 것이다. 포로생활 2개월이 되었을 때 6월 18일경에 19번 도로 동쪽 강점 탈환작전 때 부상당한 상처가 모두 나았다. 포로생활의 일과는 산속에 고구마밭에 가서 고구마를 캐어 2~3시간 짊어지고 감시병 따라 운반해 작전 중인 월맹군에게 전달하는 일이었다.

어느 날이었다. 한국말을 하는 사람이 북한의 선전용 삐라와 책 5권을 주고 갔다. 넥타이 맨 북한 사람 사진으로 유혹해 한국에 더 좋은 것이 많다고 거절했다. 통역이 준 한국말로 된 공산서적 5권으로 담배를 말아 피우다 들통 나 혼이 나기도 했다. 그 죗값으로 나무로 된 족쇄를 차게 되었다. 그 후 반성문을 쓴 후 족쇄가 풀렸다.

주위에 월맹 정규군들의 부대가 있었다. 그곳에서 배식을 받은 일이 있었는데 월맹군들의 남루한 차림은 거지 중의 거지인 상거지였다. 그들의 몰골은 마른 막대기같이 말라 있었다. 이들의 양식을 농사지어 운반하는 노무자로서 강제노동에 끌려다닌 것이다.

1972년 저물고 1973년 1월 15일 어느 날 월맹군 감독이 미국의 닉슨 대통령이 평화회담을 성사시켜 월맹군 포로와 미군 포로를 서로 교환한다는 것이다. 포로 생활을 300여 일 하다 보니 '서당 개 3년이면 풍월을 읊는다'는 듯이 감독의 말을 알아들을 수 있었다. 이 일이 있은 후에 일행 30명과 수용소를 떠나 포로 교환장소로 떠난다는 소식에 저절로 감격의 눈물이 흘렀다.

악몽 같은 지옥에서 벗어나 그리운 조국에 갈 수 있는 꿈을 꾸어 보았다.

유종철 전우는 파월사상 최초의 송환자가 되었다. 330일간의 그의 포로생활 동안 겪었던 악몽 속에 하루하루를 악(惡)의 주관 속에 산다는 것은 주인이 어느 날 종놈의 종이 되는 격이다. 일거일동을 간섭해 인간의 창조 본연의 삶을 제약하며 그들이 설정한 시스템 속에서 숨이 막힐 정도의 노예가 된다는 사실이다.

전쟁에 지면 이긴 나라의 야만족에게 주관당하고 노예가 되고 삶의 터전을 빼앗긴다는 역사적 교훈을 되새기는 계기가 되었으면 한다.

유종철 전우의 포로생활 동안 겪었던 수난에 대해 적에게 굴복하지 않고 어떠한 시련과 역경을 극복하고 오히려 월맹군들의 외세침략을 다윗과 골리앗의 싸움에 비교되는데 그들에게 배워야 할 정신적 자산에 역설적으로 감사하며 월남전쟁 종식을 위한 미국과 월맹과의 파리평화회담의 수혜자로서 미국의 힘에 의해 결국 1973년 3월 25일 자유의 품으로 안기는 영광을 받았다.

21세기는 자기의 존재가치를 알아주고 창조 본연의 인간의 가치를 인정해주는 개인과 가정과 사회와 국가를 찾아가서 사는 세계의 모든 국가의 경계선이 희미해지고 허물어진다.

시리아 내전으로 전쟁의 도구가 되지 않기 위해 수천 년 동안 살아온 조국과 고향을 버리고 지중해로 탈출하는 망명 백성과 개미지옥 같은 북한을 탈출해 대한민국에 목숨 걸고 탈출하는 우리 북한 동포들을 대한민국 모든 국민들은 부모의 심정으로 따뜻하게 맞이하고 함께 사는 데 도움을 주어야 한다.

유종철 전우 정말 수고하셨고 많은 것을 전달할 수 있는 교훈을 주어 감사한다.

유종철 일병은 맹호전사로서 호랑이는 굶어 죽을지언정 풀을 먹지 않는다는 정신으로 맹호의 불굴의 정신으로 자신을 낳아 길러준 하나의 조국을 선택했다.

유종철 일병은 1972년 4월 19일자로 안케 대혈전에서 전사해 가족에게 통보했고 국립묘지에 안장시켰다.

주월사령부는 한국군의 포로 사실을 전혀 알지 못했다. 보고자의 손쉬운 전사처리를 했다.

동쪽 강점 적 섬멸작전을 앞장섰던 유종철 일병에게 공훈을 인정하고 사자(死者)에게 인헌무공훈장을 주었다.

미군 포로 566명과 유일하게 한국군 유종철 전우가 포함되어 567명 파리평화회담 성사로 교환이 이루어졌다.

포로가 된 병사가 없었다면 한국군은 유종철 전우가 살아 돌아옴으로써 오히려 난처한 입장이 되어버렸다. 착오와 착각, 상상력으로만 확실한 증거(시체)도 없이 전사로 처리한 것으로 확인되었기 때문이다. 유종철 포로는 결과적으로 아비규환의 참상 속에서 살아 있는 전우를 적진 속에 그대로 중상을 입은 유종철을 정 병장이 압박붕대로 지혈시키고 어쩔 수 없이 방치하고 후퇴한 것이다.

유종철 전우가 경남 양산에서 수색중대 소총병이었던 김영두 상병을 70 노병이 되어 찾아왔다. 조국을 대신해 전우로서 적의 포탄과 AK 소총 사격을 받고 쓰러져 기절한 적지에 방치하고 퇴각한 죄인으로 아무 말 없이 그의 부인과 처형 앞에서 서로 얼싸안았다. 용서를 빌며….

위대한 미국적 가치와 미국의 힘

유종철 전우의 포로에서 귀환까지 330일은 우리 모두에게 나라 잃은 슬픔이 어떤 것인가를 말해줬다.

소련과 중공을 등에 업고 동족상쟁의 피비린내 나는 전쟁에서 미군 179만 명과 UN군 14만 명의 도움이 없었다면 공산주의자들의 포로가 되어 지금쯤 북한 주민같이 개미지옥에서 인권이 짓밟히며 죽지 못해 살 것이다.

맥아더 장군, 워커 중장, 한국군과 정부가 다 후퇴한 텅 빈 곳에서 오산 죽미령 전투의 스미스 대대 대전을 사수하기 위해 온몸으로 딘 소장이 T-34 소련제 탱크를 3.5인치 로켓포로 파괴하며 시간을 지연시켰던 윌리엄 딘 소장 그리고 다부동 전투에서 자유 대한민국을 끝까지 수호하라는 워커 중장의 목소리가 들리지 않는가?

제9부

쑥대밭이 된 638고지와
공산 베트남

쑥대밭이 된 638고지와 공산 베트남

쑥대밭이 됐다는 말은 본래의 의도대로 제대로 된 것이 아니라 무엇인가 잘못됐고 망쳐버렸다는 뜻으로 해석한다. 그러나 숲의 천이과정에서는 잔디밭이나 바랭이, 꽃다지 등 1년생 풀밭에 쑥이 들어오면 그 세력이 강해 쑥밭이 된다는 뜻이다. 엄밀히 말하면 셋방살이가 안방을 차지한다는 것이다.

싸움을 할 줄 모르는 자유와 평화를 사랑하는 사람들이 사는 나라에서, 오직 전쟁으로 길들여진 야욕에 불타는 혁명분자들은 쑥과 같이 강한 것이다. 쑥은 셋방살이를 하다가 잔디밭의 안방을 차지해 결국 공간을 점유하게 된다. 남부 베트남의 현재가 바로 그러한 현상이다.

천혜의 풍요로운 환경을 갖춘 베트남 사람들은 싸움을 잘하지 못했다. 유구한 역사과정이 그것을 대변하고 있다. 그들은 우리 민족과 너무나 많은 부분이 닮아있었다. 그러나 주변의 쑥과 같은 세력들이 항상 풍요로운 환경을 갖춘 살기 좋은 베트남을 넘보며 호시탐탐 침략의 기회를 노렸다.

베트남은 중국으로부터 천 년간의 지배를 받았고, 프랑스와 일본 그리고 몽골의 침략까지 받았다. 그러나 그들은 과거의 쓰라린 아픔을 거울 삼아 독립국가를 만들었다. 쑥밭을 만들어놓고 이제는 다른 잡초들은 절대 못 들어오게 하자며 미국과 프랑스, 심지어 중국과 소련의 영향력까지 적대시하며 우리끼리 잘살아보자고 선언하고 외세와 관련된 모든 인사들과 지성인들까지 완벽하게 숙청하는 데 성공했다. 그런데 완벽한 숙청을 성공하고 보니 한결같이 거지로 평균화되고 무식한 평등으로 전락하고 말았다.

자연과 숲의 천이과정으로 보면 쑥은 잔디와 바랭이, 꽃다지 등 1년생 잡초 앞에는 강했지만, 쑥밭으로 20년 세월이 흐르다 보니 유기질이 부족하고 가뭄도 있고 수분도 부족해졌다. 쑥밭에는 그보다 더 힘센 다년생 관목인 싸리나무와 찔레꽃 등이 자라났다. 쑥이 광합성 작용을 하지 못하게 키가 큰 나무들이 하나둘씩 들어와 자리를 잡으면서 쑥밭의 안방을 점유해가고 있는 것이다.

그러므로 쑥밭이 된 공산 베트남에는 지금 싸리나무나 찔레꽃나무와 같은 키가 크고 잎이 많고 번식률이 강한 나무들이 그동안 쑥이 만들어놓은 유기물을 흡수하면서 성장하고 있다. 한국인과 한국 기업이 지금 숲의 변천 과정과 같이 그들의 삶의 방법을 전쟁이 아닌 삶과 사랑으로, 그리고 문화로 바꾸며 그들이 만들어놓은 이상국가인 쑥밭 속에 뿌리내리고 있다. 베트남 아가씨들이 한국의 신랑을 찾아 몰려오고 있는 이유도 같은 맥락일 것이다. 그들은 한국 농촌의 종갓집 며느리로서 쑥같이 안방의 주인이 되고 있다.

자연 속의 숲은 어느 정도 자리를 잡고 있으면 싸리나무나 찔레꽃나무보다 키가 큰 소나무 씨가 날아온다. 싸리나무나 찔레꽃나무가 생존하기 위해 만들어진 낙엽과 유기물을 흡수하면서 소나무가 접방살이를 하다가 언젠가는 안방을 차지한다. 우리나라는 소나무와 더불어 5천 년을 살아왔다. 애국가에 등장하는 “남산 위에 저 소나무”는 오랜 세월 동안 극상림을 이루어 살고 있었다는 증거이다. 종족 번식을 위해 방어물질을 생성하고 공격의 수단으로 타감물질을 발산하며 자종을 보호하고 타 식물을 방어하는 억제작용을 하며 5천 년간의 소나무밭을 형성해왔다. 침엽수가 발산하는 테르펜류라는 휘발성 유기화합물을 배출하며 소나무밭에 침입하는 타 식물을 배척하면서 오랜 세월 변할 수 없는 극상림을 이루게 되었다.

그러나 그러한 침엽수, 즉 소나무, 낙엽송, 백합나무들도 잎이 크고 넓은 참나무가 들어와 태양의 광합성 작용을 압도하면서 서서히 소나무가 서 있던 자리를 내줄 수밖에 없다. 지금 한반도의 소나무밭은 줄어들고 참나무(갈참나무, 떡갈나무, 굴참나무, 졸참나무, 상수리나무, 신갈나무)가 소나무가 서 있던 자리를 차지하고 있다.

이들은 소나무보다 넓은 잎을 가지고 뿌리도 강해 바위틈에서도 잘 자라며 가뭄에도 잘 견딘다. 활엽수는 광합성 대사과정에서 이산화탄소와 질소산화물, 아황산가스와 오존 등을 흡수하는 대기정화기능을 가지며 산소를 생산해 동물과 인간에게 맑은 공기를 제공한다. 타감물질로 이소프렌을 발산해 자기 종의 면역을 강화하면서 자종을 보호하고 타종을 배척하기도 한다.

그렇다고 극상림을 이루고 있는 참나무만이 세상의 산야를 점유하는 것은 아니다. 참나무보다 높은 키와 가지의 맹아력이 강하고 키가 더 큰 서어나무가 참나무를 압도한다.

사람은 큰 사람 아래 작은 사람은 덕을 보면서 살 수 있지만, 다 큰 나무 밑의 작은 나무는 광합성이 그늘로 차단되어 에너지의 근원인 태양 빛을 보지 못하고 스트레스를 받아 결국 고사하게 된다. 백성을 외부 세계와 차단하고 살면 자기 사람으로 영원히 남아 세뇌되어 복종하면서 살 것 같지만, 나무와 사람은 지적한 대로 반대의 사회적 현상을 만들어낸다.

인간의 본성을 존중하고 인간의 생명과 존엄성을 최고의 가치로 부여하는 나라가 있다면 수많은 사람들은 그러한 문화세계를 동경할 것이다. 녹색식물들이 에너지를 만들기 위해 태양광선을 통해 광합성 작용이 필요하듯이, 인간은 본연의 가치를 추구하고 실현하려는 최고의 이념과 사상을 바탕으로 해야 한다. 천상천하 유아독존으로 인격적 진리체로서의 잠재력과 가능성이 실현될 그런 나라의 문화가 앞으로 세계를 지배할 것이다.

눈여겨볼 나라가 있다. 노예로 끌고 온 흑인의 후예를 세계의 경찰 국가의 최고 책임자로 선출한 미국의 국민과 엘리트들은 존경스럽다. 오바마가 만약 중국이나 소련이나 프랑스나 영국에 태어났다면 과연 대통령이 되었을까?

동서로 감정을 분할시켜 정치인들의 장난에 놀아나는 한반도는 정치적으로 쑥대밭이 되어 있다. 표가 많으면 악도 선이 되는 행태는 파도처럼 몰려오는 태양과 같은 문화의 에너지가 어떤 조정을 해가고 있을 것이다. 우리 민족이 중국과 소련과 일본을 경계해야 할 이유가 무엇인가? 쑥대밭이 되어 있는 베트남에서 우리가 얻어야 할 교훈은 무엇인가? 죽음을 각오하고 극상림을 이룬 한반도의 문화와 전통을 세우고 산화한 전우들의 감투정신과 혼은 앞으로 천년 만년을 지탱케 하는 밑거름으로 삼아야 한다. 그리고 엘리트를 자처하는 사람들이 638 고지의 아비규환 속에서 싸운 영상을 다시 찾아 국민들의 머릿속과 가슴속에 심어주어야 한다. 그러지 않으면 더 큰 대가를 지불할 수도 있다는 사실을 경고하고 싶다.

강원채 야전사령관의 철학과 사상

1995년 4월 27일 오전 나트랑의 하노이 상공에서 동석하면서 필자가 강원채 야전사령관과 인터뷰한 내용이다.

강원채 소장은 2남 1녀를 두시고 15사단장 3군단 부군단장을 역임하시다가 울진 삼척 지역에서 공비 200명이 출현한 뒤 동해안경비사령부의 초대 사령관으로 2년을 근무했다. 만 2년 1개월 근무를 하시다가 평화협정으로 휴전한 뒤 귀국했다. 귀국 후에는 제3군 사령부 부사령관으로 부임해 근무하다가 2년 후인 1975년 1월 30일 소장으로 예편했다.

예편 후에는 구미공단에 있는 금호학원(금호고)에 있는 이사장으로 6개월 재직하다가 1975년 9월 대우로 전직해 부사장과 사장을 1984년 2월 20일까지 역임했다.

강원채 야전사령관이 나트랑 상공에서 하노이로 가는 비행기 속에서 베트남 국토를 내려다보면서 하시는 말씀이, 베트남 국토가 참 잘 생겼으며 해변과 태평양 바다와 모래사장이 반복해 이루어진 긴 해안선은 베트남의 자랑거리였다는 것이다. 이러한 아름다운 나라에 눈 밝은 프랑스 사람들이 욕심을 내어, 많은 희생을 감수하면서 지키려 했다. 잘살 수 있는 여건이 잘 갖춰져 있는데 이곳에 사는 사람들의 정신상태 때문에 나라를 지키지 못하고 외침에 시달렸다.

나트랑에서 야전사령관으로 재직할 당시 프랑스 사람들이 문화회관을 지어준다고 해 당시 나트랑 성장이었던 카노아가 축사를 했는데 불어로 했다. 그것을 본 강원채 소장은 프랑스 식민 시절의 감정이 없는 것으로 알았다. 자국의 애국심, 즉 민족적 한의 감정을 저버린 것을 안타깝게 생각했다.

나트랑 상공에서 하노이까지 인터뷰 장면
강원채 야전사령관과 필자

나트랑에 근무하고 있는 동안 바닷가의 모래사장은 쓰레기로 뒤덮여 자연경관이 형편없었다. AIV(첩보부대) 대원과 사령부 부대원들이 대령의 지휘하에 연결된 길과 해변을 깨끗하게 청소했다. 그러나 베트남 사람들은 청소를 하지 않았다. 아름다운 자연을 관리하지 않고 있는 것을 보고 베트남은 망할 수밖에 없구나 생각했다고 한다. 지도자와 국민성이 돼먹지 못했다는 것이다.

우리 대한민국도 세계화 정책이라 하는데 무엇보다도 애국을 한다는 것은 자기 임무에 충실하므로 가능한 것이다. 내 임무에 충실하려면 정직, 근면, 성실성을 가져야 한다. 가정에서도 후배들에게도 진심으로 바라는 바다. KBS 뉴스 첫마디를 아나운서가 영어로 시작하는 경우가 많은데 그것은 세계화가 아니다. 베트남 사람들이 프랑스 유학을 다녀와 지도층에 머물면서 자기 나라의 혼을 무시하고 업신여기고 남의 것, 남의 문화만 자랑 삼아 이야기하는 것은 긴 역사에서 보면 예속의 길을 가고 있는 것이다. 영어로 간부회의를 한다는 것도 문제가 있는 것이다. 세계화는 자기 철학과 전통과 역사관, 가치를 영어로 세계에 알려서 영역을 넓히는 것이지 자기 존재가치가 빠지면 예속에 불과하다. 세계화를 너무 크게 생각할 필요는 없다. 작은 일에 충실하고 세금 잘 내고 자녀들 공부 잘 시켜 능력 있는 인재를 만드는 것이 무엇보다 중요하다.

군 사병이나 간부들에게 멋진 군인, 멋진 백성이 되는 것은 제도의 현대화와 반복교육을 통한 숙달 문제이며 내무 생활에서는 형제애로 서로 사랑하는 것이 전투력을 강화하는 것이다. 또한 훌륭한 일등병을 기르는 것은 장군을 장군답게 하는 첩경이다. 일등병이 무너지면 장군의 권위는 땅에 떨어지고 만다. 그러므로 혹한과 혹서에 교육을 피하는 것은 틀린 생각이다. 어려움을 극복해야 한다. 과잉보호가 사랑하는 것은 결코 아니다. 이런 신념으로 군 생활을 시작했고 끝을 맺었다.

강원채 사령관은 1947년 7월 1일에서 1975년 1월 31일까지 약 28년 동안 나라를 지키는 일을 했다. 6.25 때는 동두천에서 1연대 소속으로 대대장을 역임하고 있었다. 그때는 1연대가 수도사단이 아니고 7사단 소속이었다. 북한군에 밀려 철수하면서 맹호사단으로 소속이 바뀌었다. 초전에 적으로부터 당해 병력 손실이 많았다.

수도사단(맹호사단)은 1연대, 17연대, 19연대로 편성되었다. 1948년부터 우리나라 국군에 처음으로 사단이 생긴 것이다. 1946년 1월 15일에 국방군이 탄생할 때는 연대만 있었다. 강원채 사령관이 1948년 4월 소위로 임관할 때 1연대가 한국군의 모체였다.

서울 한남동에 수도경비 사령부가 창설되었다. 육군의 변천 과정은 17연대, 18연대, 기갑연대가 태어나면서 전쟁을 치렀다. 기갑연대는 창설 당시에는 기마병이 타는 말과 고무바퀴 있는 장갑차가 있다고 해서 기갑연대가 된 것이다.

6.25 이후 반격할 때 동해안으로 북진하면서 1연대, 17연대, 18연대가 이름을 날리기 시작했다. 강원채 사령관도 6.25 전쟁 당시 엉덩이와 팔에 적의 포 사격과 사격에 의해 부상당했다. 경북 안강전투에서였다. 맹호1연대에서 임관해 소대장, 중대장, 대대장을 했다. 휴전 직후에는 육군대학 4개월짜리가 1953년도 개설되었다. 그는 "이때 최덕신 등과 함께 다녔는데 최덕신은 정신 나간 사람이다. 최덕신은 북한에 들어갔다."고 개탄했다.

언제나 백성들은 힘의 강도에 따라 좌우된다. 한국 좌경 학생들에게는 공산 통일된 베트남이 어떤 곳인가 보는 것이 좋은 교육이 될 것이다. 강원채 소장은 북한이 고향인데 공산당 밑에서 살 수 없으니 이북에서 월남했다. 이북에서 6.25 때 500만이 남하하므로 북한은 텅 비어버리고 그래서 남한의 인구가 폭발적으로 증가했다.

분단국가였던 베트남과 독일은 통일되었으나 오랜 세월이 지났어도 한반도만 통일이 안 되었으니 앞으로 통일정책을 잘 세워야 한다. 이제 통일정책을 세울 때 이북 출신 인사를 통일부 총리로 세워서 통일의 절실함을 해결해야 한다. 그리고 이북 5도민에 장관이 있어야 하고 국회의원도 나와야 하는데, 전국구도 42번으로 당선 가능성이 없는 순번에 놓고 대한민국의 정치적 정책방향을 큰 틀에서 잡고 민심을 조정해야 한다.

영남과 호남의 색깔로 새로 패권을 잡는 현상을 넘는 대역사를 새로 쓸 수 있는 통일정책이 필요하다. 지방자치를 한다고 지역을 분할시키고 조그마한 나라를 산산조각내어 정치인들에게 놀아나는 민심이 되어서는 안 된다.

하롱베이에서 강원채 사령관과의 한때

베트남 하늘을 날면서 강원채 전 사령관은 베트남을 보면서 조국의 앞날을 걱정하고 있었다. 베트남도 유구한 역사 노정 속에 1천 년을 중국이라는 외세에 시달리고 살아왔다. 근대사에서는 프랑스 70년, 미국 25년의 100년간의 외세 통치에 신물이 날 정도였다. 사이공 사람들의 70%가 불만을 품고 있었다.

프랑스 통치 시절에 남북 베트남에 풍요한 평야의 농토를 바둑판같이 경지정리를 하고 마을마다 교회를 세워 민중 속으로 파고들었으나 종교로서는 한계가 있었다. 베트남은 좋은 자연조건의 풍요로운 천혜의 자원과 혜택이 있으나 사람들의 국민성이 게으르다. 먹고사는 데 어려움이 없으니 머리를 쓰지 않고 그렇게 살다 보니 단결이 안 되었다. 이런 사회적 여건에서는 탁월한 리더가 있어야 지역주민들을 단합해 선도해나갈 수가 있다. 베트남 사람들의 이야기는 남의 이야기가 아니라 곧 박정희 이후의 우리나라의 이야기다.

한국 속담에 "사촌이 논을 사면 배가 아프다", "제가 먹인 개에게 발 물린다", "한국 사람 세 명만 모이면 당이 네 개가 생긴다"라고 한다.

이처럼 단합하고 서로 돕는 협동심이 없었다. 수백 년 전부터 믿는 도끼에 발등 찍힌다는 말이 전해 내려온 것을 보면 우리 국민성이 이러한 문제점을 극복해야 한다는 것을 군에 있을 때 늘 강조했다. 선조님들께서 일찍부터 이러한 교훈을 주었는데도 문제를 반복하고 답습하고 있다.

일본인들이 우리나라를 침략해 40년간을 지배한 것은 정말 수치다. 그들보다 머리도 좋고 예절과 풍습도 훌륭해 부족한 것이 없는데 왜 그런 일을 겪었는가를 깊이 깨달아야 한다. 한국 사람 한 사람과 일본 사람 한 사람이 대결하면 절대로 일본 사람이 한국 사람을 못 이긴다. 그런데 한국 사람 두 사람과 일본 사람 한 사람이 싸우면 일본인이 이긴다. 한국 사람 3명이면 일본 사람 1명이 더 잘 이긴다는 것이다.

대한민국 국민성을 고치는 방법이 있다면, 첫째로 모든 잘못은 조상 탓이 아니라 내 탓이라 생각하고 자기 임무에 충실해야 한다. 자기 임무란 게으르지 않고 정직, 근면, 성실해야 하는 것이다. 진리는 내 마음속에 있고 생각 속에 행동이 있는 것이다.

둘째, 우리나라에는 이제 좋은 지도자가 나와야 한다. 도산 안창호 같이 자기 욕심 없이 나라를 위해 교육을 시켜야 한다. 안창호 선생은 유기 공장에서 일을 하다가 신학 공부를 하고 글을 가르쳤다. 또 이승훈 선생은 평양의 오산학교를 설립했다. 후진을 위해 교육을 하기 위해서도 그 학교 출신들이 독립운동을 하고 많은 지도자가 배출되었다. 그 뒤 조만식 선생이 오산학교 교장을 역임하셨다. 춘원 이광수 선생, 김소월, 백병원 설립자 백남준 박사도 모두 오산학교 출신들이다.

셋째, 훌륭한 지도자와 백성이 탄생하기 위해서는 교육을 통해서 역사적 문제점을 해결해나가는 것이 최선이며, 그로써 위대한 대한민국이 세계사에 빛을 밝힐 것이다.

인터뷰를 하는 동안 기내 방송에서는 하노이 상공이라면서 안내를 하고 있었다.

사람 자리만 뒤바뀐 베트남전쟁, 엘리트의 사회적 책임

안케작전에서 최후의 고지를 점령한 것은 수색중대 소총병과 소대장 4중대의 소대장과 소총병들이다. 그러나 고지를 점령하기까지는 수많은 전력이 뒷받침되었다.

작전지역까지 헬기를 타고 이동을 한 것은 미군 조종사들이었고, 세계적으로 재래식 155mm, 105mm 포병과 60m 무반동포, 4.2인치 박격포, 당시만 해도 휴대용 최신무기였던 M72 대전차포 크레모아, 자기 존재를 알릴 수 있는 타식 P25 무전기와 장갑차, 건십, 헬기, 화염방사기 등이 우리가 활용한 무기들이다.

중대마다 배치된 포병장교와 위생병, 보급물자를 수송하는 수송병들이 하나같이 그 역할을 다함으로써 가능했다. 솔직한 심정으로 작전은 명령과 지휘계통을 통해서 이루어지므로 군에서의 계급이 어느 면에서는 대체적으로 계급 노릇을 했다.

어느 작전보다도 소대장들이 희생이 컸던 것이 사실이다. 사병보다는 하사관이, 하사관보다는 장교들이 책임을 크게 지다 보니 그 역할도 컸다. 하지만 군대의 꽃과 열매는 결과적으로 소총병들이다. 결국은 소총병이 점령해야 했다. 군에서 내가 소총병의 신분이 아니었더라면 치열한 전장상황을 알 수도 없었을 것이다. 소총병 3개월 기간에 행정병이 30년을 근무해도 모를 수많은 인간 심리를 알게 되었다.

2009년부터 2011년 초반까지 두 아들이 한꺼번에 군에 입대했다. 한 아들은 지방대를, 한 아들은 SKY대의 엘리트 학교에 다니다가 군

입대를 했다. 경기도 수도군단 후방에 근무하는 아들은 최전방 포병대대에서 근무하는 형을 매우 존경했다. 하나는 경기도에서, 하나는 강원도 최전방에서 군무를 하고 있을 때 천안함 사건과 연평도 포격사건이 벌어졌다. 노심초사의 심정으로 두 아들이 무사히 군 생활을 마치기를 빌었다.

이들이 고생하며 헌신하므로 한 가정에서도 155마일 최전방을 지키는 근무자들을 존경과 사랑의 대상으로 삼고 그 가치관을 확실하게 확립해야 한다. 선진국에서는 엘리트 출신들이 본연의 역할을 함으로써 존경과 사랑의 대상(對象)이 되고 있다. 엘리트 집단이 사회적 역할을 못 함으로써 그 집단이 스스로 무너지는 것은 참으로 안타까운 일이다.

안케작전에서는 희생이 상상 외로 컸던 만큼 이세호 주월사령관, 정득만 맹호사단장, 그리고 박정희 대통령과 미국의 닉슨 대통령으로부터 희생된 수많은 전우들을 위한 포상이 이루어졌다. 임동춘 소대장에게는 미동성훈장이 주어졌다. 그리고 군인의 명예인 태극무공훈장이 수여되었다. 어떻게 보면 적 정보에 대한 정확한 상황을 제공하지 못한 책임을 훈장으로 보상하려 한 것인지도 모른다.

훈장을 받았다고 자랑스럽게 여긴 포상자들도 없었고 교만한 자도 없었다. 모두가 그러한 훈장을 담담하게 받아들였다. 훈장을 못 받은 맹호전우들 중에서도 오히려 더 잘 견디고 싸우고 용맹스런 병사가 많은 것이 사실이다. 이들은 한결같이 훈장을 못 받았다고 누구를 원망하거나 비판하지도 않았다. 다만 다시는 그토록 치열한 전쟁은 지구상에서 없어져 영원한 평화가 오길 바랄 뿐이다.

안케작전에서 보여준 교훈같이 적에 대해 서로 다른 상상으로 너무 작게 보거나 너무 크게 보거나 과소평가를 하면 결과적으로 큰 피해를 볼 수 있다. 우리는 북한은 쌀이 부족한 가난한 나라라고 상상하면서 북한군을 얕볼 수 있다. 그러나 그들은 분명 소총병이 강할 것 같다. 월맹 정규군같이 월맹군과 월남의 경제적 차이만큼 비교될 수 있는 오늘날의 남북한 차이라고 생각된다.

민주주의란 이름으로 다양한 목소리를 내면서 자기들이 뽑아놓은 지도자를 흔들어대면서 혼란을 가중시켰던 월남 사람들은, 종교인과 학생들까지 자기들의 몫을 주장하면서 민족해방전선이란 VC들의 교란작전에 영합하거나 야합하면서 누구를 믿고 따라야 사는 길인가를 모르면서 투쟁을 일삼았다.

어느 심리학 교수는 남녀의 사랑에 대해 남성은 열정적 상상에 질투심이 강하고 관계를 거절하면 정서적 사랑이 없는 것으로 판단하며, 여성은 다른 여성과 정서적 애정을 가졌다는 상상에 많은 질투를 하며 여성은 남성이 정서적인 교류를 거절하면 성적인 거절로 받아들인다고 했다. 그러니까 남성은 목적 지향적이고 여성은 과정 지향적이라고 생각할 수 있다.

지금 베트남은 지정학적 통일을 이루었다. 철천지원수로 규정하고 싸운 미국과 프랑스와 가까운 자들은 무조건 간첩으로 규정하고 숙청하던 그들이 미국을 손짓하고 프랑스를 손짓하면서 불러들이고 있다.

티우 정권과 디엠 정권을 지원하던 미국과 싸웠던 월맹은 지정학적 통일을 하기 위해 남북 월남의 수많은 자국민을 희생시킨 것이다.

결과적으로 통일이 된 현재 17도선 남북의 감정은 깊은 심정의 숲속으로 잠복해 있다. 긴 역사를 보면 무력으로 소련제 탱크를 앞세우고 월남의 사이공 대통령궁을 점령한 점령자들은, 하노이의 악센트 강한 세력들이 무법천지에서 총을 들이대면서 사이공의 엘리트들을 미국으로 몰아내거나 농촌으로 몰아내었다.

그들은 월남 패망 당시 중령과 대령들을 시클러 운전사로 전락시키면서 쾌감을 느꼈을 것이다. 그러나 결국은 전통적인 엘리트 지도층과 지방유지와 토속세력들을 몰아내고 자리바꿈 외에는 아무것도 해낸 것이 없다. 남쪽 꽁까이들은 북쪽 악센트 강한 남성들에게 시집가기를 거부하는 사이공 대학생들을 모를 것이다.

지금 옛 자유 월남 정부 시절을 그리워하면서 잔디와 바랭이 밭에 쑥이 들어와 쑥대밭이 된 베트남에는, 본연의 사회적 직위와 위치를 찾아가기 위한 숲의 천이과정같이 키 작은 관목인 싸리나무와 찔레나무가 쑥밭에 유기물을 흡수하면서 자리를 잡을 것이다. 찔레나무와 싸리나무밭에도 소나무 씨가 쌓인 유기물을 먹으면서 키로 싸리나무를 제압하고 소나무밭이 될 것이다.

요즘 한반도에는 이상기온으로 5천 년 동안 우리 민족의 정서와 함께한 소나무가 자꾸만 북상하고 있다고 한다. 소나무가 오랜 세월 지키던 자리에 잎이 넓은 참나무의 여섯 종류가 넓은 잎을 펄럭이면서 삼천리 금수강산을 지배해가고 있다.

숲속에는 수많은 질서와 경쟁이 끊임없이 전개되고 있다. 숲을 보면서 많은 사람들은 큰 나무 밑에 작은 나무는 덕을 보는 것이 아니라 피해를 본다고 한다. 그러나 인간은 숲과 달리 수많은 엘리트들이 문화를 창조하고 해산하면서 엘리트들의 희생과 헌신으로 만들어진 그늘에서 시원하게 여름을 지낼 수 있다.

엘리트들과 가진 자들이 사회적 존경과 사랑을 받을 때 그때 비로소 우리가 바라는 세상이 태어나는 것 아닐까? 로마가 천 년을 지탱케 한 힘은 노블레스 오블리주의 철학으로 규정하고 있다. 가진 자와 엘리트의 사회적 책임 말이다.

베트남에서 오랜 세월 전쟁을 해 얻어진 소득은 노동자 농민들의 가슴에 불을 지르고 호의호식하는 사회지도층의 부패한 존재와 그들을 추종하는 세력을 몰아낸 것뿐이다. 그들을 몰아낸 후 청렴했던 혁명군들이 부패했던 자유 월남 정부 관리보다 더 부패해 있다는 사실은 무엇을 뜻하는지 생각해볼 문제다.

스스로 해결하면 간단한 문제에 호찌민과 보응우옌잡은 중국과 소련을 끌어들이고, 자유 월남은 미국과 한국과 7개국의 연합군을 끌어들였다. 결과적으로 베트남 국토에 남긴 상처와 수천만 월남 사람들의 땀과 눈물, 피맺힌 한만 깊은 상처로 남아 잠복한 가운데 세월이 흐르고 있다.

앞으로 세계는 인간의 존엄성과 잠재력과 가능성을 통해 인간 본연의 존재가치를 실현할 이념과 사상에 의해 문화가 창조될 것이다. 지구촌은 하나의 형제로 형성되는 사회로 끊임없이 발전해 가는 과정에 있다.

구찌 땅굴

하노이에서 호찌민시에 내려와보니 시내 곳곳이 길거리마다 시민들로 가득 채워졌다. 우리가 타고 다닌 20인승 소형 버스의 라디에이터가 사단장님 바로 뒤의 좌석에서 폭발했다. 날씨가 너무 무더워 계속 냉방장치를 가동하다 보니 그런 것 같았다.

차가 폭발하는 줄 알고 모두 놀라서 차에서 내렸다. 아무 일 없이 여행했는데 치열했던 옛 상황을 체험하는 계기로 삼고 모두들 침착하게 대처하고 차를 수리한 후 구찌 땅굴로 향하고 있었다.

구찌 땅굴은 사이공 서쪽 75km 거리에 평야부의 정글 속에 있었다. 구찌 땅굴은 1942년에 파기 시작해 약 20년간 250km 길이로 2중

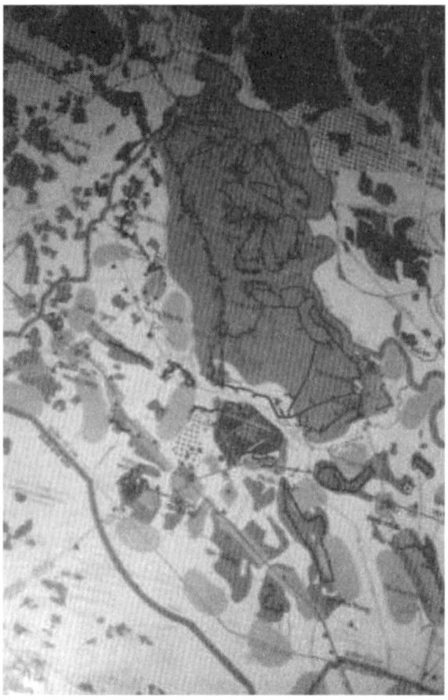

구찌 땅굴 모형도

3중으로 개미집같이 파놓았다. 이 땅굴을 1965년 베트남전이 격화되기 시작할 때부터 1975년 적화될 때까지 활용했다.

구찌 땅굴 옆에는 미군 25사단이 있었으나 그들은 그 정도의 규모와 길이로 구축되었다는 것을 전혀 알지 못했고, 땅굴은 미 25사단 지하까지 파고 들어갔다.

구찌 땅굴 옆에는 사이공강 물줄기가 장사진을 치며 굽이치며 흘러가고 있었고 구찌 땅굴 주변에는 물소들이 풀을 뜯어먹고 있는 한가로운 농촌 풍경이 있었다.

사이공에서 구찌 땅굴로 가는 도로는 수많은 인파가 오고가면서 삶을 지탱하고 있었는데, 그러한 평화로운 농촌 속에 그들의 군사적 요충지가 있었다는 사실이 놀라웠다.

도로 주변에는 통일 20주년을 기념하기 위해 공산 베트남기의 물결이 바람에 휘날리며 펄럭였다. 베트남 전적지 방문 기간 중에 비가 쏟아지는데 라이따이한 출신인 송 군은 하나님이 감동해 비가 내린다며 옛 맹호사령부 전승 기념 행사가 축복으로 마무리되는 것을 감사했다.

송 군은 한국인의 혈통이 흐르며 심정과 감정이 통했다. 그는 사이공 주변의 좋은 집을 가리키며 좋은 집은 거의 모두 북쪽 사람 것이 되었고 정부 관리의 것이 되었다고 했다. 혁명정부의 그들 나름대로의

구찌 땅굴 속 상황실에서
필자, 정득만 사단장, 강원채 부사령관 등 일행

정책과 원칙을 만들어 모두 빼앗아간 것이다. 적화통일 이후 달라진 것이라곤 좋은 집의 주인이 바뀌고 사이공 지방 세력의 추방과 교체로 인해 모두 다 한결같이 가난해졌다는 사실과, 하노이 출신들이 대량으로 남하해 사이공의 살기 좋은 것들을 점령한 것이었다.

4월 30일 밤 6시가 되었다. 야간이라 약간은 시원하긴 해도 또 소낙비가 와서 열기를 식혔지만 적도 10도 위치에 있는 사이공의 열기는 변함이 없었다.

마지막 밤에는 자유 월남의 대통령궁을 거쳐 사이공강 주변의 아름다운 야경을 보면서 선상의 유람선에 일행이 올라갔다. 일반 사이공 시민들은 돈이 없어 올 수 없고 교체된 지배세력들이 유람선 상으로 식사를 하러 온다. 그리고 회사를 운영하는 사장과 미국에서 돈을 벌어 돌아온 사람과 그의 가족, 정부 고위관리들이 있다. 우리 일행의 옆 테

이블에는 베트남 꽁까이와 태국 사람들 7~8명이 앉아있었다.

우리를 8일간 안내하면서 그동안 살아온 경험으로 쑥대밭이 되어 있는 거친 세상 속에서 그 누구에게도 말할 수 없는 이야기를 하고 싶은 혈통을 만난 송 군은 호찌민대 경제과 4학년에 재학 중이었다.

그는 나에게 자기가 살고 있는 주소를 손수 정성스럽게 써주었다. 주소를 주고받는 것은 작별이 가까워지고 있다는 사실을 알렸다.

저녁 6시 35분의 선상에는 한국인을 알아본 악대가 벤드 블루스로 아리랑을 불러주었는데 공산화된 사이공에서의 아리랑의 선율은 감동이었다. 포병사령관 정해관 님은 그들에게 팁을 주면서 아이들같이 기뻐했다. 그것은 우리나라를 인정해주는 상대에 대한 존중의 표시 때문인 것 같았다. 인간은 삶의 무대에서 자기의 존재를 알아주고 믿어주는 사람들을 좋아하게 된다. 모두가 선상의 악단들에게 팁을 주었다. 팁을 주어 계획에 없던 한국 가요가 오랫동안 연주되어 참 좋았다. 분위기는 무르익어갔다.

베트남에서 사업을 하는 김 사장은 현재 수상은 로벤키엣이 실권자로 있는데 공산 베트남의 현재 관공서의 부정은 포화상태에 있으며 국권보다는 사적인 통과료가 없으면 절대 되는 일도 없고 또 돈만 있으면 안 되는 일도 없다고 했다. 선상의 배도 물론 열성당원의 것이다.

보고자에 의해 거의 모든 것이 조작되고 허위보고가 된다. 특히 돈 문제에 관해서다. 선상의 요금은 1인 10불인데 따지지 않으면 베트남 사람들은 바가지를 씌운다며, 김 사장은 그간의 경험을 토대로 사이공의 현재 불쾌지수를 말해주었다.

사이공강 깊숙한 곳까지 유람하면서 강물 속에 수많은 가로등의 불빛이 조화를 이루어 야자수 나무와 어우러진 풍경은 역시 동양의 하와이답게 지상낙원이 아닌가 착각할 정도였다. 서로가 서로를 사랑하

가득 찬 호찌민 시민들의 인파(혁명 20주년)

는 마음만으로 돌아온다면 열대의 해변 선상의 밤은 서늘하며 시원하고 행복한 시간이 된다.

2시간 정도의 선상의 유람을 마치고 8시 20분경에 귀국길에 오르기 위해 탄손누트 공항으로 출발했다. 사이공 시청 앞 호찌민 동상이 있는 광장은 한마디로 인산인해를 이루었다. TV나 문화시설이 없다 보니 엄청난 인파로 인해 현기증이 날 정도로 길거리가 사람으로 가득 차 버렸다.

정권의 계속성과 정권의 강화를 위해 적화통일 20주년을 활용하는 것 같아 그 조잡한 민속놀이를 보려고 몰려든 사람들은 자기도 모르는 사이에 세뇌되어가고 있었다. 통일 기념보다는 구경거리로 만들어 민심을 착각하게 하는 것 같았다. 인파에 싸여 우리 차량은 얼마 동안 조금도 움직일 수가 없었다.

하노이에 있는 전쟁박물관

예비역이 된 옛 맹호사단장님과 함께 우리 전우들이 조국의 이름으로 님이 되어 파병되어 함께 흘린 피와 땀과 눈물의 이야기가 담긴 진실한 삶의 이야기가 있는 베트남 전역의 옛 부대를 거의 빠짐없이 돌아보았다. 특히 안케패스와 638고지에 다시 정복해 정상에서 내려다본 굽이친 7.5km 안케통로를 보는 순간 온몸에서는 전율을 느끼면서 머리는 텅 비어버렸다. 하노이에서는 전혀 볼 수 없는 행사를 왜 옛 사이공에서만 하는지를 조금은 알 것 같다.

사람은 자기가 아는 만큼만 보인다고 한다. 전장의 현장을 잘 알지 못하는 구경꾼들이 수많은 피와 땀과 눈물의 대가를 지불하고 승리한 안케작전을 제대로 알았으면 좋겠다.

정득만 사단장도 희생된 부하들의 아픔과 아우성과 최후의 몸부림을 고통스러워하면서 부모의 심정으로 괴로워하시면서 22년 만에 현장을 오신 것이다. 자나 깨나 638고지에 그의 마음이 머물렀다. 사단장의 직무를 수행하기 위해서 죽을 수밖에 없는 적진으로 가도록 부하들에게 명령하지 않으면 안 되었던 강인한 군인정신은 지도자로서 냉정하지 않으면 안 되었다.

오바마가 우리를 분열시키는 힘은 우리를 단결시키는 힘보다 강하지 않다고 말한 것이 떠오른다. 목숨 걸고 임무를 수행한 주인공들을 분열시키는 힘보다 안케작전과 수많은 크고 작은 작전을 수행한 한국군의 힘이 강했다는 것은 이미 세계가 인정했다. 온 국민이 그 노고에 대해 너무나 잘 알고 있다. 그래서 작전에 참전해 가장 어려운 곳만을 택해 출동했던 소총병이 그러한 진실의 발자취를 보고하는 것이다.

지정학적 통일: 가슴은 적개심으로 분단된 베트남

안케패스 638고지를 탈환한 지 만 19년 만에 정득만 사단장님과 최종관 26연대장, 강원채 야전사령관, 기갑연대장 박재룡 대령, 정원혁 부사단장, 정해관 포병사령관, 최승철 3대대장, 강수천, 이상봉 대령, 정동익 이포병 대대장, 유인호 병참참모, 김홍태 군종참모, 염중섭(군종부), 김병호 씨(월남어 통역), 필자가 다시 찾아갔다.

적화된 베트남은 악센트 강한 북쪽 하노이 사람들이 남베트남을 군사적으로만이 아니라 모든 면에서 점령해 정치, 경제, 문화, 언론 등 사회 전반적인 통제를 시작했다.

그들의 강압은 식민지를 연상시켜 따뜻한 동포애에 입각한 가슴으로의 통일이 아니라는 것을 피부로 느끼게 했다.

먼저 미국과 프랑스에서 공부를 하고 돌아온 엘리트들을 숙청하고 월남군에서 대위 이하 계급으로 복무한 경력자들은 집단 수용해 교화함으로써 면죄부를 주어 그들의 체제에 순응하도록 세뇌했다. 그 이상의 계급을 달고 사회 지도층으로 있던 베트남에 남아있던 장교들은 10년에서 15년까지 정신교육을 시켜 무조건 감옥에 보내고, 대령 이상은 모두 처형하거나 베트남 밖으로 쫓아내버렸고, 군 장교 출신은 형무소에서 3년 이상 감옥살이를 하게 하고 재교육시켜 농사꾼으로 몰아냈다. 조각배를 타고 베트남을 탈출하던 수많은 사람들은 공산주의 이념과 가치관으로 볼 때 부르주아 계급으로 숙청의 대상이 되었다.

공산 베트남에 입국할 때 우리는 어떠한 경우라도 맹호 요원이란 사실을 밝히지 말 것을 지시받았다.

외국 유학파와 영어, 불어를 하는 엘리트를 모두 숙청해 관광지에서 안내하는 안내양은 영어를 전혀 할 줄도 모르고 들을 줄도 모르고 있어 관광객들이 얼마나 답답한지 한심하기까지 했다. 엘리트가 아니면서 외국어를 할 줄 아는 사람도 숙청 대상이었다. 이들은 주로 이발소나 식당 등 농촌으로 모두 쫓아내어 사이공(호찌민 시) 600만 시민이 될 수 없었다.

적화가 되면서 남부 베트남 사람들에게는 일대 혼란이 벌어졌다. 머슴이 삽과 낫을 가지고 주인의 모든 것을 빼앗아갔다. 세상이 뒤집어져 주객이 전도되었다.

베트남 관리들의 월급은 교수 50불, 공무원 15~20불, 육사교장 100불, 노동자 하층 30~40불, 상층 50~100불, 외국인 회사 근무자 200~500불, 4성 장군이 100불, 4성 장군도 봉급이 작아 배고픈 실정이었다. 오죽하면 적화된 이후로 공무원들은 부패할 대로 부패해서 조그마한 서류 하나를 떼더라도 돈 봉투가 들어가야 통과된다.

이렇듯 지정학적 통일이 진정한 의미의 통일은 아니다. 남북으로 분단되었어도 서로 존중하고 같은 역사와 전통과 문화를 서로 경제적으로 교류하고 발전했으면 통일보다 더 좋게 민족감정의 상처 없이 이상적 관계가 될 수 있을 것이다. 통일 과정에서 희생된 수백만 사람들은 사실 외세가 개입한 프랑스나 미군에 의한 희생은 극히 적었다. 자기들끼리 편을 가르며 미국인과 연관만 있으면 외세와 결탁한 간첩으로 규정하고 인민 심판하는 분위기였다.

호찌민(사이공) 사람들이 가장 싫어하는 사람은 북베트남 사람들이다. 산속에서 혁명만 하다가 초등학교도 제대로 못 나온 북쪽 사람들이 지서장, 면장까지 통제를 했다. 우리 대한민국도 6.25 이후 연좌제니 하면서 상대를 제압하기 위해 공산집권 3개월 동안 부역을 했느니 안 했느니, 일본과 가까웠느니 친일파니 하면서 못난 자식들이 편을 갈라 끊임없는 갈등을 만들어내는 것과 같았다.

사단장님과 당시 참모들, 그리고 수색병으로 여행을 동참한 나는 베트남 통일 20주년 행사를 옛 사이공 시내에서 볼 수 있었다. 길거리마다 붉은 별이 그려져 있는 현수막이 여기저기 걸려있어 축제 분위기를 연출했다. 수많은 관중들이 길거리에 쏟아져 나와 시내로 이동하는 10분이면 갈 거리가 1시간 넘게 걸렸다.

사이공 시내는 남루한 거리로 어두웠고 가로등도 거의 없었다. 밤이 되면 불야성을 이루던 통일 전 사이공은 보이지 않고 거지로 평균화되어 미국을 전쟁에서 이겼다는 자존심에 취해 있었다.

혁명군 창설자이자 안케패스 작전 당시 12개 전 사단을 동원해 1972년 총공세를 감행한 보응우옌잡은 김태영 감독과의 인터뷰에서 우리는 서로 존중되고 존경하는 가운데 한국과 미국과 세계 어느 나라와의 교류를 원한다고 했다. 그는 어떠한 외세도 타협하지 않고 몰아내겠다는 강한 민족주의였으나 부총리가 되어 나라를 다스려보니 국제관계가 얼마나 중요한가를 이제야 알게 되었다.

베트남 대령 이상은 무조건 미국으로 몰아냈던 그가 1989년 도이모이 개방정책을 시행할 때 베트남을 탈출해 미국으로 망명했던 그 사람들의 투자를 끌어들이기 위해 몸부림치는 아이러니한 역사 현실은 어떻게 설명해야 할까? 결국 그들이 고국에 돌아와 나라를 재건하기 시작해 발전의 기틀이 되고 있다.

옛 남베트남 사람들은 치욕적인 정권 교체 과정을 보면서 공산당에 맺힌 한으로 영원히 지울 수 없는 상처를 각인해놓고, 그래도 풍요로웠던 통일 전 베트남을 그리워하고 있다. 통일을 이루어 사회 통합을 도모하기 위해 별별 정책을 다 써봐도 백약이 무효다.

베트남도 북쪽 하노이 사람들과 사이공 사람들의 언어가 다르다. 북쪽 사람들은 악센트가 강하며 강기가 있고, 남쪽 사람들은 부드럽다. 말의 악센트를 보면 어느 지역 사람인가를 금방 알 수 있다. 말의 악센트만 강해도 싫어할 정도의 사이공 사람들은 북쪽을 매우 싫어할 뿐만 아니라 혼인도 하지 않는다.

한편 한국인 2세인 라이따이한은 1,500명이나 2천여 명으로 추정하나 대부분 군인의 아이들은 없고 주로 민간인의 아이들이다. 혹시 군인의 자녀가 있다면 당시 부대에서 외부로 나갈 수 있는 물차 운전병이나 하사관 방첩대 등에서 근무하면서 대민 접촉을 한 일부 군인들의 자녀이다.

기갑연대 수색중대 3소대에 근무할 때 2소대 선임하사가 베트남 꽁까이와 사랑하며 아기까지 낳고 눈물을 흘리면서 귀국하는 것을 보았다. 당시 연대 수색중대는 번개부대 위병소 초소 근무를 했고 연대 앞 8번 교량 근무를 하기 때문에 민간인 접촉이 빈번했기에 가능했다. 라이따이한들은 신분을 숨기며 살아가고 있었다. 민족주의에 충만한 그들은 외세 침략에 대한 일종의 거부감과 경계심이 남아있었다.

한국 정부는 라이따이한을 어떻게 보면 방치하고 있지만 미국은 미국 사람을 조금만 닮았어도 모두 데리고 갔다. 선진국으로서 자국민뿐만 아니라 국적의 혈통까지도 사랑하는 그 정도의 여유가 부러웠다.

정득만 사단장님은 전역 후에 관광공사 사장을 역임하셨다. 인간 정득만은 조국의 명령에 파월해 12개 사단이 총공격을 감행해온 당시의 급박한 상황 속에 안케작전을 지휘하면서 스스로 고립지역에 들어가 위험을 감수하면서 사병과 생사고락을 함께했다.

안케패스의 중부고원의 젖줄이자 병참선이 차단됨으로써 풍전등화 속의 베트남의 자유와 평화를 지키기 위해 사랑하는 조국의 아들들은 적진으로 누군가의 생명을 던져야 했다. 그러한 고뇌의 사단장은 독실한 기독교 장로이면서 인간의 존엄성과 생명의 존귀함을 알기 때문에 괴로워했다.

군 작전이란 적은 희생은 분명히 감수해야 한다. 그러나 생각보다 희생이 컸던 부하들의 희생을 놓고 대외적으로 수없는 비판을 받았다. 손수건을 흔들며 투항하는 베트남군과 막강한 야표 등을 유기한 채 도망가는 상황에서 피아 간 아비규환의 수라장 속에 아우성치면서 몸부림치던 부하들의 음성은 인간 정득만을 괴롭혔다.

결국 월남군과 연합군이 계속 패전하고 몰리는 가운데 최초의 승리를 거두어 베트남이 다시 두 동강 나는 것을 막고 새로운 전기를 마련해준 안케작전의 핵심 638고지에 대한 연민도 대단했다.

돌아가시기 전에 한국군이 피 흘린, 즉 부하들의 피가 얼룩진 638고지를 가보는 것이 사단장의 유일한 꿈이었다. 나이는 노령으로 접어들어 그 꿈을 이루기 힘든 정치적 상황에서 베트남의 도이모이 정책으로 개방이 시작되어 사단장님의 유일한 마지막 꿈을 이룰 수 있는 기회가 온 것이다.

그는 638고지에 가기 위해 출발하기 3개월 전부터 매일 1만 보씩 걸었다는 것이다. 26연대장 최종관 대령과 강수천 2대장은 사단장님에 대한 여행준비 과정을 말해주었다. 강원채 부사령관은 안케패스 정상에 세워진 전승비 앞에 차량 속에서 계시고 사단장님과 당시 수색병인 필자가 가장 먼저 험난한 638고지에 올라갔다.

한국군 전승 기념탑 등 베트남 전역에 세워진 상징물들은 모두 폭파해버리고 638고지에 세워진 기념비는 그대로 건재하고 있었다. 감격스러웠다.

사단장님은 당시 수색병이던 필자와 더불어 이미 폐허가 돼 있는 600고지 1중대 OP를 찾아갔다. 아직도 전쟁의 상처가 그대로 남아있는 부하들이 사용했던 구멍 뚫린 철모와 군장들이 뒹굴고 있었다. 당시 베트남의 보안요원들이 우리의 일거일동을 관찰하며 따라다녔다. 그들은 사진을 찍지 못하게 했다.

당시 월맹군 3사단 12연대 특수요원으로 참전해 한국군과 싸운 구엔트린 리우 중좌는 〈베트남전쟁 그 후 17년〉 다큐멘터리(1993년 KBS 방송)에서 이렇게 증언했다.

"위에서는 헬기로 공격하고 한국군의 포 사격과 아래서는 한국군이 마대에 흙을 넣어 방벽을 만들며 공격하고 시체 썩는 냄새가 일주일동안 계속됐다."

그는 작전에 패배했지만 한국군을 오랜 시간 저지하면서 공훈을 세웠기에 사병이 장교가 되어 베트남군 중좌로 진급해 있었다. 그는 한국군의 용맹성에 더 이상 버틸 수 없어 후퇴해 살아남았지만 무서운 따이한 맹호 용사들의 투혼을 기억했다.

수색병인 나는 당시의 월맹군 안케작전에 투입된 자들의 정신이 부러웠을 정도다. 사단장님과 600고지와 638고지를 방문해 22년 만에

구엔트린 리우 중좌(안케패스 작전 참전 월맹군 장교)

다시 찾은 안케는 평시에는 이무 쓸모 없는 산악지대 고지에 불과했지만 중부고원지대의 전략적 요충지라는 사실이다.

2010년 11월 23일 우리는 적으로부터 연평도를 포격당했다. 온 나라가 침통한 표정으로 놀란 가슴을 진정시키면서 다시는 이런 일이 없어야 한다면서 걱정만 하고 있다. 노출된 기지와 국토는 언제 어디서나 공격당할 수 있다. 비대칭 게릴라는 때와 장소를 가리지 않는다. 당한 것이 문제가 아니라 어떻게 반격하고 적을 힘으로 제압하느냐가 중요하다. 이번 기회로 한미관계가 복원되고 6.25 때 16개국이 참전했던 국제 여론이 다시 회복된 것이 다행이다.

지난 10년 동안 자주국방, 자위권, 평화를 주장하고 안보의식을 퇴색시키고 군 복무를 단축시켜 사병들의 전문성을 와해시키는 어느 집단 세력이 김정일이 할 일을 대신해주고 있다는 세계 언론의 지적이 현실화되었다.

천안함 피격과 연평도 폭격이 있어 안보를 점검하고 강화하는 결정적 계기가 되었으면 한다. 이제는 사병들이 일당백은 못할지언정 638고지에서의 투혼을 발휘한 고귀한 한국군 173여 명의 용감했던 정신, 시체 썩는 냄새 즉 전우의 시체를 옆에 두고 16일간 싸웠던 정신이 155마일 전선의 전우들에게 이 책을 통해 전달되었으면 싶다.

선배들의 정신과 혈통을 받은 신세대 장병은 선배들이 이룩한 것 이상의 지성인들로 짜여 그 잠재력과 가능성을 모두 갖추고 있다. 최고의 병사는 출신 학교나 지역이 말해주는 것이 아니라 결과가 중요하다. 다만 엘리트 지성인들이 GOP나 최전선을 지키면서 엘리트에 대한 존경과 사랑이 확산되면 강한 군대가 될 것이다.

필자의 아들 둘이 한꺼번에 군에 입대해 천안함 폭침 때 하나는 경기도 전선에서 근무를 했고, 한 아들은 강원도 고성 최전방에 배치되어 근무하고 있었다. 지방대를 다니던 막내아들은 비교적 안심이 되는 후방에서 근무했고, 둘째 아들은 SKY대라고 하는 명문대생이었고, 형은 최전방 포병부대에 근무한다. 동생은 형을 더욱더 존경하고 따른다. 형이 동생보다 군에서도 더 어려운 훈련을 받고 전선을 지키므로 동생은 형을 존경하고 있다.

유격조교 시절 둘째 형범 군

필자의 가정에서 일어난 병역배치가 전 국민 운동으로 확산되어 엘리트의 사회적 책임으로 어려운 전선을 책임지겠다는 사람들이 존경받고 사회와 국가를 지탱케 하는 힘을 키웠으면 좋겠다.

자랑스러운 맹호부대 최진학 중령

그동안 분단국으로 살면서 경찰청 안보강사와 민방위 강의 등을 수없이 하면서 안보강연회를 해왔다.

6.25 40주년을 기념하는 1990년 7월 4일, 뜻밖의 맹호부대 초청 강연에 초대받았다. 당시 전주에 살면서 김제에 출퇴근을 하면서 인삼 농사를 짓고 있는 평범한 농사꾼으로 생업을 하면서 사회적 역할을 수행하고 있었는데, 농사를 짓다보니 얼굴은 구릿빛으로 변해 누가 봐도 열심히 하루하루를 최선을 다해 일하는 40대의 중년 농사꾼을 찾아 불러준 것이다.

안케패스 작전이라는 파월 당시 겪었던 작전과 전투경험을 쓴 책의 뒷면에서 연락처를 보고 출판사 전화번호로 사장에게 연락해, 우리집 전화번호를 알려주어 맹호사단과 전화통화가 이루어졌다. 당시 맹호사단장은 이현부 소장으로 월남전에 참전한 바 있는 나라를 지극히 사랑하시는 분으로서, 6.25 40주년을 맞이해 전투경험이 없는 장병들에게 실전경험을 가지고 있는 선배 전우를 초청하게 되었던 것이다.

맹호 26년대 최진학 대대장님의 주관으로 선배 전우와 현역 후배 장병과의 만남의 기회를 마련했다. 최진학 대대장님께서는 "안케패스 작전을 통해 춘계 대공세를 감행한 월맹 정규군을 격퇴하고 맹호부대의 명예를 선양하신 선배님께 감사하며, 노고를 치하하며 후배들에게 전투의 산 경험을 소개함으로써 155마일 전선을 지키는 데 도움이 되기를 기대한다"면서 진심으로 환영하시는 것이었다.

강의 전에 초대된 부대에 배치된 탱크와 장갑차에 탑승시켜 월남

최진학 부대장으로부터 부대 현대화의 설명을 듣고 있는 필자

전 당시의 장비와 무기가 놀랍게 발전해 배치된 무기를 보여주시는 최진학 대대장님께 몸둘 바 모르는 감격을 느끼었다.

지금 군대를 지휘하는 지휘관들의 애로사항은 만약 전쟁이 일어나면 적진 앞으로 공격하라는 명령에 죽음을 각오하고 공격할 사람이 몇이나 될지 걱정이라고 했다. 나라를 지키고자 완강하게 고지 점령을 위해 공격해 638고지를 점령했던 선배들의 감투정신이 필요하다는 것이다.

최진학 대대장님께서 155마일 전선을 지키는 사병들의 군인정신, 국민이 바라는 강한 군대를 만들기 위해 얼마나 노력하시고 계신가 하는 것을 알게 되었다.

이러한 육군사관생 출신들과 임동춘을 길러 낸 3사관학교가 있는 한 조국의 전선은 걱정을 안 해도 될 것이라고 생각했다. 2시간 이상의

맹호사단 포병부대 안에서 T 48 국산탱크 시범운행 중
탑승해 부대를 돌고 있다. 사복 입은 필자

최진학 대대장님과 참모들과 필자

열강을 마치고 전방의 맹호부대에서 전주에 돌아와 최진학 대대장님께 마음에서 우러나오는 글을 쓰게 됐다.

사병 선배를 장군같이 모신 최진학 대대장님께 올린 글

무더운 날씨에 국방임무에 얼마나 고생이 많으신지요. 18년 만에 꿈에 그리던 맹호부대를 방문하게 된 것을 무한한 영광으로 생각합니다.

제가 대대장님을 뵙는 순간 오랜만에 만나는 부모님을 뵙는 것 같았습니다. 638고지에서 전우의 상처를 붙들고 몸부림치던 심정을 동반하고 "맹호"라는 함성을 들으며 위병소를 통과하면서 저의 가슴은 뭉클해지기 시작했습니다.

안케패스 작전 때 사용한 M16 소총도 우리 손으로 만들지 못하고 미군의 지원을 받아 싸웠던 당시의 최신무기들은 20여 년이 지난 오늘 구식 무기가 되었고, 우리 손으로 만들었다는 88전차들로 대대장님의 특별 배려로 부대를 돌아볼 수 있었던 영광을 영원히 잊을 수 없을 것 같습니다. 이젠 우리 손으로 만든 전차와 탱크로 우리나라를 지킬 수 있다는 기쁨에 울고 싶은 심정이었습니다.

18년 전 불모지와 같은 우방의 안케패스 638고지를 탈환하기 위해 불볕더위에 달아오른 뜨거운 철모를 쓰고, 갈증에 허덕이며 극한의 생리적 투쟁과 완강히 저항하는 월맹군의 총구 앞에서 보기에는 참으로 초라했던 흙투성이의 전우들의 모습이 생각나서 오늘의 영광을 혼자 갖기에는 너무나 죄송하고 괴로웠습니다.

조국의 안전을 도모하고 조국통일의 성업을 충실히 성취하기 위해 혼신의 정열을 바쳐 심혈을 기울이고 계시는 대대장님과 중대장님, 그리고 모든 사병들의 의지를 보며, 세파에 휩쓸려 선열들의 가치관을 상실하고 나만 잘 살면 된다는 위험한 생각을 가진 백성들이 늘어가는 현실 속에서도 믿음직스러운 조국의 장정 들리 최전방 전초기지에서 훌륭하게 건재하고 계심을 보고 불안했던 요소를 모두 청산하고 고향으로 돌아올 수 있었습니다.

제가 높은 벼슬을 한 사람도 아니고 오직 육군병장을 달았던 것이 국가가 부여한 최고의 벼슬인데, 그러한 예비역 병장을 대하시는 대대장님과 참모들의 심성은 한 사람의 사병을 얼마나 소중하게 생각하고 계신가를 짐작할 수 있었습니다.

좋은 말로 우선 편한 대로 현실과 타협해 638고지의 초소에 매복을 서지 않고 방치한 결과 후배들이 끔찍한 피의 대가를 지불했던 안케작전의 교훈을 생각하면, 엄정한 군기와 냉철한 판단으로 미래에 있을지도 모르는 고난에 대비시키기 위해 최선을 다하시는 후배 장병들을 보는 감회로 사랑을 가진 부모나 스승, 지도자들에게 채찍을 맞으며 세상을 살고 싶은 저의 마음은 감격에 벅찼습니다.

최진학 부대장께서 보내주신 서신

선배님께.

삼복더위가 기승을 부리는 이때, 건강하게 지내시는지요. 선배님의 애국 정열과 맹호부대를 사랑하는 마음이 듬뿍 담긴 서신을 대하고 가슴 뿌듯함을 느꼈습니다.

지난번 바쁜 부대 운영으로 많은 시간을 드리지 못해 못내 아쉬웠습니다만, 짧은 시간 동안이나마 우리 장병들에게 많은 것을 인식시켜주신 데 대해 깊은 감사를 드립니다.

그리고 감사패는 선배님이 638 안케고지에 얽힌 사연들을 상세하고도 정열적으로 후배들에게 들려준 값진 말씀에 비하면 보잘것없는 저의 성의라고 생각해주십시오.

맹호부대의 18년 선배 전우로서 저희 부대에 방문하신 것은 우리 병사들에게는 뜻있는 하루였다고 생각하고, 더욱이 실제 전투에 참가해 생사를 넘나들던 그 경험담을 듣기란 참으로 쉬운 일이 아닌데 우리 병사들에게 그런 기회를 주신 데 대해 대대장으로서 더없는 기쁨이라 아니 할 수 없었습니다. 백 마디 말보다 한 번의 행동이 중요한 것처럼, 이 기회는 우리 병사들의 마음속에 맹호부대의 용맹성의 전통을 다시 한 번 새기는 계기가 되었던 것 같습니다.

선배님.

오직 애국적 정열과 심정 하나만으로 살아가시는 선배님의 모습을 대할 때 국방의 임무에 임하는 우리의 고난은 말끔히 씻을 수 있었습니다. 작금에 사회 좌경 단체의 출현으로 군과 사회를 이간시켜 혼란에 빠트리고 자유민주 체제를 전복하려는 현상이 늘어나고 있는 이때, 우리는 가슴 아프고 의기소침해질 수밖에 없지만 선배님의 애국적 정열을 접하면서 용기를 얻을 수 있었습니다.

선배님.

다시 한 번 저희 장병을 대신해서 그날의 강의에 감사드리며 기념사진을 동봉해서 보냅니다.

끝으로 자유 민주체제를 위해 638 안케고지에서 신명을 바치신 맹호 전몰 장병의 영전에 추모와 감사의 뜻을 표하며 삼가 명복을 빌어 마지않으면서, 또한 선배님 건강과 앞날의 영광이 깃들기를 기원하면서 이만 줄이겠습니다.

1990년 7월 13일

대대장 중령 최진학 올림

경희대 ROTC 초빙강의 후 서신

존경하옵는 김 선생님께.

강연 후 무사히 귀가하셨는지요?

장차 장교로 임관할 사관후보생에게 진지하고 열성적인 강연에 대단히 감사드립니다. 또한 언제나 변함없이 국가와 군을 생각하시는 정성스런 자세에 다시 한 번 감사드립니다. 항시 건강하시고 하시는 일에 기쁨이 충만하시길 기원합니다.

1994년 9월 13일

최진학 배

투쟁으로 얼룩진 공산주의 지도체제의 말로

공산주의 변증법적 유물론에 바탕을 둔 프롤레타리아 혁명론을 요약하면 대다수의 노동자들이 일어나 자본가를 타도하고 혁명을 일으키면 그러한 혁명을 반복하다 보면 결국은 공산주의가 된다는 것이다. 공산주의가 되면 똑같이 평등하게 잘 먹고 잘사는 지상낙원이 된다는 것이다. 그러한 평등사상이 바탕이 되어 김일성 동지, 마오쩌둥 동지, 호찌민 동지라는 호칭이 탄생했다.

정득만 사단장, 정원혁 부사단장이 남북 공산베트남을 둘러보고 하노이 어느 초라한 숙소에서 저녁식사를 하면서 한 말은 "그토록 오랜 세월 투쟁해 얻은 베트남 사회는 한마디로 인간의 자율성과 창의성을 존중하지 않고, 인간이 추구하는 가치와 그 가치를 실현하려는 본성의 욕구를 무시하고, 인간의 독특한 개성과 잠재력과 가능성을 무시하고, 경제적 분배의 평등만을 강조하다 보니 헤어날 수 없는 사회로 전락되고 말았다"고 정의하는 것이었다.

1975년 4월 30일 북베트남 탱크가 자유 베트남 대통령궁을 점령했다. 그 후 민족해방전선(VC)은 북베트남군을 환영하면서 기뻐하며 날뛰었다. 그리고 전쟁에 지칠 대로 지친 대다수의 국민들은 황색 별을 그린 월맹기를 들고 사이공 거리로 나와 환호했다. 오직 노동자 계급만이….

그러나 베트남의 당시 지도층과 엘리트들은 속수무책으로 베트남을 탈출하는 것이 최후의 삶을 유지하는 유일한 선택이었다. 승리에 도취한 적화된 베트남에서는 미처 탈출하지 못한 잘사는 지도층이 사는 집과 재산을 총을 들이대며 빼어갔다. 남베트남에서 성장한 시장 · 군수 · 면장 · 지서장까지 모두 갈아치웠다. 물론 그 자리의 몫은 하노이 충신들이 모두 점령하고 접수했다.

남베트남에서 일생 동안 정글 속에서 혁명에 가담한 VC들을 처음에는 대접을 하다가 결국은 모두 숙청했다. 적화 통일 당시 남북 베트남의 경제적 차이는 엄청나게 컸다. 그럼에도 전쟁이란 예측할 수 없어, 대창과 AK 소총을 든 하노이 정부가 소련과 중국의 탱크와 야포 그리고 탄약을 지원받으며 적화 통일을 했다.

1,700km의 긴 나라, 태평양 해안이 남북으로 길게 늘어진 풍요로운 평야를 가지고도 식량이 모자랐다. 똑같이 일하고 똑같이 분배하는 공산주의 이론으로 통치하다 보니 열심히 일을 해도 소득이 늘어나지 않으니 노동자 혁명 세력들이 일을 하지 않는 것이다.

농지개혁으로 베트남 농민에게 쌀 10가마를 생산하면 3가마를 소

전쟁박물관에서 마주친 베트남 총사령관 일행
중앙의 별 단 이가 총사령관

작하는 농민에게 주었다. 그러니 대부분의 농민들이 농사를 적당히 힘들지 않게 대강 지었다. 그 결과는 식량이 모자라는 것이다.

시행착오로 15년을 지속하다가 자본주의 제도를 도입해 농민들에게 10가마 농사를 지으면 7가마를 주는 정책으로 바뀌면서 3년 만에 베트남은 쌀 수출국가가 되었다.

인간의 본성과 욕구를 존중하고 존엄성을 최고의 가치를 부여하는 자유 민주주의 이념을 받아들여 끊임없이 이상적 가치를 향해 삶의 보람을 느끼게 하는 것이 정책의 근본이 되어야 한다.

평등과 평화의 깃발을 높이 세우고 공산주의자들은 베트남을 분열시켰다. 2010년도 연평도 포격으로 우리 한반도에도 안보세력, 평화세력으로 양분하려는 정치세력이 있다. 안보세력이란 전쟁을 막고 평화를 지킨다는 뜻인데 평화를 가장해 국민을 둘로 나누어 논쟁하기를 좋아하는 프롤레타리아 혁명론자들이 지금 너무 많아졌다. 평등은 어떤 관점에서 보느냐가 중요하다. 인간은 개성과 타고난 능력이 다르다.

하노이가 자랑하는 공평하게 나눈 집들
도롯가에 무수히 많다.

호찌민이 말한 자유와 평등의 결과는 무엇인가
하노이 호찌민 묘소. 638 회원들

다른 것이 서로 균형과 조화를 이루는 거문고와 비파와 같이 행복과 사랑과 꿈과 이상을 연주하면서 사는 것이 인간이 모두 그 존엄성이 평등하게 된다.

인간은 격위적 존재(格位的 存在)로서 가치와 질서 속에서 생존하는 것이다. 가정을 보면 아버지가 있고, 어머니가 있고, 아들이 있고, 아내가 있고 그다음 손자 손녀가 있다. 같은 것 같지만 격위가 있어 호칭이 다른 것이다. 격위가 있기에 질서가 있고 역사와 전통이 존재하는 것이다.

학교에는 선생님과 제자가, 병원에는 의사와 간호사가 있고, 군에는 최고의 엘리트가 있고, 그를 엘리트답게 해주는 부사관이 있다. 이 모든 자리가 서로 존경하고 존중될 때 서로 무한한 가치가 창조되고 생산되는 것이다.

공산주의자들은 그러한 격위(格位)를 인정하지 않고 오직 평등만을 주장한다. 평등이란 오직 사랑 앞에서만 평등한 것이다. 세계에서 가장 먼저 혁명에 성공한 북한은 이제 주체사상으로 발전해 혁명의 지도자가 어버이 수령으로 등극했다. 그러나 그 백성은 권력의 도구이자 방패로 헐벗고 굶주리며 그 체제를 탈출하고 있다.

한미동맹과 우리의 책임

2010년 11월 23일 오후, 평화롭게 생업에 종사하며 살고 있는 수도권에서 멀지 않은 서해 5도 중 가장 많은 사람들이 살고 있는 연평도에 적의 포탄이 집중적으로 무차별하게 산발적으로 떨어졌다.

이로 인해 우리 군의 K-자주포 진지를 비롯해 주요 기관과 인근에 떨어진 포탄에 의해 젊은 해병대원 2명과 민간인 2명이 전사를 하고 다수의 군인과 민간인이 부상을 당했으며 주민들의 주택이 소실되고 방사성포 화염에 불타 막대한 피해를 입었다.

우리 군이 이에 대항해 자위권을 발동시켜 적의 진지를 향해 집중사격으로 반격했다. 이러한 사건으로 군과 통수권자가 적절히 대처했느냐, 하지 못했느냐면서 온 나라의 국민들은 불안한 마음으로 논쟁을 지켜보고 있었다. 왜 공군전투기가 출동했음에도 폭격을 하지 않았느냐는 질타가 계속되었다. 자위권과 교전규칙 그리고 작전권 문제까지 공중매체를 타고 온 세상에 갑론을박으로 문제점이 노출되었다.

김태영 국방부 장관은 국제법과 교전규칙을 잘 지키는 범위에서 나름대로 잘 대응했다는 평가를 했지만 충격적인 사건 중에 확전 방지라는 통수권자의 명령이 진실이냐 아니냐에 국민 감정은 분노하게 되었다. 확전 방지는 참 잘한 일이다. 그러나 국민의 감정은 어떤 때는 무책임으로 쏟아낸다. 국민들이 여론에 영합하다가 지난 10년 동안의 정권에서 평화라는 이름으로 국가안보가 난도질을 당한 것이다. 만약 국민 여론대로 항공폭격을 하면 조금은 응어리진 감정이 수그러질 수도 있겠지만….

그런 가운데 11월 28일 한미 연합작전으로 미 7함대 주력인 워싱턴함이 서해에 진입할 수 있도록 하는 세계여론의 응원과 미 국민의 성원을 받아 기회를 포착했다. 워싱턴함이 우리 군과 합동작전을 서해에서 한 것은 북한보다도 중국을 향한 전략적 훈련으로서 그 의미가 크다. 중국은 워싱턴함을 끌어들인 것으로 인해 대한민국 정부에 대한 반감도 있을 테지만, 그 무엇보다도 우선적으로 북한과의 혈맹관계가 옳고 그른 것도 분별하지 못하는 태도에 대한 속성을 더 확인하는 계기가 되었다.

중국은 자기보다 더 강한 힘을 가진 미국이 강경한 태도를 보이면 기세당당했던 꼬리를 내리곤 한다. 이러한 힘의 균형이 어느 때보다 중요한 시점에 우리가 갖추어야 할 매우 중요한 정책은 나라를 지키려 155마일을 지키고 있는 장병들의 조국에 대한 충성심과 전투력이다. 너무 미국의 힘에 의지해서는 안 된다.

베트남전에서도 미국이 도와줄 부분과 도와주지 못할 부분이 있었다. 무기는 지원할 수 있고 공중폭격도 지원할 수 있었지만 월남군의 전투력은 스스로 해결하지 않으면 안 되는 부분이다. 아무리 좋은 무기를 지원하더라도 그 무기를 가진 병사가 어떻게 사용하느냐가 중요하다. 그런데 월남군은 오합지졸로 오직 자기 한 사람만 살겠다고 가족을 데리고 사단장이 도망가버릴 정도였으니 그 휘하의 모든 부하들은 오죽했겠는가?

지금 베트남 패망 과정에서 보여준 교훈은 우리에게도 적용될 수 있다. 전작권을 늦춰 미국과의 관계 속에 행정관료화되어가는 한국군 장성들의 문제점은 국방장관 후보자 청문회 과정에서 드러났다.

1972년도 안케작전 시에 요새화된 기지를 우리 작전지역 내에 아무도 모르게 침투해 땅굴 속에서 버티면서 16일 동안 저항한 사실은 대부분의 현역과 국민들은 모르고 안다는 사람들은 모두 망각해 잊어버리고 있다. 155mm, 105mm 포 사격에도 안 돼 B-52 중형 폭격기가 수십 차례 출격해 불바다를 만들고 미 함포 사격에도 불구하고 적이 이미 구축한 벙커와 특수 부대를 몰살시키지 못했다. 결국은 고지와 적의 요새지를 점령하는 것에는 소총병이 공격해 벙커 속의 적을 섬멸하는 수밖에 없었다. 그러므로 김관진 국방장관이 청문회에서 말한 항공폭격을 하겠다는 말에 국민은 응원을 보냈다. 그러나 그 후가 문제다.

베트남전 교훈에서 그 해답을 찾지 않으면 안 된다. 미군이 베트남전에 개입하면서 얼마나 많은 항공기를 하노이와 하이퐁 등 전략적 요충지에 포탄을 퍼부었다 해도, 결국 승리의 몫은 AK 소총을 든 공산혁명군과 베트남군의 대결에 있었고 여기에서 승패가 결정되었다. AK 소총병들에 의해서….

이제 우리는 시간을 벌어놨다. 전작권을 연장했으니 이 기간 동안 전군의 정예화와 지난 10년 동안 해이해진 안보관을 확실하게 무장하지 않으면 정말 큰일이 벌어져 내부의 분열책동이 가속화되고 다양화된 사회구조에 파고들어 감당하기 어려운 혼란이 올 수도 있다.

북베트남은 입버릇처럼 말하는 평화를 위해 외세를 몰아내고 외세와 결탁한, 즉 미국과 프랑스에서 공부한 엘리트들을 모조리 숙청해 스스로 자기 머리를 자르는 결과를 초래했다. 우리도 과거 청산이라는 이름으로 더 이상 국민을 양분시키지 말아야 한다.

자주국방, 얼마나 이루고 싶은 우리의 꿈과 이상적 주권인가. 그 이름으로 한미관계를 이간시키고 나라를 지키겠다는 훌륭한 장군들을 무자비하게 전역시키고 조국의 간성들을 선출된 군 미필 통수권자들이 인사권을 가지고 평화적으로 길들여놓고 있다. 이제 나라를 지켜 왔던 투혼의 장군과 병사들을 새로 창건하는 심정으로 나보다는 가정을, 국가를 위한 충정 어린 엘리트가 나타나기를 우리 조상들은 초조하게 기다리고 있다.

전제국가가 붕괴될 수밖에 없는 이유와 진실

1. 인간의 삶의 본질인 사랑의 격위를 통치자가 빼앗아갔기에 통치자의 주변 인물까지 그를 떠나기 때문이다.
2. 북한 군대가 강한 것 같으나 자율성과 창의성이 없는 기계적인 병사들로 막강한 화력 앞에서 결국은 무너질 수밖에 없다.
3. 북한은 남한에 지역감정 · 종교 갈등 · 노사갈등과 계층 간의 갈등으로 자체 분열되어 정부를 대신 공격해주는 세력을 크게 보는 경향이 있는데 국가 안보라는 큰 힘 앞에 좌경세력은 우향화한다. 좌경세력이 북한 김정일을 위한 활동이 아니라 삶의 현실에서 비교에서 오는 불만을 해결하겠다는 신념에서 정부를 비판하기 때문이다.
4. 미국의 세계적 전략에 한국의 안보는 미국의 안보의 심장부와 같다. 그 심장의 박동이 멈추면 미국은 망한다. 그러므로 한미관계는 자유세계의 평화를 위한 전초기지이자 보루이므로 한미관계를 분리하지 못한다.
5. 한국 대통령에 당선되는 사람들은 진정으로 백성들이 선출하고 뽑는

다. 그 민중의 힘은 언제나 어려움과 위기에 닥치면 매우 강하며 솔로몬의 군대와 같다.

6. 한국의 젊은 대학생들이 국가관이 없는 것 같지만 어머니, 아버지의 사랑을 듬뿍 받고 자랐기 때문에 부모를 지키기 위해서 조국을 지키는 힘 또한 놀랄 만하다.

7. 평상시의 종교는 늘 시시비비를 가리며 싸우는 것 같지만 불교의 호국정신과 기독교의 사랑과 악의 축에 대한 신앙이 확실하다. 그 신앙의 힘을 꺾고 대적할 힘은 북에서는 없다. 그 모든 싹을 잘라버렸기 때문이다.

8. 우주의 근본은 주체사상이 아니라 부자지 관계의 심정과 사랑이다. 아버지, 어머니의 사랑의 출발점이 인류의 생명의 출발점이다. 부모에 효도하고 나라에 충성하는 젊은이들로 이루어진 60만 대군이 나라의 주인으로서 전선을 지키고 있기에 오직 명령에만 의존하는 북한군을 이기게 되어 있다. 우선 공격당하는 쪽은 안케전투같이 10여 일은 피해가 속출하고 밀리는 것 같지만 갈수록 경험을 창의적으로 축적해 힘을 발휘한다.

민주주의의 힘은 강하다. 노예 신분이었던 미국의 흑인을 대통령으로 선출하는 멋진 백인 엘리트들이 있기에 영원하리라.

북한이 사는 길은 오직 하나다. 남한이 이룩한 놀라운 경제 발전과 세계문화를 블랙홀 같이 빨아들이며 한류를 수출하고 있는 대한민국의 현상을 존중하고 존경하고 사랑하는 것이다. 그러한 존경의 바탕 위에서만 참된 민족통일이 가능하다.

지금 베트남의 남북갈등은 씻을 수 없는 상처로 남아 지정학적 통일을 이루었지만 진정한 민족화합은 영원히 갈등으로 남아있다. 호찌민이 살아난다 해도 그 문제는 해결할 길이 없다. 이처럼 시간이 걸리지만 장래의 한반도의 민족이 서로 부둥켜안고 성서에 나오는 에서와 야곱과 같은 갈등을 해소하고 얼싸안고 울면서 재회하는 때를 기다리고 있다.

요셉이 11형제로부터 애굽에 팔려가서 미래에 다가올 형제들을 위해 애굽 총리가 되어 기근을 해결해주었던 것같이, 한반도 대한민국 사람들이 세계무대에 진출해 경제 강국이 되고 있다.

여기에 북한이 합심한다면 북한 주민들의 용맹성, 고구려의 기상과 대조영이 발해를 건국해 만주 벌판에 나라를 세운 기상이 더해질 것이다. 5천 년 동안 끊임없는 당 · 명 · 청 · 몽고의 침입을 막아낸 민족의 성지가 북한이 아닌가?

이제 더 이상 지체하지 말고 칸트 철학의 계승자인 독일의 피히테의 말같이, 우리도 타고난 개성과 성품을 남북한이 서로 존경하고 인정해야 한다. 어느 쪽이 거문고가 되고 어느 쪽이 비파가 되어 사랑과 행복을 작곡하고 세계평화를 노래하는 동방 나라를 이룰 날이 올 것이다. 남북한의 군대의 최종 전략과 전술은 결국 서로 사랑하는 것이어야 한다.

구엔트린 중좌의 증언과 고백

1993년 KBS에서 한국과 베트남 수교 기념으로 제작한 〈베트남전쟁 그 후 17년〉(1993년 방송대상 수상작)에서 김태영 감독과 제작진은 보응우옌잡과 반첸툰 등 핵심 세력들을 모두 만나 인터뷰를 했다.

3편의 작품 중 제1편에서 한국군의 주월사령관을 역임한 채명신 장군과 안케패스 작전에 수색병으로 참전해 실전경험을 바탕으로 사실 그대로의 전투수기인《안케패스 작전》이란 책을 집필한 필자가 12개 사단의 총공격을 감행한 당시의 상황을 증언한 바 있다. 월남전 하면 떠오르는 상징적인 인물은 채명신 주월사령관으로 각인되었기 때문이다.

약 8년 동안 32만이 파월되어 월남전에서 전사한 약 5,400명 중에 16일 동안 230명이 전사하고 400여 명의 전상자가 발생한 월남전 사상 최대 격전 안케전투야말로 혈전 중의 혈전이었다. 그렇기에 안케전투의 현장감을 최대한 실감 나게 증언할 증인이 필요해 영광스럽게도 필자가 증언하게 되었다.

월맹군 3사단 12연대의 소속으로 638고지에서 시종일관 싸웠던 월맹군 총사령관 보응우옌잡의 특명을 받고 귀신도 속아 넘어가도록 위장 투입된 구엔트린 중좌를 제작진이 찾아내어 증언을 끌어냈다.

638고지를 선점해 견고한 벙커와 요새지를 구축하고 연결되어 있는 고지의 능선에 위장된 통로를 만들어 막강한 화력을 갖춘 월맹군의 진지를 향해 한국군은 고지를 빼앗기 위해 파생공세를 감행해왔다.

한국군은 참호를 파며 끊임없이 공격했고 마대에 흙을 넣어 방벽을 쌓아가면서 그들의 시체를 넘고 넘어 끈질기게 올라왔다. 위에서는 무장헬기로 기관총을 쏘았고 155mm 포 사격을 동시에 하면서 드럼통에 흙을 넣고 그것을 방패 삼아 굴리면서 공격과 방어를 했다.

한국군의 공격은 중단되지 않았다. 일주일 동안 시체 썩는 냄새가 진동하는데도 아랑곳하지 않고 끈질기게 공격을 했다. 월맹군도 수많은 병사가 죽어 더 이상은 버티지 못했다. 적은 시체의 일부는 묻고 또 방치하고 유기한 채 도망갔다.

월맹군 구엔트린 중좌는 한국군의 용맹성과 투지 그리고 공격정신에 무릎을 꿇고 도망갔지만 한국군에게 큰 피해를 주었으므로 자기들이 이긴 작전이라고 주장해 인터뷰한 김태영 감독과 제작진을 어리둥절하게 했다.

안케작전이 진행되는 과정에 북부와 중부, 남부 지역에 총공세를 감행한 월맹군에 의해 월남군은 일주일에 5천 명씩 전사하는 참혹함을 겪으면서 후퇴를 거듭하고 있었다.

귀신도 속아 넘어간 보응우옌잡 위장전술로 투입된 중부고원지대의 전략적 요충지에서의 안케전투에서, 월맹군은 거의 괴멸되다시피 자유 월남을 두 동강 내는 작전을 한국군에게 저지당했다. 파죽지세로 밀고 내려오던 월맹군이 첫 패배를 당하고 안케작전에서 연합군의 첫 승리의 전과를 올림으로써 연합군과 월남군이 반격하는 결정적 계기를 마련했다. 월맹군은 점령지역을 모두 내어주고 17도선 이북으로 도주했고, 도주하는 월맹군의 집결지에 대한 미 공군의 맹폭격으로 춘계 대공세는 막을 내렸다.

침엽수와 활엽수의 혈전을 연상하며

우리 사회는 현재 갈등과 위기를 조정하는 경계선을 좌우로 해석하는 습관과 호흡으로 정치인들과 특히 산업현장에서 흔히 볼 수 있다. 그리고 한국의 정당의 지도자들이 좌우로 편을 가르는 분열 책동에 앞장서고 있다. 그들은 한 세대의 꽹과리가 되어 금방 사라질 것이다.

일본에서는 오랫동안 자민당이 집권하면서 국가 발전 침체기를 맞이할 때 국민들의 원성을 잠재우기 위해 독도 문제를 들고 나왔다. 일본의 정치인들은 자국의 난문제를 잠재우기 위해 독도를 활용해 일본인들을 단결시키고 사소한 안건들을 덮어버렸다. 그것이 오늘의 일본의 대지진 참사를 끌어들였다. 문제의 핵심을 진솔하게 해결하기 위한 노력을 해야지, 국내의 문제를 국외로 돌리는 정치행태는 고쳐야 한다.

일본으로 시집간 동생 정오는 두 아들과 한 딸을 낳고 지금 일본에서 살고 있다. 일본의 전통적 사상에 물들어 있는 시어머니의 얼음과 같이 차가운 냉대에 수많은 수모를 당하며 살아온 이야기를 2010년 3월 조카인 형정이 결혼식 때 와서 하면서 하염없이 울고 갔다.

동생 정오가 최선을 다하면서 살았음에도 불구하고 고난의 시집살이를 하는 하소연을 들으면서 오빠로서 "네가 한국 여인이었기에 그런 거야" 했을 뿐이다.

정치만 빼면 남북한 한국과 일본 국민은 지금 서로 필요로 하는 이웃사촌이다. 그러나 일본 사람들은 40년간 식민지배를 통치하면서 한국인보다 우월하다는 편협적인 생각을 갖고 있다. 하지만 긴 역사를 놓고 보면 일본인들은 한국의 은혜를 더 많이 받고 그들의 가슴속엔 한국 문화가 너무 많이 잠재하고 잠복해 있다. 그것은 한류 문화가 증명하고 있는 것이다.

지금 한반도는 남북통일을 해야 하는 숙제를 안고 살아가고 있다. 언젠가는 해야 한다. 평화적으로…. 북한은 소련과 중공을 끌어들여 남침을 감행해 동족상쟁의 씻을 수 없는 상처를 남겼으나 우리는 같은 방법으로 해서는 안 된다. UN군의 도움으로 압록강 혜산진까지 공격해 통일이 되는 듯했으나 중공군은 공산당 특유의 위장전술로 30만이 평안북도 산속에 숨어 들어와 날씨가 추워지기를 기다리다가 반격했다. 결국은 한반도가 1,300년 동안 이룬 통일조국의 하나의 언어와 문화, 그리고 하나의 역사와 전통이 모두가 두 조각으로 깨져버렸다.

이것을 복원하는 데는 앞으로 천 년이 걸려도 치료가 불가능하다.

아브라함의 아들 이삭의 후손과 종의 아들 이스마엘의 후손들은 아버지는 하나지만 어머니가 각각 다른 배다른 형제들로, 기독교 문화와 이슬람 문화를 종교적으로 만들어놓고 곳곳에서 충돌하고 세계는 테러의 공포에서 벗어나려고 몸부림치고 있다. 대표적 문화의 대충돌은 미국 뉴욕의 쌍둥이 빌딩을 폭파한 사건이다.

우리 민족은 어느 편에 설 것인가? 그것이 매우 중요하다. 지금 이 시간 우리는 안방에서 세계가 어디로 가는가를 두 눈으로 보고 있다. 테러를 수단으로 자기 존재가치를 실현하고 표현하는 집단은 할아버지가 즐겨하시던 철장으로 질그릇 깨듯 때가 되면 분쇄될 것으로 믿는다.

우리는 미국의 도움을 받고 그들의 보호를 받아 왔다. 나는 그 신앙을 믿고 있다. 미국은 지금 극동아시아의 전선을 지키는 전초기지이자 보루인 한반도의 한민족이 미국이 막아야 할 좌파세력을 온몸으로 막아내고 있다.

일본은 별로 하는 일 없이 한국의 보호를 받고 있는 것이다. 60만 국군이 과연 한반도만을 위한 것만은 아니다. 300만이 넘는 중국군의 정체와 러시아의 남진을 막아내야 하는 현실에서 불가피한 자유세계를 위한 대한민국의 선택이다.

베트남이 지정학적 통일을 이룬 것은 절대적으로 소련의 엄청난 장비와 무기를 지원받고 중국의 도움을 받아 가능했다. 그들이 사용하는 모든 무기가 당시 공산권에서 만들어 보낸 것이다. AK 소총, B-40 등 소총병들이 들고 한국군에게 공격했던 무기가 모두 소련제와 중공제였다.

베트남의 적화통일의 성공은 보응우옌잡이나 반첸툰, 레둑토만의 기쁨이 아니었다. 그들의 전쟁을 도왔던 중국과 소련이 뒤에서 얼마나 웃었는지 알아야 한다. 통일된 베트남에는 지금도 그들의 영향력이 아름다운 전 국토에 배어 있다. 베트남의 자존심 뒤에서는 이러한 베트남을 놓고 군침 흘리는 존재들 속에서 지금도 시달리고 있다는 사실이다.

미국을 수많은 오색 인종들이 좋아하는 것은 인간의 존엄성과 가치를 최고의 가치로 꽃피운 공정사회 문화 때문이다. 노예로 끌려왔던 흑인인 오바마가 대통령이 될 수 있는 사회를 주목한 것이다. 그리고 편견 없이 오바마를 대통령으로 선출한 미국 사람들은 위대한 것이다.

앞으로 미국에 꽃피울 민주주의 이념은 세계의 독재자들이 군림해 평등과 자유를 훼손당하며 살고 있는 시민들, 그리고 수많은 오색 인종의 꿈과 이상이 된 사실이다.

그 많은 영토를 소지하고 자국의 백성을 엉망으로 만들어놓고 계급이 없는 사회를 만든다는 사회주의 국가들은, 철저한 계급사회를 만들어놓고 잘사는 나라를 노려보며 동북공정이니 하면서 한반도에 군침을 흘리는 이리와 늑대와 같다. 내부분열을 호시탐탐 노리며 틈새가 벌어지기를 기다리는 이리떼들이 한반도를 둘러싸고 있다.

한반도는 어떤가. 정치꾼들이 동서를 갈라놓고 있다. 영호남 사람들은 서로 미워할 이유도 없고 미워할 조건도 하나도 없다. 지금도 수많은 영호남의 청년 남녀들이 결혼하고 있다. 반면에 하나가 된 듯한 베트남의 남북에서는 옛 사이공 대학 여대생들이 악센트 강한 북쪽 사람들을 매우 싫어하고 있다.

천안함 공격의 실체가 분명하게 세계의 전문가들에 의해 드러났는데도 북한을 의식하고 김정일과 테러집단을 대변하고 있는 일부 야당의원들의 행태도 문제이고, 남북 화해를 위한 햇볕정책에 대해서 김대중 · 노무현 두 대통령 집권 시절을 잃어버린 10년으로 규정하고 몰아붙이는 작태도 매우 잘못된 것이다.

좋고 나쁜 것을 분간하거나 구분해야 한다. 천안함, 연평도 사건으로 나라의 분위기에 또다시 6.25의 악몽이 되살아나는데도 선출직 지방자치 단체장들은 공천에 눈독을 들인 나머지 조작된 것이라는 말에 각인되어 벗어나지 못하고 있었다. 하지만 호남 지역에서 유일하게 무소속으로 당선된 육사 출신 이건식 김제시장만은 공식석상마다 국가안보에 대한 걱정을 하고 국가안보에 대한 중요성을 강조했다.

지금 북한에서는 과학을 이용해 핵을 만들어 핵으로 정권을 유지하고 있다. 과학을 종교적으로 해석해 삶의 질을 높이고 최고의 문화와 예술을 창조해 백성의 가정과 사랑과 행복을 추구하고 실현해야 하는데도 불구하고 폭력과 테러와 투쟁과 선동으로 김정일 · 김정은 부자 세습에 몰두하고 있다.

이러한 복잡한 사회적 여건과 환경은 이기주의적 타성에 의해 진행된다. 이것이 언제 끝이 나고 인간이 바라는 그러한 사회가 되는가는 숲이 수천 년을 두고 변해오는 천이과정으로 그 해답을 적었다.

필자는 베트남을 적화 이후에 쑥대밭이 되었다고 누차 표현했다. 쑥대밭은 본래 의도한 대로였던 잔디밭에 쑥이 들어와서 쑥이 번성해 잔디를 제압하고 쑥밭이 되었다는 뜻이다. 허허벌판엔 1년생 잔디와 바랭이, 꽃다지가 먼저 들어와 뿌리 내리고 유기물을 축적하고 벌판을 이루어 살고 있는데 그다음은 다년생 쑥과 토끼풀 씨앗이 날아와 잔디밭에 뿌리를 내린다. 몇 년 안 가서 결국은 쑥밭이 된다. 강한 자생력으로 태양으로부터 오는 에너지를 받아 광합성 작용을 함으로써 성장하고 번식한다.

몇 년 동안 쑥밭과 토끼풀 밭과 바랭이, 망초 밭에 싸리나무 씨와 찔레꽃 씨가 날아와 쑥과 바랭이 등이 축적해놓은 유기물을 흡수하며 뿌리를 내리고 높은 키로 쑥을 제압하고 자리를 잡는다. 야산에 혹은

들판 언저리, 도로 주변에 싸리나무와 찔레꽃이 왕성하게 자라는 것을 볼 수 있다. 그러니까 접방살이가 안방을 차지하는 격이다.

녹색식물들은 태양광선을 누가 더 받느냐가 생존에 중요한 조건이다. 수많은 숲속의 나무들은 어떠한 방법으로든지 광합성 작용을 할 수 있는 공간을 차지해야 한다. 싸리나무와 찔레꽃 나무 진달래 밭이 쑥과 망초 토끼풀 옆에 셋방살이를 차지하고 살다가 결국은 강력한 뿌리로 수분을 흡수하고 높은 키로 광합성 작용을 할 수 있는 공간에서 결국은 쑥밭을 제압하고 안방을 차지하게 된다.

세월이 지나면 싸리나무나 찔레꽃 나무 틈 사이에 소나무 씨가 날아와 공간을 차지하고 셋방살이를 하기 시작한지 몇 년 안 되어 소나무 밭으로 바뀐다. 우리나라는 5천 년의 유구한 역사와 전통을 가진 나라로 소나무와 함께 살아왔다. 애국가에서도 소나무가 등장하고 예술분야에서도 수많은 소나무가 등장하고 있다. 오랫동안 소나무가 극상림(Climax forest)을 이루었다. 초기의 무식성 상태에서 극상림까지 지속적인 변화 과정을 거치면서 형성되는 일련의 천이 단계라 할 수 있다. 한반도에도 21세기에 진입하면서 침엽수인 소나무 밭에 그동안 함께 자라고 있던 활엽수인 참나무가 소나무밭 옆에 셋방살이를 하다가 전국토의 대부분을 차지하고 있다.

소나무밭의 극상림 지역에서도 여섯 종류의 참나무(굴참나무, 갈참나무, 떡갈나무, 졸참나무, 상수리나무, 신갈나무)가 삼천리 금수강산을 점유해가고 있다. 침엽수인 소나무는 타 식물의 침입을 억제하는 생육억제제인 휘발성 테르펜류를 발산하면서 버티면서 자기의 영역을 지키려 몸부림치고 있으나 섰던 자리를 참나무에게 내어주고 있다. 전통적인 소나무와 참나무의 광합성 작용을 선점하기 위한 혈전은 계속 진행 중이다.

참나무는 잎이 넓고 키가 커서 광합성 작용을 왕성하게 한다. 그

만큼 뿌리와 잎과 줄기의 체력이 강해 어떤 환경에도 잘 적응하는 체질을 갖고 있다. 그래서 셋방살이 하던 소나무 밭의 안방을 점유할 수 있다. 활엽수도 침엽수와 같이 타 종의 생육억제제인 이스프렌이라는 휘발성 유기화합물을 발산하면서 가뭄에도 견딜 수 있는 잎의 구조와 강인한 뿌리 침투력으로 바위산에서도 잘 자라는 특성으로 산야를 점유하고 있다. 삼천리 금수강산은 이미 소나무보다 활엽수인 참나무의 숫자가 훨씬 많아져 우리도 모르는 사이에 지금은 참나무와 함께 살아가고 있는 것이다.

숲속의 나무와 풀들은 종족 번식을 위해 방어물질을 생성해 공격의 수단으로 다양한 화학물질을 분비하면서 자종을 보호하고 그들의 종의 세력을 확대하기 위해 보이지 않는 혈전을 계속하고 있다.

베트남에서의 잔디와 쑥과의 전쟁은 오랜 세월 동안 아비규환의 혈전에서 쑥의 승리로 끝났다. 지금 한반도에서도 북한과 남한의 대립이 지속되고 있고 산야는 소나무와 활엽수인 참나무가 보이지 않는 광합성 작용을 위해 잎과 키로 혈전을 계속하고 있으나 매우 평온하게 보일 뿐이다.

사이공에서 서쪽 76km 지점에 있는 구찌 땅굴은 대나무와 잡목들의 평온한 숲속에서 그 누구도 모르게 수천 명의 VC들이 야망을 실현할 준비를 하고 있었다. 안케패스 일대에서도 월맹군 12개 사단이 총공격을 감행해왔으나 한국군 점령 지역은 매우 조용했다. 수만 발의 적의 포탄과 수천의 병력을 집결해놓고 결정적 시기를 기다리고 있는데 우리는 어서 속히 평화협정을 맺어 고국으로 귀국하는 꿈을 꾸고 있었다.

앞으로 자유민주주의와 사회주의의 싸움은 숲의 전쟁에서 보듯이 '태양이 누구 편에 설 것인가가 아니라 누가 태양 앞으로 앞서가느냐'

에 의해 안방과 셋방의 주인이 달라질 것이다. 탈레반과 지하드는 주민을 테러의 도구로 사용하고 태양이 자기 것이라고 주장하는데, 대국과 자유우방은 칸트 철학이 말하듯이 자연과 인간의 존엄성에 가치를 평등하게 부여하고 있다. 자연과 오색 인종을 진정으로 사랑하는 자가 태양 앞으로 나가는 자가 될 것이다.

베트남전쟁이 종식되고 6.25에 버금가는 치열한 전투의 현장을 누비며 파월 12개월 동안 최고의 전방으로만 보내졌던 필자가 천년을 이어갈 조국의 문화와 전통을 그리고 후손이 번영하기를 빌면서 기력이 더 쇠약해지기 전에 기억이 영상처럼 각인된 절정에 이 글을 쓰게 되어 매우 기쁘다. 독자 여러분과 우리 후손들에겐 나와 같은 악몽 같은 혈전을 겪지 않고 안케의 대혈전의 주인공들이 여러분 대신하고 한반도에는 늘 평화 속에서 천년만년을 이어가면서 행복하게 살았으면 한다.

공산주의와 사회주의의 종말

공산주의 종주국 소련 연방이 스스로 붕괴하듯 최후까지 발악하는 북한의 파시즘도 스스로 붕괴한다. 마르크스와 앵겔 사상이 만들어낸 공산주의는 1922년에 러시아에서 레닌의 혁명으로 출발되었으나 1991년 붕괴하기까지 평등을 사회주의 목표로 내걸고 이상향의 꿈을 실현시키려 했다.

사회현상을 두 개의 모순으로 보고 하나의 모순이 또 다른 모순을 타파함으로 즉 프롤레타리아와 부르주아가 계급투쟁해 혁명에 성공하므로 새로운 사회 발전이 온다는 설계도가 잘못되어 결국 시스템에 의해 프롤레타리아는 국가의 노예로 전락한 위대한 노동자가 되어 한번 빠지면 헤어나올 수 없는 개미지옥과 같은 것이었다. 공산주의 출발점에서 스스로 만들어낸 시스템에 의해 수많은 문제들은 오랜 시간 거치면서 곪을 대로 곪고 썩을 대로 썩어 붕괴되는 것이다. 이러한 일련의 과정을 거치면서 소비에트는 처음부터 희생을 강요하며 유지되다가 스탈린 시대는 1천만의 희생을 시켰으며 민중을 최우선한다면서 엄청난 수의 반대파를 숙청했다. 베트남의 보응우옌잡도 적화 직후 36시간 만에 지도층 인사 26만 명을 살해하고 150만 명을 숙청하며 인민을 위한 것이라고 떠들었다.

1979년에 브레즈네프는 공산주의 전권을 유지하기 위한 명분으로 아프가니스탄을 침공하며 내부불만을 잠재우려 했지만 실패하므로 심각한 사회경제적 위기에 봉착하게 되었다.

독일의 사회학자 막스 베버는 1918년 6월 빈에서 공산주의 관료제는 필연적으로 멸망할 수밖에 없다고 주장했다.

시진핑 중국 사회주의 종말

소비에트뿐만 아니라 중국과 캄보디아 폴 포트 정권하에서도 같은 현상이 일어나고 있다. 마오쩌둥(1928-1998) 시대의 중국 공산당이 1960년대부터 1970년대에 걸쳐 일어난 문화 대혁명을 통해 학살한 자국민의 수는 무려 1천만이 넘었다. 폴 포트 시대 캄보디아 학살은 1백만에서 3백만이 넘는다고 추산하는데 캄보디아 인구가 800만인 것으로 보아 엄청난 피의 숙청이다. 동양의 히틀러 폴 포트는 프랑스에서 유학하면서 공산주의자가 되어 캄보디아에 귀국한 후 공산주의 정당인 크메르루즈 지도자가 되었다.

폴 포트는 무력을 동원해 인위적으로 완벽한 공산주의를 만드는 것이었다. 그의 명분은 황폐해진 농촌을 일으켜 세운다는 명분으로 대도시의 주민과 자본가 유산계급의 재산을 몰수하고 농촌으로 강제 이주시켜 농사를 짓게 하는 것이었다. 중국은 마오쩌둥과 덩샤오핑을 거치면서 집단지도체제로 거대한 나라를 평등사회를 구현하기 위해 노력하는 과정에서 베버의 말대로 사회주의 국가의 노동자는 혹독한 고통을 겪는 국가의 노예로 전락하게 되는 현상이 재현되었다.

사회주의는 조직과 기계적 대량생산에 예속되어 사람들이 상부의 지시에 따를 뿐 개개인의 의견을 내는 것이 인정되지 않기 때문에 현장에서 사람들의 지혜와 자발적인 노력이 뒷받침되지 않고 자율성과 창의성이 차단되어 피동적인 직무에 만족하게 된다. 그리고 실적을 허위보고 하며 자리를 지킨다.

지금 중국은 사회주의 적폐가 관료들의 부정부패로 시스템이 오히려 사회 통합의 장애요인으로 작용하고 있다.

2012년 집권 이후 시진핑은 1인 체제를 확립하며 개인적 권위와 권력을 강화하기 위해 지도부 내에 만연한 개혁개방 이후 형성된 지도체제의 한계를 강한 지도자의 힘으로 사회문제를 해결하려는 속성으로 가고 있는 것은 스스로 나치스의 파시즘으로 걸어가며 미국과 패권경쟁하며 동등한 위치로 스스로 올라서는 위험한 길을 가고 있다. 파시즘 사상은 중국국민사회가 빠진 심각한 통합의 위기를 민족주의와 강렬한 지도자 숭배에 의해 극복하려는 시도이다.

제18차 당대회가 실시된 2012년 이후 시진핑, 리커창 쌍두체제가 시진핑 1인체제로 재편하기 위해 시진핑은 그의 정치적 목적을 달성하기 위해 강력한 반부패는 당과 국가를 망하게 할 수 있다는 위기감에 기초해 시진핑이 측근 왕치산을 앞세워 하급관리와 고위관료에게 전대미문의 타격을 가했다.

중국 역사상 처음으로 부패문제를 정치국 상무위원 저우융캉을 처벌했다. 군과 당, 정부의 장차관급 230여 명에 이른다. 이와 같은 방법으로 시진핑은 대중적 위신을 크게 높이고 시진핑에 대항할 수 있는 세력을 약화시켰으며 원로들의 영향력을 대폭 축소시켰다(안치영 인천대 교수).

현재 중국 내부에는 1970년대 미국과 수교 이후 유능한 인재들 수십만이 미국식 교육을 받고 개방정책 이후 주민들의 생활수준이 높아져 인권의식뿐만 아니라 사회체제인 공산주의 시스템에 불만을 가진 개방적인 인사가 확산되면서 민주화의 바람이 공산당을 위협할 정도이다. 지도자가 주민을 통치하고 주관 아래 두려면 인간이 타고난 창조 본성 속에 내재한 잠재력과 가능성을 찾아 성장을 돕고 존재가치를 발휘시켜주어야 한다. 그러한 소양과 성숙된 본성을 발휘시켜주어야 한다. 그러나 중국공산당은 오히려 그러한 싹을 억누르며 자르고 있다.

마르크스주의적 사회주의 운동은 기존의 지배층에 대한 반발인 독특한 양면성에 의해 파시즘은 결국 지배층의 위기의식과 정치사회적 몰락의 위기에 직면할 것이다.

채명신·이세호 두 사령관의 유서

2011년 12월 17일 북한의 최고지도자가 사망한 날이었다. 국방부 군사 편찬연구소 연구관으로 계시던 오홍국 중령으로부터 필자에게 연락이 왔다. 오홍국 중령은 해외 참전 한국군의 전사를 연구하고 발굴해 전사를 정리하는 연구관으로, 《안케패스 대혈전》 책을 보고 연락했다며 한번 만나뵙기를 원해 이후 서울 국방부에서 만났다.

2012년 4월 24일 안케패스 638고지를 점령한 날 안케작전 재조명을 위해 안케패스 작전 40주년에 워크숍을 실시한다는 것이다.

오홍국 연구관의 책상 위에《안케패스 대혈전》책에는 줄을 그어 가며 전사와 비교하며 선배들의 일거수 일투족을 확인한 흔적이 보였다.

그날 이후 A4용지 20여 페이지 정도의 안케작전 638고지 점령과 19번 도로 개통에 대한 내용을 기초로 원고를 제출한 후 함께 싸운 정해관 포병사령관을 비롯해 수색중대장 임규섭 대위 등 15명 정도의 명단과 주소를 보내주었다.

2012년 4월 24일 10시 국방부 군사편찬연구소 강단에는 이세호, 채명신 두 사령관을 비롯해 각 군사편찬연구소장들과 전우뉴스 박종화 사장, 정태경 대령 등 80여 명의 관련 전 · 현직 인사들이 참석했다.

임동춘 영웅의 고향 김제시 이건식 시장은 김제 벽골제에 월남참전 기념관 및 안케패스 대혈전 기념관 건립 추진을 위한 김제시청 황경 담당이 서명을 받았다.

이세호 사령관께서 취지와 목적을 꼼꼼히 읽어보신 후 서명 날인하신 후에 채명신 사령관님도 이어 서명했다. 김제시 벽골제에 월남참전 기념관을 건립해 32만의 자유와 평화의 십자군과 가족 그리고 온 국민이 애국심을 함양해 후손만대 번영할 수 있는 정신적 성지로 승화시키는 내용이었다.

워크숍에 참석한 배정 전우신문 주필은 한자리에 두 사령관님께서 나란히 참석한 것은 처음이라며 증언했다.

들뜬 분위기 속에서 성공적인 워크숍을 마치고 기념촬영을 한 후 국방부에서 제공한 버스로 국립서울현충원에서 참배하므로 일정을 마쳤다.

이세호 · 채명신 두 사령관께서 이날 서명한 친필의 글이 유서가 되었다. 두 분께서 뜻을 모아 손수 작성한 마지막 숙원사업은 유업으로 남긴 채 다음해 2013년 4월 중에 이세호 사령관이 별세하시고, 11월 25일에는 채명신 사령관까지 별세하셨다.

베트남전쟁 영웅 보응우옌잡은 같은 해 10월 2일 하노이에서 102세로 사망했다.

대한민국은 타골의 예언대로 새로운 문명의 출발점이 되다

전쟁이란 땅을 뺏고 그 땅속에 삶을 살아가는 사람을 뺏어오는 것이다. 그리고 그 사람의 마음을 해방시키는 것이다. 결국 전쟁은 인간을 주관하고 영토를 주관하기 위한 혈투다. 특히 베트남전쟁은 누가 베트남을 더 사랑 하느냐 사랑 싸움이었다. 사랑은 오직 진실과 믿음이 바탕이 되어 인간의 마음을 사로잡는 자기 존재가치 실현욕을 실현시키는 무대가 되는 것이다. 누가 더 참된 사랑을 하느냐는 연애 조건이다.

우리나라의 국민 수준은 정서적으로 세계 최고의 수준이다.

한(恨)의 역사는 민족의 가슴속에서 울어 나오는 인간 삶의 근본이 잠재해 있는 한국인의 노래 아리랑 고개와 판소리 다섯 마당 속에 고스란히 담겨있다. 부모의 사정에 울고 웃는 심청가는 부모와 자식 간에 꿈과 이상을 인류 앞에 전개해놓은 행복과 사랑의 원천을 계시적으로 오색 인종의 지구촌의 수많은 사람들의 삶의 지표를 서정적으로 노래한 것이다.

하나님의 아들이라고 자청한 예수는 33년 동안 수많은 사람들을 위해 헌신적으로 삶을 살다가 그를 따르는 무리가 많아지니 죄목을 붙여 인민재판을 통해 십자가에 달려 죽게 되었을 때 그가 부른 사람은 하늘에 계신 아버지였다.

아버지시어 살 수 있으면 이 자리를 면케 하옵소서!

그러나 내 뜻대로 하지 마시고 아버지의 뜻대로 하옵소서!!

기독교가 번성할 수 있었던 것은 생명의 씨앗을 주신 아버지의 존귀함을 가르치기 때문이다. 이러한 사상은 역사를 움직인다.

두 번째로 춘향가이다. 완창하기 위해선 그 가사를 8시간을 부를 만큼 긴 가사가 오늘날까지 전승되고 계승되었다니 놀라운 것이다. 한 여인이 오직 한 남자만을 위해 정조를 지키는 것은 한국 여성의 본질이다.

베트남의 오랜 역사 가운데 여인들이 이를 검게 하는 풍습이 전해 내려오고 있다. 빈랑나무 잎과 짜오라는 열매를 씹어서 이를 검게 하고 남녀가 결혼할 때 예물로 이것을 빠뜨리지 않았다. 남녀의 사랑의 본질과 근본을 인류 앞에 정착시킨 한국인의 가치관은 인류를 감동시키고도 남는 문화적 소산이다.

영원한 사랑의 거쳐 타지마할도 같은 맥락이나 오직 한 남편을 섬기는 이상적인 인류의 보편성은 무굴족 바브르란 한 남성의 전절을 표현한 것이다

징기스칸의 후손인 무굴족 지도자 바브르(1482-1530)는 1526년 휜두스칸의 통치자를 자처하며 인도에 이슬람제국인 무굴왕국을 세웠다. 움타드마할은 인도의 데칸고원의 전쟁터 천막에서 아기를 낳다가 죽었다. 두 사람 사이에 17년간의 결혼생활을 하면서 14명의 자식이 있었다. 아내가 죽자 샤자한은 하루아침에 백발로 변했다고 한다. 2년 동안 상복을 입고 사후세계의 재회를 위해 가장 아름다운 묘지를 지어주겠다고 약속하고 22년간에 걸쳐 타지마할을 지었다. 물론 동서양의 최고의 건축가를 불러들여 최고의 아름다운 사랑의 작품을 낳았다.

미래는 문화와 예술이 세계를 국경 없이 지배하는 세계가 우리를

기다린다. 사실 건축물은 즉 눈에 보이는 작품보다는 미래는 가슴을 울리는 춘향가는 오색 인종이 구름처럼 몰려와 본성의 소리를 찾아 대한민국으로 올 것이라고 확신한다.

물질은 녹슬고 사라진다. 그러나 무형의 예술은 영원하다. 어떠한 강자도 무형의 예술을 살해하거나 저격하지 못한다. 보응우옌잡이 아무리 전쟁영웅이라 하더라도 유형의 큰 나라의 무기를 제압했을망정 무형의 부모에 대한 사랑과 부부에 대한 사랑 앞엔 무릎을 꿇을 수밖에 없다.

현재 중공이 천하를 통일하고 세계를 중국화시킨다는 야망이 있다고 하더라도 내면의 인간 근본이 추구하는 심청가와 춘향가를 공격하면 계란으로 바위 치기와 같다. 중국은 가정에서 사랑으로 생명을 탄생하고 가정에서 사랑의 근본이 훈련되고 연단되는 시스템의 싹을 잘라버린 공산주의이기에 불가능하다.

대한민국의 국민만이 가지고 있는 형제간의 갈등문제를 슬기롭게 해결하는 홍부가는 남북문제 통일의 원동력이 될 것이 확실하다.

중국은 대한민국의 통일을 끝까지 반대할 것이다. 6.25 남침 때 90% 이상 통일을 눈앞에 둔 시점에 변변치 않은 나라였던 그들이 18개 사단 25만 명을 참전시켜 인해전술로 UN군을 압박해 38선에서 일진 일퇴의 공방전을 거듭해 오늘의 휴전선을 만들었다.

중국이 핵무기로 무장한 미국을 인해전술로 제압하고 비군사적인 휴전협정으로 또 다시 분단시켰던 것은 우리는 잊을 수 없다. 우리 민족은 결코 잊어서도 안 된다. 그러한 외형적인 힘은 언젠가는 때가 되면 가을이 오고 겨울이 오게 된다.

크메르족이 흰두문화와 불교문화를 결합해 자야바르만 왕조가 탄생한 12~14세기에 번성했던 동남아시아의 최대강국이 어느 날 갑자기 사라졌다.

1860년 프랑스 동식물 학자 앙리 무어가 주민들로부터 텅 빈 도시가 있다는 말을 듣고 정글 속 깊숙이 들어가 발견한 앙코르와트와 앙코르톰은 400년간 텅 빈 채로 정글로 뒤덮여 있었다.

앙코르와트는 12세기 수리야바르만 2세 왕이 죽은 뒤 힌두교의 창조신인 미슈누와 하나가 되기 위해 만든 세계 7대 불가사의한 건축물로 유럽의 모든 유적을 합한 어느 것보다, 많은 사람의 작품이라기보다는 신의 작품이다.

앙코르톰은 인구가 100만이 살았고 앙코르 왕조의 마지막 도시가 철옹성 같은 12km 성곽도시로 힘없이 사라진 것 같이 물리적인 힘과 무기를 가진 자들의 말로를 역사는 우리에게 보여주고 있다.

적벽가를 우리 민족의 판소리로 계승한 뜻은 적벽대전은 중국 삼국시대 손권과 유비의 연합군이 조조의 대군을 적벽에서 크게 무찌른 싸움이다. 이 싸움에서 승리한 손권은 강남의 대부분을, 유비는 파촉지방을 얻어 중국 천하를 삼분했다. 앞으로의 세계는 인간 본성에서 추구하는 가치관에 따라 그 가치를 본성적으로 실현할 수 있는 사회의 시스템을 완비하는 나라가 인류가 바라는 사회제도다. 현재는 민주주의 수호자이자 세계 경찰국가인 미국이다. 백인의 나라에서 흑인 대통령 오바바가 8년 동안 통치한 나라다. 그러나 미국 안에서도 수많은 문제가 잠재해 있는 것은 사실이나 창조 본연의 잠재력과 가능성을 실현하는 어떤 장애도 받지 않고 능력만 있으면 실현 가능한 나라다.

미국의 오늘날 사회적 시스템과 대한민국의 가족제도와 경로사상 등이 결합하고 숭조사상을 발전시켜 지구에 살다 간 모든 선조들까지 가치를 승화시킨다면 오늘날의 미국 속에 텅 빈 마음과 가슴의 소리가 인간 고령에도 완숙한 행복감을 줄 것이다. 미국과 한국이 손잡고 조조와 같은 중국을 견제한다면 중국은 텅 빈 앙코르와트같이 유물론 사상으로 사회제도가 황폐화되어 우리 대한민국에서 역수입해야 그들의 사회가 존속할 수 있다. 공자와 맹자, 정자, 주자, 안자의 사상이 그대로 살아 있는 대한민국이 그 텅 빈 중국을 소생시킬 수 있다.

한미 동맹은 손권과 유비의 연합군과 같다. 조조의 대군이 적벽에서 쓰러지고 조조가 도망가다 체포된 것 같이 시진핑은 결국 조조와 같은 신세를 면키 위해선 한(恨)의 나라 적벽대전을 예언해온 민심의 심금에 귀를 기울여볼 것이다.

중국의 처신을 살펴보면 자기들과 상관없는 북핵 위기 극복 차원에서 사드를 배치하는 데 국력을 총동원해 중국 기업을 일으켜준 한국 기업에 총질을 하는 것은 야비할 뿐 아니라 중국 사회 발전에 장애물이 되어 부메랑으로 돌아갈 것이다.

대한민국 독립의 전초전: 노르망디 상륙작전

제2차 세계대전 중인 1944년 6월 미 · 영 연합군 총사령관 아이젠하워는 북프랑스 노르망디 해안에서 감행한 사상 최대의 상륙작전으로 이 작전은 연합군이 초기 서부전선에서 패해 유럽대륙으로부터 퇴각한 연합군이 독일 본토를 공격하기 위한 발판을 유럽대륙에 마련하고자 감행한 작전이다.

1943년 5월 워싱턴에서 열린 미국의 F. 루스벨트 대통령과 영국의 처칠 총리와의 수뇌회담에서 결정되었으며 약 1년간 준비를 거쳐 300만 가까운 장병을 영국 본토에 집결시켰다. 이 작전은 약 1만 1천대의 항공기가 약 1개월에 걸쳐 행한 항공폭격에 뒤이어 6월 6일 미명(未明)에 3개 공수 특전단의 강하로 시작되었으며, 함정 약 600척의 호위 아래 약 400척의 수송선이 5개 보병사단, 3개 기갑여단의 기갑병력을 5개지점에 상륙시켰다. 이 상륙작전은 전술적 기습효과를 가져와 그날 안으로 독일군의 저항을 제압하고 대부분의 상륙지점에서 교두보를 확보했다. 그러나 독일군 로멜 원수가 지휘하는 B군의 강력한 저항으로 연합군의 교두보 확대와 돌출(突出)은 계획보다 늦어져 7월 25일이 되어서야 겨우 생로를 돌파하고 기동전으로 돌입했다. 디데이 하루 동안 연합군은 병력 8만 7천 명, 각종 차량 7천 량, 보급물자 3,500톤을 양륙시켰고 7월 말까지 그 수량은 각 15만 6,700명, 33만 3천 량, 160만 톤에 달했다(세계대백과사전. 발췌).

만약 이 작전에 실패했다면 과연 미국과 영국, 독일 일본 등은 어떤 형태로 평정되었을까 끔찍하다. 선은 악을 멸망시키는 역사의 필연성이 입증된 작전이다.

안케패스 대혈전은 규모는 축소된 작전이나 단편적으로 함축된 노르망디 개통작전으로서 정득만 사단장은 1중대 600고지에서 적의 기습공격을 받고 왼쪽 팔을 적의 파편 부상을 당했으나 숨기고 아슬아슬한 탈출작전에 수색중대 3소대의 은밀한 작전수행으로 귀환함으로 사단으로 돌아가 안케패스 전역에 산재한 2,400여 명의 월맹군 3사단 12연대 특수 임무를 띤 적의 정예요원을 섬멸하기 위해 전 지역 기갑연대 11개 중대를 총출동시켰다.

전술중대 대대 기지를 텅텅 비워놓고 말이다. 일종의 모험이었다. 만약의 사태를 대비해 송기선 1연대 12개 중대, 혜산진 최종관 연대의 12개 중대와 백마부대까지 적색 비상을 출동이 하달되었다. 정득만 사단장의 이유 없는 출동에 불만이 없었던 것은 아니다.

혼비백산한 적도 최후의 일각까지 발악했고 긴급출동 맹호사단의 전사들이 230여 명의 전사도 각오해야 했다. 그러나 미국의 월남화 정책에 따라 110만의 월남군을 양성하고 최신무기를 아낌없이 지원했으나 전쟁은 무기가 하는 것이 아니고 무기를 가진 투철한 애국심을 가진 병사가 하는 것이다.

아무리 최첨단 B-1B 스텔스 폭격기의 성능과 위력이 강하다 해도 F22, F35 5세대 전투기가 적을 압도 한다 해도 소총병이 강해야 결국 나라를 수호할 수 있는 것이다.

이스라엘 역사의 교훈과 우리의 자세

1917년 영국은 밸푸어 선언을 통해 유대인 국가 건설을 지지했다. 팔레스타인 지역에 유대국가를 세우려는 시온주의가 시작되어 1882년 최초로 시온주의자들의 정착촌이 세워졌다.

1930년대에서 1940년 초 독일의 히틀러와 아이만으로부터 600만 유대인의 학살과 박해로 팔레스타인 이주가 늘어나면서 아랍인들과의 갈등이 격화되었으나 1947년 UN은 팔레스타인 분할을 의결했다. 1948년 5월 14일 제2차 세계대전의 전승국가인 영국의 도움으로 이스라엘 건국이 선포되었고 그 후 이집트 · 요르단 · 시리아 · 레바논 · 이라크 사이에 1967년과 1979년 중동전쟁이 일어났지만 승리했다.

팔레스타인 국가와 영토 내 이스라엘 점령지인 유대인 정착문제로 여러 아랍국가들과 불편함과 갈등 관계에서 이스라엘은 미국과 동맹국으로 국가를 수호하고 있다.

이스라엘은 1948년 건국 이래 의회제도를 갖춘 민주주의공화국으로 성문법이 없으며 정치는 법률 행정법령 의회의 관행에 바탕을 두고 있다. 최고 권력기관은 대통령이 아니라 국회로서 5년 임기인 국가원수인 대통령을 선출한다. 방위군은 주로 육군으로 편성되어 있으며 유사시에는 48시간 이내에 평상시의의 병력 5배까지 동원해 2천년 동안 나라 없이 전전한 뒤 어렵게 독립국가를 세운 나라답게 온 국민이 이스라엘을 수호하며 세계에 널려있는 유대민족도 조국 수호에 앞장서고 있다.

대한민국의 근대국가 출발점을 뒤돌아보면서

우리 대한민국은 바다가 삼면으로 펼쳐져 태평양 문화의 중심국으로 우뚝 설 것이라고 인도의 타골은 1913년 일본에 와서 한국을 건너보면서 아시아의 등불이라고 예찬했고, 역사의 연구를 통해 인류역사는 수많은 강대국과 권력은 사라지고 훌륭한 문화강대국이 세상의 중심이 될 것이라고 예언한 토인비는 역사를 보는 통찰력이 대단하다. 한반도는 사계절이 뚜렷해 지구상에 분포한 모든 동식물과 기름진 옥토와 아름다운 금수강산이 있어 다양한 품종이 자랄 수 있고 생물체계의 백과사전이자 박물관과도 같다.

세계 최고의 문명을 창조해낼 수 있는 한글은 IT 강국으로 스마트폰으로 모든 의사를 신속하게 전송할 수 있는 닿소리 홀소리의 기능과 구조는 하늘 땅이 감동할 하늘의 형상으로 이루어졌다.

정신세계와 정신문명이 판소리 다섯 마당 중 수중가는 인간과 동물, 산과 바다가 천국과 용궁, 지상천국은 사회의 최소 단위인 가정의 문화 즉 종갓집과 집성촌에서 탄생된다는 사실이다. 대한민국 국민은 누구나 2천 년을 거슬러 올라갈 수 있는 족보가 있다. 결국 인류는 종자전쟁으로 좋은 식물의 DNA를 확인하고 있듯이 한국인과의 삶의 맛을 아는 외국인은 모두 귀화하려는 심정의 용광로가 되는 것은 오랜 역사와 전통 속에 대대로 이어온 문화가 있기 때문이다. 대한민국에 뿌리내린 기독교가 앞으로 오색 인종을 향해 성경 더하기 한국인의 정사와 결합해 새로운 문화 창달에 앞장서고 천주교, 불교, 유교, 원불교도 한국화되어 인류의 정신문화의 길잡이가 되고 있다.

정신적으로 대한민국은 오색 인종의 모국이자 그들이 언젠가 이루어야 할 이상국가의 모델이 한국 속에 그대로 잠재해 있다.

일제의 개미지옥의 강점기 40년을 독립운동만으로 벗어날 수 있었을까 자문해보자. 총칼로 무장한 전제국가의 괴몰로 등장한 천황폐하의 파시즘을 태극기를 흔들어 구조를 요청한 신호로 국제사회의 SOS를 요청한 것이다.

제2차 세계대전 중인 1944년 6월 6일 미국의 아이젠하워의 노르망디 상륙작전이 성공하므로 프랑스는 마치 마술처럼 해방되있다. 연합군 피라미드 부대가 6일 새벽하고 동시에 글라이더로 수송된 공병부대가 착륙해 독일 방어부대에 대한 공중폭격과 함포 사격이 뒤를 이었고 얼마 후 4,200여 척의 선박으로 운반된 5개 사단 병력이 상륙했다. 마지막으로 12만 명의 병사들이 점령당한 프랑스에 상륙했다.

상륙한 부대 전방에서는 대혈전을 알리는 피아간 병사들의 함성과 아우성과 총소리, 포탄 소리가 요란했다. 드디어 6월 7일 세르부르항을 점령한 이후 발판이 마련된 것이다.

노르망디 작전이 진행 중이던 시기에 대한민국은 일본제국주의자들의 한국인에 대한 탄압과 핍박은 도를 넘고 있었다.

필자의 아버지는 1913년생으로 어머니는 1915년생이었다. 정신대나 징용을 피하기 위해 결혼을 하자마자 만주로 피신해 정든 고국땅을 떠나 만주의 황무지를 개간하면서 9년간을 살았다. 독일과 이탈리아가 연합군에 항복했으나 끝내 일본은 거부하며 사이판과 괌도에서 미국과 치열한 공방전을 계속해 물자와 보급품을 지원하기 위해 놋

그릇까지 모두 탈취해갔고 식량을 조달하기 위해 호남평야의 심장부 김제만경평야 46%를 하시모토 농장을 세워 수탈해갔다. 최후에 발악하는 일본군 중 관동군의 세력이 강해 미국은 소련군의 진격이 허용되어 필자의 아버지는 만주 안뚱 지역에서 땀흘려 농사지은 황금들판을 아낌없이 버리고 가축도 그대로 놓고 빈손으로 고국땅으로 쫓겨오듯 귀국길에 올랐다.

미국은 더 이상의 희생을 줄이고 일본군의 항복을 받아내기 위해 히로시마에 원자폭탄을 투하했다. 그래도 일본은 항복하지 않아 1945년 8월 나가사키에 두 번째 원자폭탄을 투하하므로 무조건 항복했다. 독일로부터 점령당한 프랑스가 노르망디 상륙작전에서 연합군이 승리함으로 해방되었듯이 우리 대한민국도 일제로부터 해방되었다.

그후 대한민국은 38선으로 양분되어 미국과 소련의 신탁통지가 시작되었다. 1950년 1월 미국 국무장관 애치슨이 잘못된 판단으로 애치슨 라인을 한반도를 제외해 안전보장 선으로 선포하므로 6.25전쟁의 도화선이 되었다.

우리 독립도 6.25전쟁도 스스로 운명을 결정할 힘이 없었다. 좌우대립만 일삼고 싸웠던 국내 정치권은 지금도 여전하다 6.25 발발 후 3일 만에 수도 서울이 함락당하자 1950년 6월 29일 맥아더 장군의 한강 방어선 시찰 후 지상군을 투입할 것을 결정했다.

지상군을 한반도에 전개할 소요시간을 10일로 잡고 시간을 벌기 위해 일본 규슈 지방에 주둔하던 미 24사단(사단장 딘 소장)을 긴급 공수한 것은 북괴를 막을 방법은 소수의 피해를 감수하고 다수의 실리로 얻기 위한 사석(捨石) 작전을 과감하게 배치했다.

1950년 7월 1일 스미스 부대 부산 도착, 7월 2일 34연대 부산 도착, 7월 4일 스미스 부대 오산 죽미령 도착, 7월 4일 24사단 부산 도착,

6.25전쟁 시 UN군 16개국의 참전 및 피해 상황

(단위: 명)

구 분		파병 인원 수	전상자 수	전사자 수
1	미국	789,000	37,250	36,940
2	영국	56,000	4,908	1,078
3	캐나다	25,687	1,557	312
4	터키	14,936	3,216	741
5	호주	8,407	1,584	339
6	필리핀	7,420	398	112
7	타이	6,326	1,273	129
8	네덜란드	5,322	768	120
9	콜롬비아	5,100	639	163
10	그리스	4,992	738	192
11	뉴질랜드	379	103	23
12	에티오피아	3,518	657	121
13	벨기에	3,478	440	99
14	프랑스	3,421	1,289	262
15	남아프리카공화국	826	42	34
16	룩셈부르크	83	15	2

7월 6일 북괴군과 스미스 대대의 전면전 개시. 이렇게 미국과 UN군은 한반도 위급상황에 대처해 16개국 오색 인종의 자유세계 수호를 위한 십자군이 파병되었다.

동방의 해돋는 나라가 풍전등화의 위기에서 파죽지세로 남침을 감행한 공산군을 온몸으로 막아내신 16개국의 젊은 피를 보답하기 위해 안케 대혈전에서 자유 우방의 자유와 평화를 수호하고 인류의 공동의 적을 섬멸하기 위해 우리가 보답이라도 하듯 230여 명의 전사자와 400여 명의 전상자가 발생했다.

전쟁은 주로 승리한 측에서 그들의 문화를 전승하고 전파시킨다.

한국전쟁에서는 오색 인종 지구촌 전체의 대륙에서 참전해 한국인의 전통과 풍습을 상속받아 본국으로 귀국해 소개하는 역류현상이 벌어졌다.

인류역사의 핵(核)은 가정이다. 가정이 확대된 집성촌과 이웃 성씨의 집성촌과의 혼례를 인륜대사로 두 혈적의 혈연은 사돈이 되고 모든 문화를 공유했다.

두 번째 우리는 6.25 때 도움과 은혜를 갚을 기회를 월남 파병으로 삼고 풍전등화의 위기에 자유 월남을 8년간 지탱시키며 월남화 정책을 거들었다. 우리는 이곳에서 하나의 위성국가를 만들었다. 한국 여인의 은장도 정신이 깃든 독특한 문화는 우리와 같다. 그들의 손끝에 서려있는 기능도 풍습도 비슷했다. 이제 베트남은 한국으로 그들의 귀한 딸들을 며느리로 기쁜 맘으로 보내주고 있다.

한국인이면 나이도 학력도 지역도 보지 않고 보내어 한국 문화와 혈통을 계승해주고 있다. 이젠 적화된 베트남이 자분주의를 받아들이고 경제적으로 경계선이 무너졌다.

다음은 정치적 민주화만이 그들 속에 쌓인 관료주의를 타파하고 남북이 골고루 능력만 있으면 자기의 타고난 잠재력과 가능성을 실현할 수 있는 사회적 시스템을 만들어 국민이 주인되는 민주화가 되어 중공의 집단지도체제로 내부에 산재한 본성의 소리를 힘으로 제압하는 중국공산당에 대항하는 자연스러운 우방이 된 것도 안케패스에서 한국의 젊은 제물 230여 명의 고귀한 희생이 두 민족의 숭고한 정신으로 승화시켜서 후손만대 함께 번영하길 바란다. 끝.

편집후기

중국 집안시 우산묘구 동남쪽에 고구려 제19대왕 광개토왕비가 세워져 있다. 삼국사기에 391년 18세에 왕위에 올라 39세인 412년에 승화할 때까지 22년간 동북아에서 최강의 국가로 만들었다. 그가 죽은 뒤 2년 후인 414년에 아들인 장수왕이 아버지의 업적을 기리기 위해 세운 기공비이자 능비이다.

또 하나는 공산국가인 이역만리 베트남 중부고원지대의 관문인 안케패스 638고지에 한글로 된 전승비가 세워져 있다. 위치는 호찌민시 북서쪽 504km 꾸이년 서방 55km 지점이다. 이 전승비는 1972년 10월에 맹호부대 장병들이 월맹군 싸오방 사단을 괴멸시키고 세운 전승비이다.

우리는 시대를 달리한 중국과 베트남에 세워진 능비와 전승비는 우리 민족의 무한한 잠재력과 가능성이 실현될 수 있다는 이정표이다. 전승비를 세운 지 45년이 지났다. 638고지에 세워진 전승비는 조국의 아들들 230여 명의 투혼이 새겨졌다. 전승비를 세운 그 민족은 지금 세계 경제 규모 10위의 규모와 세계 군사력 7위와 무역 규모 13위를 자랑하고 남북한 경제적 차이는 42 : 1이다. 남북한 체제 경쟁은 이미 끝났다.

한반도의 영토를 확장하고 수호했던 고구려의 기상과 세계 경제 10위권을 올려놓은 신라가 삼국을 통일시킨 후 1300년간 통일 조국을 이루며 같은 언어, 같은 역사와 문화를 만들었다. 정말 자랑스럽다.

이 책은 안케패스 638고지에 세워진 전승비에 새겨진 이야기다.

새해(무술년)를 맞이해 기숙사에서 귀가한 딸과 따스한 점심식사를 하면서 표현하기 힘든 행복감을 느끼었다. 아들 셋은 예비역 병장으로 수도권과 울산에서 최선을 다해 안전하게 자립하며 살고 있다. 우리 조국이 건재하고 그러한 조국을 수호하고 있는 국군이 있기 때문이다.

국가의 보호를 받아가면서 자기의 타고난 개성과 성품 취미에 따라 존재가치를 실현하고 있으니 얼마나 행복한가. 대한민국의 한국말을 하고 조상 대대로 이어받은 선산을 수호하고 봄, 가을엔 산소들의 유택에 문안하며 산다. 나라의 소중함을 알아야 한다. 독립국가를 가지고 있지 않은 나라 없는 쿠르드족은 종교가 아닌 사용하는 언어와 문화로 정체성을 지키며 독립하기 위해 얼마나 많은 희생을 하고 있는가를 생각한다. 우리나라도 근대국가 출발점에서 일제에게 역사, 문화, 한글과 언어까지 빼앗기고 세계 도처로 흩어져 거친 세상을 살았지만 하느님이 보우하사 오색 인종으로 구성된 미군 179만 명과 UN군 14만 명의 도움으로 오늘의 대한민국을 우리 손으로 만들었다. 결국 태양은 누구의 편인가? 중요하지 않다. 누가 태양 앞으로 나아가는 것이 중요하다. 이것이 녹색식물들이 살 수 있는 길이다. 앞으로 대한민국은 국방에 대해서는 스스로 지킬 수 있는 한국화 정책이 지속적으로 이루어져야 한다.

이러한 살기 좋고 풍요로운 나라를 지키기 위해서는 현대무기도 필요하나 실전 경험한 소총병인 필자는 소총병이 강해야 나라가 강하다는 신념을 전하기 위해 이 글을 썼다. 조국의 전후방을 지키는 소총병 후배들에게 이 책을 바친다.

파월기간 중 주요 메모

1972.	***1.14.***	125R 5co 근무 중 파월특명
	1.19.	파월(장병)을 위한 오음리 입소식
	2.13.	오음리에서 선발대로서 부산항으로 출발
	2.14.	10시 부산항 출발(음력 12월 30일)
	2.19.	월남 꾸이년항 도착(사단사령부에서 김옥길 이화여대 총장의 격려사 들음)
	2.19.	일주일간 기갑연대 보충대에서 현지 적응훈련
	2.27.	기갑연대 수색중대에 지원, 3소대에 전입
	3.27.-29.	안충산 장거리 정찰
	4.8.	맹호번개 24호 킬러계곡 작전 나갔다가 긴급철수
	4.12.	안케패스 긴급 수색작전 출동
	4.24.	안케패스 638고지 점령
	5.5.	말라리아에 걸려 사경을 헤매며 작전지역에서 헬기로 후송
	5.6.	기갑연대 의무대 입실
	4.30.	오후 2시, 5월 5일까지 작전지역에서 악몽의 말라리아와 투병 생활을 하며 극기로 극복
	5. 14.	퇴원
	5.30.	6월 초까지 콩산 수색작전
	6.8.	기갑연대 3대대 12중대 2소대로 전출
	6.29.	박마산 12중대 기지에서 3대대 부대 이동으로 캄보디아 국경에 가까운 망양패스 경계임무 출발

8.19. 사단 MOS 주특기교육 입소(CM)

9.18. 나트랑 십자성 사령부에 경연대회 참가

9.27. 기갑연대 3대대 12중대 1소대 7기지에 복귀

10.25. 기갑연대 3대대 본부중대로 전입, CW병으로 복귀(비로소 주특기 찾음)

1973. 1.24. 11시 닉슨 휴전협정 조인 선포

1.27. 휴전 조인

1.28. 평화협정 발효

2.6. 연대기지를 떠나 푸켓 비행장에서 13시 비행기(DC 8기)로 대구 동촌비행장으로 귀국

참고문헌 및 주요 증언

참고문헌

구엔 렁, 이행원 역,《사이공 함락 그후》, 신구문화사, 1983.

김태영 감독, 〈베트남전쟁 그 후 17년〉, KBS 다큐멘터리, 1993.

오홍국 · 김종욱,《베트남전쟁 참전과 국군의 발전》, 국방부 군사편찬연구소, 2012.

유인선,《베트남사》, 민음사, 1987.

유제현,《월남전쟁》, 도서출판 한원, 1992.

이세호 ,《한길로 섬겼던 내 조국》, 대양미디어, 2009.

주요 증언

정득만 사단장(1995. 4.)

정원혁 부사단장

김창옥 대령(당시 사단장 부관)

강원채 야전사령관(1995. 4.)

오태환 주월사 작전참모

김창열 기갑연대장(1989)

임규섭 수색중대장, 유기선, 허연식

문원철 군종감, 김흥태 군종참모

최승철 3대대장

포병 정해관 사령관, 이상봉 대령

이강인 대령(당시 군수주임 6종 담당)

1중대 : 박태균 하사, 황진순 상병

2중대 : 유병철, 김학서(임동춘 소대장 당번병)

3중대 : 이경재 소대장, 안태영, 박윤택, 송명수, 함인석

4중대 : 이무표, 조승용

5중대 : 위병환, 정연후, 김재덕

6중대 : 정태경 중대장, 송창윤 소대장, 김은환 하사, 이종열 하사

8중대 : 박원배, 김진국, 정종호 선임소대장, 김기배 위생병, 유종철, 이웅기 하사

10중대 : 정창년, 이재수

11중대 : 박용재 1소대 MO 사수, 서준석 위생병, 최재만

12중대 : 서문구 중대장, 박윤재, 김상기 소대장

1연대 8중대 : 김진현 중대 무전병, 박흥식 중사, 김문환

26연대 : 최종관 연대장 , 고석현 2중대 교육계

사단장갑중대 : 김필환, 김재환

사단 공병소대장 : 김재권 4시간 장비투입 19번 도로 복구함

연대 상황실 : 이용하

대대 상황실 : 이치완

* 자료제공, 직접증언, 전화, 인터뷰 중 저자가 선택적으로 참고함.